一流学科建设研究生教学用书

低碳烃净化与催化原理

周广林　姜伟丽　王晓胜　周红军　编著

PURIFICATION AND CATALYSIS PRINCIPLES OF LIGHT HYDROCARBON

化学工业出版社

·北京·

内容简介

低碳烃是化工行业最重要的基本原料。《低碳烃净化与催化原理》从低碳烃的净化到利用，全面地讲述了这一化工基础原料的利用过程，旨在加强学生对化工基本生产过程的认识，以及对吸附剂/催化剂的制备方法、反应原理及使用工艺条件等的了解。本书共分为九章。第一章作为第一部分，主要介绍低碳烃的基础知识。第二至五章作为第二部分，介绍了低碳烃中微量杂质的脱除过程及原理，以固定床吸附法为主，包括吸附基础知识（第二章）、脱硫（第三章）、脱氧（第四章）和脱氯（第五章），第二部分还包括工业上所使用的吸附剂及相关的工艺流程。第六至九章作为第三部分，介绍了净化后的低碳烃主要的利用过程，包括烷烃脱氢制烯烃（第六章），低碳烯烃歧化（第七章）、裂解（第八章）和氢甲酰化（第九章）。第三部分内容还包括工艺过程中各反应的原理、反应的工艺条件和催化剂相关知识。

《低碳烃净化与催化原理》可作为高等院校化工/新能源类专业研究生的教学参考用书，也可以供有关生产技术人员参考。

图书在版编目（CIP）数据

低碳烃净化与催化原理 / 周广林等编著. —北京：化学工业出版社，2022.11

ISBN 978-7-122-42190-6

Ⅰ.①低… Ⅱ.①周… Ⅲ.①烯烃-净化-研究②烯烃-催化-研究 Ⅳ.①TQ221.2

中国版本图书馆 CIP 数据核字（2022）第 172353 号

责任编辑：任睿婷　杜进祥　　　　装帧设计：张　辉

责任校对：宋　夏

出版发行：化学工业出版社（北京市东城区青年湖南街 13 号　邮政编码 100011）

印　　装：北京天宇星印刷厂

787mm×1092mm　1/16　印张 13¾　字数 319 千字　　2024 年 10 月北京第 1 版第 1 次印刷

购书咨询：010-64518888　　　　售后服务：010-64518899

网　　址：http：//www.cip.com.cn

凡购买本书，如有缺损质量问题，本社销售中心负责调换。

定　　价：49.00 元

前言

低碳烃通常指碳原子数小于或等于4的烷烃和烯烃，是最重要的基本有机化工原料。由于低碳烃主要来自某些石油加工过程的副产品（如催化裂化等），因此一般是多种烃类的混合物，而且常常含有许多非烃类杂质，必须将其脱除。作者团队自2005年开始研发针对炼厂催化裂化装置副产C4的深度净化技术，针对低碳烃的深度净化进行了长期的研究，在低碳烃净化技术领域中掌握了独具特色的技术，解决了工艺中的多个关键问题，所开发的吸附剂/催化剂已成功应用于多家化工企业。

本书是在作者团队十几年来的科研积累及工业应用经验的基础上，在“十四五”发展规划和“双碳”目标的指引下，为了适应新工科背景下化工/新能源类专业高等人才培养需求而编著的。本书首先介绍了甲烷、乙烷、乙烯、丙烷、丙烯、正丁烯、异丁烯和丁二烯等低碳烃的基本知识和利用途径。后面分章节讲述了低碳烃脱硫、脱含氧化合物、脱氯化物等杂质的原理和过程。净化后的低碳烃进一步综合利用，包括烷烃脱氢制烯烃，烯烃歧化、裂解、氢甲酰化等。为了加强学生对工业生产过程的了解，书中从多相到均相，广泛介绍了低碳烃工业中的催化反应过程和基础知识；从制备到工艺，详细阐述了工业吸附剂/催化剂的制备及生产应用过程；从理论到应用，深入介绍了化工生产过程的研发及工业应用详情。

本书由周广林、姜伟丽、王晓胜、周红军编著，周广林编写第三～五章，姜伟丽编写第七章和第九章，王晓胜编写第一、六、八章，周红军编写第二章。感谢中国石油大学（北京）研究生教育质量与创新工程给予的资助，特别感谢团队内的研究生刘世成、张悦、王岩、孙曼颖、何利梅、支晓彤、吕风宇、李汝晗、李继聪等同学对于书中很多研究内容的勤勉总结。

希望本书对于从事低碳烃研究和生产的一线工作者及科研人员有一定的参考价值，对于培养基础学科拔尖人才和卓越工程人才具有积极的作用。由于低碳烃中杂质多样，利用途径广泛，不同工艺催化剂对于杂质的要求不尽相同，且本书所述内容主要基于作者团队的经验，难免会有所限，不足之处请读者批评指正。

编著者

2023 年 12 月

目录

第一章 低碳烃的来源与利用

第二章 吸附基础知识

第五章 低碳烃深度脱氯的吸附材料及应用

第六章 低碳烷烃脱氢制烯烃

第七章 低碳烯烃歧化

第八章 低碳烯烃裂解

第九章　低碳烯烃氢甲酰化

第一章 低碳烃的来源与利用

第一节 低碳烃的来源

烃类是现代化学工业的基石，在衣食住行方面都有广泛应用。碳原子数小于或等于4的烃类在常温常压下呈气态，统称为低碳烃。低碳烃资源包括甲烷、乙烷、乙烯、乙炔、丙烷、丙烯以及C4烃等多种成分。C4烃组分中包含了烷烃、烯烃以及少量的炔烃，其中烷烃包括正丁烷和异丁烷；烯烃包括正丁烯（包括1-丁烯、顺-2-丁烯和反-2-丁烯）、异丁烯（又称2-甲基丙烯）和丁二烯（包括1,2-丁二烯和1,3-丁二烯）。随着经济和技术的飞速发展，市场对低碳烃的需求日益增长，优化低碳烃资源利用已经成为当今化工领域的关注点。

一、石化领域低碳烃的来源

（1）常减压蒸馏

常压蒸馏和减压蒸馏合称常减压蒸馏，基本属于物理过程。原油在蒸馏塔被分成沸点范围不同的油品（称为馏分），这些油部分经调和、加添加剂后以产品形式出厂，其余则可作为后续加工装置的原料。因此，常减压蒸馏又被称为原油的一次加工。常减压过程中，原油经预热后进入初馏塔，轻烃由初馏塔塔顶蒸出，经冷却后进入分离器分离掉水和未凝气体，分离器顶部逸出的气体称为“拔顶气”，约占原油的0.15%～0.40%。拔顶气含乙烷约2%～4%、丙烷约30%、丁烷40%～50%，其余为C5及以上组分。拔顶气一般作为燃料使用，也可以作为裂解制乙烯的原料。

（2）催化裂化

催化裂化是石油二次加工的主要方法之一，它是在高温和催化剂的作用下使重质油转变为裂化气、汽油和柴油等的过程。催化裂化主要反应有分解、异构化、氢转移、芳构化、缩合、焦化等。与热裂化过程相比，其轻质油产率高、汽油辛烷值高、柴油安定性好，并副产富含烯烃的液化气。催化裂化装置不仅是炼厂生产油品的核心装置，也是炼厂轻烃的主要来源。催化裂化装置的气体轻烃组成与工艺技术密切相关。表1-1列出了国内炼厂几种典型催化裂化工艺的轻烃组成。

表 1-1 炼厂催化裂化工艺的轻烃组成 单位:%

工艺类型	VRFCC	MIP	MIP-CGP	MIP-CGP+LTAG	FDFCC-Ⅲ	DCC-Ⅰ
干气						
收率	3.50	2.43	2.74	3.35	3.53	6.02
氢气	5.67	3.27	3.68	3.87	4.53	2.41
甲烷	29.90	36.67	33.78	34.05	30.90	37.21
乙烯	30.50	28.80	32.60	33.75	37.13	38.12
乙烷	33.93	31.26	29.94	28.33	27.44	22.26
合计	100.00	100.00	100.00	100.00	100.00	100.00
液化石油气						
收率	14.08	19.66	22.50	25.01	27.72	33.31
丙烯	30.96	32.10	34.50	35.30	38.35	42.91
丙烷	7.89	9.40	8.00	9.60	6.31	7.58
异丁烷	20.22	24.00	21.10	21.50	16.05	12.44
正丁烷	6.35	5.80	5.30	5.50	4.91	3.29
1-丁烯	7.14	6.90	6.40	6.10	6.71	5.77
异丁烯	10.93	7.50	10.00	8.20	13.10	14.12
反-2-丁烯	9.82	8.60	8.30	7.70	8.55	7.65
顺-2-丁烯	6.69	5.70	6.40	6.10	6.02	6.24
合计	100.00	100.00	100.00	100.00	100.00	100.00

可以看出，催化裂化干气中C2资源丰富，乙烯和乙烷体积分数高达60%，尤其是DCC干气中的乙烯体积分数高达40%，因此在炼化企业中常常得以回收利用。对比几种工艺的液化石油气组成，可以发现DCC液化石油气中丙烯和异丁烯含量最高，而MIP和MIP-CGP工艺的异丁烷含量较高，主要归因于这几种工艺二次反应的差异。

（3）延迟焦化

延迟焦化装置是炼厂提高轻质油收率和生产石油焦的主要加工装置。在延迟焦化过程中，通常使用水平管式加热炉在高流速、短停留时间的条件下将物料加热至490～510℃的反应温度后送入焦炭塔，在焦炭塔内达到一定的温度、停留时间和压力时，物料发生裂解和缩合反应生成气体、汽油、柴油、蜡油和焦炭。延迟焦化气体产率一般占延迟焦化原料的7%～9%（质量分数），其组成随着所处理原料及所用工艺条件的不同而变化。表1-2为延迟焦化富气典型组成。

表 1-2　延迟焦化富气典型组成　　单位：%

原料油	大庆减渣	胜利减渣
气体组成（质量分数）		
氢气	0.66	0.74
甲烷	26.61	30.39
乙烷	21.23	19.00
乙烯	3.97	3.31
丙烷	18.09	15.12
丙烯	10.55	8.21
丁烷	10.78	8.85
丁烯	7.53	7.72
富气产率（质量分数）	8.3	6.8

（4）加氢裂化

加氢裂化是催化裂化技术的改进。在临氢条件下进行催化裂化，可抑制催化裂化时发生的脱氢缩合反应，避免焦炭的生成。加氢裂化操作条件为压力 6.5～13.5MPa、温度 340～420℃，可以得到不含烯烃的高品位产品，液体收率可高达 100%，表 1-3 为加氢裂化装置的典型气体轻烃组成。

表 1-3　加氢裂化气体典型组成（质量分数）　　单位：%

项目	加氢裂化	
	干气	液化石油气
氢气	54.91	
甲烷	18.06	
乙烯		
乙烷	16.54	0.32
丙烯		
丙烷	3.67	29.49
异丁烷	3.00	44.23
正丁烷	3.82	25.96
合计	100.00	100.00

（5）催化重整

催化重整是石油炼制过程之一，是在催化剂的作用下将直馏汽油馏分中的烃类分子结构经脱氢、芳构化等反应重新排列成新的分子结构的过程。催化重整装置也是炼厂副产低碳烃的主要装置，气体低碳烃产量占全厂轻烃总量的 9%～10%。对于以生产芳烃为主的炼厂，重整芳烃联合装置副产的低碳烃含量可达全厂轻烃产量的30%～40%。

（6）石脑油催化裂解

石脑油催化裂解是指在催化剂作用下对烃类进行裂解生成低碳烯烃的过程。石脑油催化裂解的反应机理随着催化剂的不同而有所差别。一般来说，催化裂解过程既发生催化裂化反应，也发生热裂化反应，是碳正离子和自由基两种反应机理共同作用的结果。在金属氧化物催化剂上的高温裂解过程中，自由基反应机理占主导地位；在酸性分子筛催化剂上的低温裂解过程中，碳正离子机理占主导地位；而在具有双酸性中心的沸石催化剂上的中温裂解过程中，碳正离子和自由基机理共同发挥作用。

传统的蒸汽裂解，反应温度高达820～900℃，存在能耗高、CO_2排放高、乙烯与丙烯产率低以及丙烯/乙烯产出比低等诸多缺点，与传统的蒸汽裂解相比，石脑油催化裂解具有较低的反应温度、连续反应再生及产品丙烯/乙烯产出比较高等特点。石脑油催化裂解和蒸汽裂解产物收率见表1-4。

表1-4 石脑油催化裂解与蒸汽裂解主要产物

项目		催化裂解	蒸汽裂解
主要产物（质量分数）/%	甲烷	5.33	13.93
	乙烯	21.29	33.30
	丙烯	30.03	15.33
	C4馏分	11.04	9.48
	C5馏分	0.80	0.30
	加氢汽油	16.13	13.87
	轻质燃料油	3.56	2.27
	C9馏分	3.48	3.28
丙烯/乙烯产出比		1.41	0.46

由表1-4可看出，采用石脑油催化裂解技术，乙烯、丙烯和C4馏分收率分别为21.29%、30.03%和11.04%，与蒸汽裂解相比，催化裂解具有较高的丙烯、C4馏分收率及丙烯/乙烯产出比，较低的乙烯收率等特点。

二、煤化工领域低碳烃的来源

（1）甲醇制烯烃工艺

甲醇制烯烃（MTO）工艺是近年来煤制烯烃工艺中的关键生产工艺，产品主要是乙烯和丙烯。典型的MTO工艺流程分为反应工段、初步分离工段和深冷分离工段。MTO工艺以甲醇为原料，在原料预热后通过综合利用不同程度的热将原料气化，气相的甲醇在反应器中与催化剂反应生成低碳烯烃。

以煤为原料的甲醇制取低碳烯烃（MTO）技术，其主要产物为乙烯、丙烯，同时副产煤基混合 C4，其组成如表 1-5 所示。

表 1-5　MTO 工艺副产 C4 烃的组成

组分	所占比例(质量分数)/%
1-丁烯	18.73
顺-2-丁烯	23.40
反-2-丁烯	31.90
异丁烯	2.93
正丁烷	1.90
丁二烯	0.99
异丁烷	0.24

当前典型的 MTO 工艺主要有美国环球油品公司（UOP）和挪威海德鲁（Hydro）公司合作研发的 UOP/Hydro MTO 工艺、中国科学院大连化学物理研究所的 DMTO 工艺、中国石油化工股份有限公司的 SMTO 工艺、中国神华能源股份有限公司的 SHMTO 工艺以及由美国埃克森美孚（Exxon Mobil）公司开发的 OTC 工艺等。

（2）甲醇制丙烯工艺

甲醇制丙烯（MTP）工艺由鲁奇（Lurgi）公司研发，主要产物为丙烯，副产物为汽油、液化石油气、燃料气。MTP 反应压力与常压近似，反应温度集中在 460℃。将原料甲醇加热后置于二甲醚反应设备内，添加催化活性与选择性高的催化剂，使 3/4 甲醇在反应设备中生成二甲醚、水。随后甲醇、水和二甲醚三者混合在一起送至分凝设备，气相加热达到反应温度，再传输到 MTP 反应设备。这一流程中的液相可当作温度控制介质，经过流量计和急冷喷嘴，进入 MTP 反应设备中，控制反应温度在 460℃左右，压力 0.15MPa，得到反应产物气体，进行急冷、压缩、精馏处理操作，分离之后可得到聚合级丙烯产品，而副产物烯烃则会再次返回系统，以歧化制造丙烯原材料的形式生产。

第二节　低碳烃的理化性质

不同来源的低碳烃由于其组分含量不同，综合利用途径也不同。但总体来说，主要分为燃料利用和化工利用两方面。燃料利用方面主要包括直接作燃料气、生产液化石油气（LPG）和生产高辛烷值汽油添加组分（烷基化汽油、甲基叔丁基醚等）；化工利用方面主要是以丁二烯、正丁烯、异丁烯、正丁烷和异丁烷等单体为原料合成精细化工中间体或用途广泛的下游产品。不同低碳烃的主要理化性质见表 1-6。

表 1-6　低碳烃的理化性质

名称	熔点 T_m/K	沸点 T_b/K	临界参数			爆炸极限（与空气混合，体积分数）/%		燃烧热(298K) $-\Delta H_c$ /(kJ/mol)
			温度 T_c/K	压力 p_c/MPa	摩尔体积 V_c/(cm^3/mol)	下限	上限	
甲烷	89.2	111.6	190.7	4.63	98.9	5.0	15.0	880.69
乙烷	89.9	184.6	305.4	4.88	145.7	3.12	15.0	1560.67
丙烷	83.3	231.1	369.7	4.25	198.6	2.9	9.5	2219.15
正丁烷	138.2	273.0	425.6	3.76	255.0	1.9	6.5	2877.55
异丁烷	113.6	261.5	407.7	3.68	263.1	1.30	8.00	2869.01
乙烯	104.0	169.4	282.8	5.11	127.2	3.05	28.6	1410.87
丙烯	87.9	225.7	365.0	4.01	181.3	2.0	11.1	2058.44
1-丁烯	87.8	266.9	419.6	4.02	240.0	1.6	9.3	2716.50
顺-2-丁烯	134.3	276.9	433.1	4.16	234.7	1.75	9.7	2709.56
反-2-丁烯	167.6	274.0	428.6	4.12	237.9	1.75	9.7	2704.43
异丁烯	132.8	266.3	417.4	4.00	238.8	1.75	9.7	2699.47
1,3-丁二烯	164.2	268.7	425.1	4.33	220.8	2.0	11.5	2518.73

第三节　低碳烃的利用途径

一、甲烷的利用途径

甲烷是最简单的烷烃，在通常情况下化学性质非常稳定，但在高温、有催化剂存在时也可以进行反应，像氧化、卤代、硝化、裂解等。甲烷的主要利用途径如图 1-1 所示。

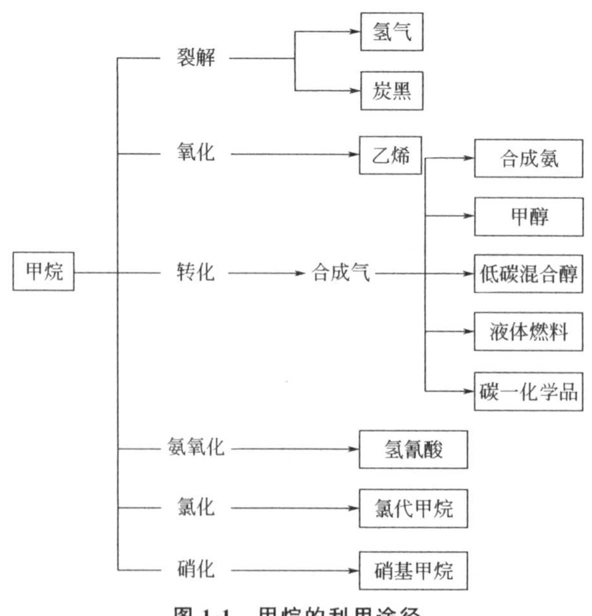

图 1-1　甲烷的利用途径

（1）氨氧化反应

氢氰酸（又叫氰化氢）是无色、剧毒、具有苦杏仁味、易于挥发的液体，是很弱的无机酸，具有一般无机酸所有的通性，能与水及多种有机溶剂（如乙醇、乙醚、甘油、苯和氯仿等）以任何比例混溶。纯氢氰酸在低温稳定，但混入水、碱及铁屑等杂质后易分解、聚合。此过程为放热反应，具有自催化作用，亦会引起爆炸。为了使其稳定，可混入少量有机酸等。以氢氰酸为主要原料与丙酮进行反应制成的有机玻璃（聚甲基丙烯酸甲酯）具有一定透明度和较高的机械强度，可用作航空工业上的透明罩盖、窗玻璃。此外，氢氰酸及其盐类还可用于合成纤维、耐油橡胶、机械、合成药物、冶金、农药和染料工业等方面。

甲烷的氨氧化反应是指在一定的条件下，甲烷分子中的三个氢原子被氨分子中的氮原子取代而生成氢氰酸的过程，反应方程式如下：

$$2CH_4+3O_2+2NH_3 \longrightarrow 2HCN+6H_2O \tag{1-1}$$

德国I. G.公司的Audrussow法生产氢氰酸工艺涉及甲烷、空气和氨在反应温度为1100℃，压力为0.138～0.207MPa下的反应过程。德国Degussa公司开发的BMA法以甲烷和氨作为原料，在温度为1200～1300℃、用铂作为催化剂的条件下生产氢氰酸。

（2）卤代反应

卤代反应指烷烃中的氢原子被卤素取代的反应。以甲烷的氯代为例，甲烷与氯气混合，当加热到250℃或用紫外光照射就可以发生卤代反应，甲烷氯代得到氯甲烷，氯甲烷进一步与氯反应得到二氯甲烷、三氯甲烷和四氯化碳。甲烷氯化物在工业上具有广泛用途，氯甲烷主要用作生产有机硅的原料，也用作溶剂、冷冻剂、香料等；二氯甲烷在中国主要用于胶片生产和医药领域；三氯甲烷主要用来生产氟里昂（F-21、F-22、F-23）、染料和药物；四氯化碳曾广泛用作溶剂、灭火剂、有机物的氯化剂、香料的浸出剂、纤维的脱脂剂、粮食的蒸煮剂、药物的萃取剂、织物的干洗剂，但是由于毒性及破坏臭氧层的关系现甚少使用并被限制生产，很多用途也被二氯甲烷等所替代。

$$CH_4+Cl_2 \longrightarrow CH_3Cl+HCl \tag{1-2}$$

$$CH_3Cl+Cl_2 \longrightarrow CH_2Cl_2+HCl \tag{1-3}$$

$$CH_2Cl_2+Cl_2 \longrightarrow CHCl_3+HCl \tag{1-4}$$

$$CHCl_3+Cl_2 \longrightarrow CCl_4+HCl \tag{1-5}$$

其他卤素与甲烷也可以发生类似反应，卤素的活性大小顺序为$F_2>Cl_2>Br_2>I_2$。由于氟过于活泼，有爆炸的危险，碘过于不活泼，难以发生反应，所以常用的是氯和溴。

（3）硝化反应

硝化反应是向有机化合物分子中引入硝基（$-NO_2$）的过程，甲烷与硝酸或二氧化氮、四氧化二氮等发生硝化反应得到硝基甲烷，反应条件为常压高温气相，反应如下：

$$CH_4+HNO_3 \longrightarrow CH_3NO_2+H_2O \tag{1-6}$$

（4）催化重整制合成气

合成气以CO和H_2为主要组分，原料范围较广，既可由煤、焦炭或生物质等生产，又可由天然气、煤层气、页岩气和石脑油等轻质烃类制取，还可由重油生产。其生产投资和成本通常占下游产品成本的50%～60%，因此廉价合成气生产技术研究极其重要。甲烷制合成气的典型过程有：甲烷-水蒸气重整制合成气、甲烷-CO_2重整制合成气和甲烷部分氧化制合成气。

目前，甲烷-水蒸气重整过程是工业上天然气制合成气的主要途径。该方法的基本原理为：甲烷与水蒸气在催化剂存在及高温条件下反应生成合成气。它是一强吸热过程，通常在大于800℃的高温条件下进行，为防止催化剂结焦，一般采用高水碳比操作[$V(H_2O):V(CH_4)=2.5\sim3$]，所得合成气中$V(H_2):V(CO)\approx3$，适合于合成氨及制氢过程，而用于甲醇合成及F-T合成等重要工业过程不理想。

$$CH_4+H_2O \longrightarrow CO+3H_2 \qquad \Delta H^{\ominus}_{298K}=206.3kJ/mol \tag{1-7}$$

甲烷-CO_2重整制合成气基本原理是甲烷与CO_2在催化剂存在及高温条件下反应生成合成气。它是一强吸热过程，通常在大于800℃的高温条件下进行，所得合成气中$V(H_2):V(CO)\approx1$，适合于羰基合成和F-T合成制化学品。

$$CH_4+CO_2 \longrightarrow 2CO+2H_2 \qquad \Delta H^{\ominus}_{298K}=247.3kJ/mol \tag{1-8}$$

甲烷部分氧化法制合成气是一个温和放热反应，反应可在750～800℃下达到90%以上的热力学平衡转化率，具有能耗低，反应速率快，生产强度大，催化剂用量小，合成气氢碳比适合甲醇、F-T合成等优点。

$$CH_4+0.5O_2 \longrightarrow CO+2H_2 \qquad \Delta H^{\ominus}_{298K}=-35.6kJ/mol \tag{1-9}$$

(5) 催化裂解制H_2

由于CH_4催化重整制得的合成气中含有CO和CO_2，不满足氢燃料电池的使用和工业生产对洁净氢的需求，甲烷催化裂解制氢成了研究的热点，通过裂解CH_4可以制备不含碳氧化物的H_2。CH_4在一定条件下发生的裂解反应如下

$$CH_4 \longrightarrow C+2H_2 \qquad \Delta H^{\ominus}_{298K}=75kJ/mol \tag{1-10}$$

在裂解反应过程中，催化剂降低了反应活化能，加快了裂解速率。CH_4在Ni基活性炭、Ni-Cu/SiO_2催化剂上的裂解机理如下

$$CH_4+xNi \longrightarrow Ni_xC+4H \quad (x=1,3) \tag{1-11}$$

$$2H \longrightarrow H_2 \tag{1-12}$$

CH_4在催化剂上的解离是逐步进行的，经过$CH_3\rightarrow CH_2\rightarrow CH\rightarrow C$等过程最终产生C和H，解离产生的C原子可与催化剂上的Ni结合形成金属碳化物。在CH_x物种中，含氢量高的CH_4比较活跃，因此在反应过程中主要是CH_4在载体与金属活性位之间迁移并进行反应，即反应生成的H_2大多是来源于CH_4的分解。

(6) 氧化偶联制乙烯

氧化偶联法是指通过甲烷催化氧化偶联反应（OCM）制备乙烯的方法。目前，多数人认为甲烷氧化偶联反应机理是按照表面催化-气相自由基反应进行的。反应过程中，催化剂表面的活性氧物种夺去了CH_4分子中的一个氢原子形成甲基自由基，甲基自由基在气相中结合生成乙烷，然后乙烷通过脱氢反应得到乙烯。

自1982年Keller等首次提出OCM技术成果以来，世界各国科研院所及公司等经过三十多年的研究，取得了显著的成就。国外方面最引人注目的是Siluria公司于2010年报道的研究成果，他们使用生物模板精确合成出工业可行的甲烷直接制乙烯纳米线催化剂。该催化剂的催化活性是传统催化剂的100倍以上，可在5～10atm（1atm=101325Pa）下和低于传

统蒸汽裂解法操作温度200～300℃的情况下高效催化甲烷转化成乙烯。国内中国科学院兰州化学物理研究所在OCM技术研究领域处于领先地位，在流化床反应器上进行了小规模放大试验，使用W-Mn-SiO_2催化剂，在反应温度为875℃、甲烷空速为$7000h^{-1}$、$V(CH_4)$：$V(O_2)$为5时，C2烃收率为19.4%，选择性为75.7%。450h运行过程中，C2烃的收率、选择性基本可以保持以上水平，略有降低。该工艺的C2烃单程收率较高，但催化剂寿命未达到工业化水平，进一步研究催化剂的失活问题、延长催化剂寿命并改进工艺流程，循环使用甲烷提高利用率，可以尽快实现国内OCM技术的工业化进程。

二、乙烷的利用途径

乙烷能发生很多烷烃的典型反应，例如卤代、硝化和磺化反应，在化学工业里乙烷主要通过蒸汽裂解生产乙烯。乙烷的主要利用途径如图1-2所示。

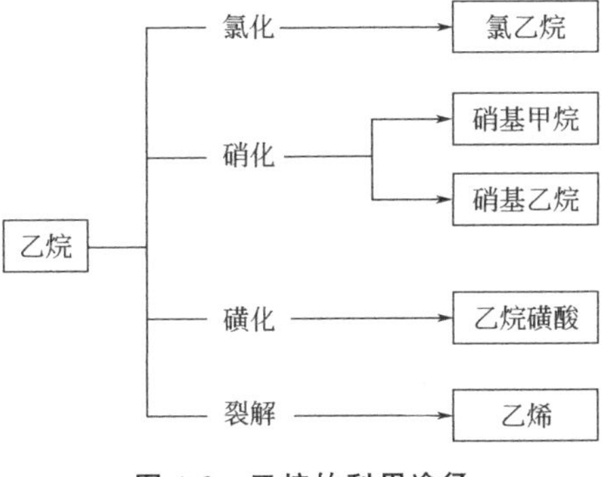

图1-2 乙烷的利用途径

（1）卤代反应

氯乙烷是无色气体，有类似醚类的气味。微溶于水，可混溶于多数有机溶剂。氯乙烷主要用作四乙基铅、乙基纤维素及乙基咔唑染料等的原料，也用作烟雾剂、冷冻剂、局部麻醉剂、杀虫剂、乙基化剂、烯烃聚合溶剂、汽油抗震剂等，还用作聚丙烯合成的催化剂，磷、硫、油脂、树脂、蜡等的溶剂以及农药、染料、医药及其中间体的合成。

乙烷与氯气在紫外光或热的作用下，发生卤代反应生成氯乙烷，具体反应如下

$$CH_3CH_3+Cl_2 \longrightarrow CH_3CH_2Cl+HCl \tag{1-13}$$

（2）硝化反应

乙烷的硝化反应是向乙烷分子中引入硝基（$-NO_2$）的过程，硝基就是硝酸失去一个羟基形成的一价的基团。目前工业上制取硝化乙烷的主要方法是20世纪30年代美国商品溶剂公司开发的气相硝化法，具体反应式如下

$$CH_3CH_3+HNO_3 \longrightarrow CH_3CH_2NO_2+H_2O \tag{1-14}$$

硝基乙烷是一种无色、有刺激性气味的油状液体，能与甲醇、乙醇和乙醚混溶，溶于氯仿和碱溶液，几乎不溶于水，用于有机合成。硝基乙烷作为一种优良的极性溶剂，对硝化纤维素、醋酸纤维素、聚醋酸乙烯酯等有良好的溶解能力，可用作树脂、硝化纤维素、醋酸纤维素、蜡、脂肪和染料等的溶剂和火箭燃料，也是一种重要的合成农药、医药和染料的中间体。

（3）磺化反应

磺化反应是指有机化合物里的氢原子被硫酸分子里的磺酸基（$-SO_3H$）所取代的反应。乙烷与硫酸在高温下反应，乙烷里的氢原子被硫酸分子里的磺酸基（$-SO_3H$）取代生成乙烷磺酸。

$$CH_3CH_3+H_2SO_4 \longrightarrow CH_3CH_2SO_3H+H_2O \tag{1-15}$$

（4）裂解反应

乙烷裂解制乙烯是乙烷在高温裂解炉中发生脱氢反应生成乙烯，并副产氢气，如式（1-16）所示。裂解反应的理想温度在800～1400K，主要取决于裂解过程中有无催化剂存在，还会产生甲烷、乙炔、丙烯、丙烷、丁二烯和其他烃类等副产物，如式（1-17）～式（1-23）所示

$$C_2H_6 \longrightarrow C_2H_4 + H_2 \qquad \Delta H = 136.330 kJ/mol \tag{1-16}$$

$$2C_2H_6 \longrightarrow C_3H_8 + CH_4 \qquad \Delta H = -11.560 kJ/mol \tag{1-17}$$

$$C_3H_8 \longrightarrow C_2H_4 + CH_4 \qquad \Delta H = 82.670 kJ/mol \tag{1-18}$$

$$C_3H_8 \longrightarrow C_3H_6 + H_2 \qquad \Delta H = 124.910 kJ/mol \tag{1-19}$$

$$C_3H_6 \longrightarrow C_2H_2 + CH_4 \qquad \Delta H = 133.450 kJ/mol \tag{1-20}$$

$$C_2H_2 + C_2H_4 \longrightarrow C_4H_6 \qquad \Delta H = -17.470 kJ/mol \tag{1-21}$$

$$2C_2H_6 \longrightarrow C_2H_4 + 2CH_4 \qquad \Delta H = 71.102 kJ/mol \tag{1-22}$$

$$C_2H_6 + C_2H_4 \longrightarrow C_3H_6 + CH_4 \qquad \Delta H = -22.980 kJ/mol \tag{1-23}$$

利用乙烷作为裂解原料制乙烯的技术已成功在国外应用多年，如Lummus、S&W、KBR、Linde、TPL/KTI等公司都有相应的乙烷裂解技术，目前已建成投产的乙烷裂解装置主要集中在美国、中东等地，生产商主要有Sweeny Texas公司、INEOS Americas公司等。

20世纪70年代美国联合碳化物公司（UCC）和菲利普斯石油公司首先开发了乙烷氧化脱氢制乙烯工艺。此工艺的反应是放热反应，与直接脱氢反应相比由吸热变为放热，有利于乙烯的生成，即使在较低的温度下也有很高的转化率。此外，在反应过程中不需加入卤素，避免了热裂解、催化脱氢和氧卤化法等过程不利因素的影响。该工艺反应条件温和，装置投资和操作费用低，因此备受关注。

三、乙烯的利用途径

乙烯可以发生分解、加氢、水合、氧化、卤代、羰基化等一系列化学反应，也可以和无机氮及硫、铝、硼等其他无机物反应，还可以与烃、醇、醛、酸等有机化合物反应，其中最具有价值的化学反应为聚合、氧化、烷基化、卤代、水合和羰基化等。乙烯的主要利用途径如图1-3所示。

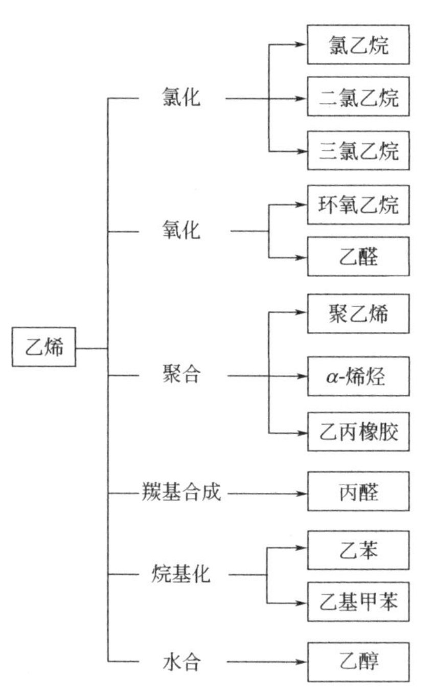

图1-3 乙烯的利用途径

（1）聚合反应

乙烯的聚合产品——聚乙烯，是消耗乙烯量最大的石油化工产品。聚乙烯的生产过程是聚合级乙烯在特定的温度、压力和引发剂或催化剂存在的条件下发生聚合反应的过程。

聚乙烯依据聚合方法、分子量高低、链结构不同，分为高密度聚乙烯（HDPE）、低密度聚乙烯（LDPE）及线性低密度聚乙烯（LLDPE）。全球聚乙烯的下游产品多样，主要分布在薄膜、吹塑、注塑、管型材、电线电缆等领域。2020 年，薄膜是聚乙烯最大的下游需求，占消费总量的 54.2%。近年来，全球聚乙烯产能稳步增长。2020 年全球聚乙烯产能和产量分别达到 1.27×10^8 t/a 和 1.06×10^8 t，同比增长率分别为 5.9%和 2.1%。东北亚和北美是全球主要聚乙烯产能地区，2020 年新增产能也主要来自这两个地区。2020 年全球聚乙烯供需状况见表 1-7。

表 1-7　2020 年全球聚乙烯供需状况

地区	产能/($\times10^4$t/a)	产量/$\times10^4$t	消费量/$\times10^4$t
非洲	180.0	105.2	402.5
中欧	196.4	155.4	227.5
独联体	464.1	387.4	283.7
印巴	571.0	512.0	671.7
中东	2272.8	1898.4	620.3
北美	2845.3	2509.0	1576.2
东北亚	3294.1	2784.1	4107.8
南美	420.3	293.9	479.2
东南亚	1044.7	854.0	881.7
西欧	1402.0	1131.4	1176.3
全球	12690.7	10630.8	10426.9

目前典型的聚乙烯生产工艺：①美国 UCC 公司气相法 Unipol 聚乙烯工艺；②瑞士 INEOS 公司的气相法 Innovene G 聚乙烯工艺；③荷兰 Lyondellbasell 公司的气相法 Spherilene 聚乙烯工艺；④美国 Chevron Phillips 公司环管淤浆法聚乙烯工艺；⑤奥地利 Borealis 公司环管淤浆法 Borstar 聚乙烯工艺；⑥瑞士 INEOS 公司的 Innovene S 低压淤浆法聚乙烯工艺；⑦荷兰 Lyondellbasell 公司的釜式淤浆法 Hostalen 聚乙烯工艺；⑧日本三井化学的釜式淤浆法 CX 聚乙烯工艺；⑨美国 Dow 化学公司的 Dowlex 低压冷却型工艺；⑩荷兰 Royal DSM 公司的低压绝热工艺；⑪加拿大 NOVA 化学公司的 Sclairtech 工艺。

（2）氧化反应

环氧乙烷（EO）是众多重要有机化工产品的起始原料，也是乙烯工业中除聚乙烯和聚氯乙烯之外，排名第三的重要有机化工产品，它的主要用途是制备乙二醇（EG），而 EG 又是聚酯工业和抗冻剂生产的重要原料。另外，EO 也是生产含乙氧基结构非离子表面活性剂化合物、醇胺类、乙二醇醚类以及医药和农药中间体、油田化学品等精细化学品的重要原料。目前，我国每年在生产环氧乙烷（EO）方面就消耗了约 1/4 的乙烯产量，创造了约 700 亿元的产值。

乙烯直接氧化法是现在环氧乙烷生产采用最普遍的合成路线。其反应为乙烯与氧气在高温、高压、催化剂条件下，直接生产环氧乙烷。早在 1938 年，UCC 公司就建成了世界第一套乙烯氧化法生产环氧乙烷的装置。现在，全球乙烯直接氧化生产环氧乙烷的专利技术大部分被 Shell、SD 和 UCC 三家公司所垄断，这三家公司的技术占环氧乙烷总生产能力的 90%以上。

（3）卤代反应

氯乙烯，又称乙烯基氯，常温下为无色、有麻醉作用、易液化的气体，微溶于水，能溶于醇、醚，与空气形成爆炸性混合物。有光或催化剂存在时易发生聚合，亦能与丁二烯、丙烯腈、醋酸乙烯酯和丙烯酸甲酯等共聚，共聚产物可以制得各种性能的树脂，加工成管材、板材、薄膜、塑料地板、各种压塑制品、建筑材料、涂料和合成纤维等。

20 世纪 30 年代，德国格里斯海姆电子公司基于氯化氢与乙炔加成，首先实现了氯乙烯的工业生产。初期，氯乙烯采用电石、乙炔与氯化氢催化加成的方法生产，简称乙炔法。随着石油化工的发展，氯乙烯的合成迅速转向以乙烯为原料的工艺路线。1940 年，美国联合碳化物公司开发了二氯乙烷法。为了平衡氯气的利用，日本吴羽化学工业公司又开发了乙炔法和二氯乙烷法联合生产氯乙烯的联合法。目前世界上比较先进且采用最多的生产方法是 1960 年美国道化学公司开发的平衡氧氯化法，首先乙烯和氯气反应生成二氯乙烷；随后二氯乙烷在高温下裂解生成氯乙烯和氯化氢；最后氧氯化，即乙烯、氧气和氯化氢反应生成二氯乙烷和水。在整个过程中，氯化氢始终保持平衡，因此称为平衡氧氯化法。

（4）水合反应

乙烯水合反应是指乙烯和水在一定的压力、温度和催化剂的作用下发生水合反应生成乙醇的过程。乙烯水合法分为间接水合法和直接水合法。间接水合法由美国联合碳化物公司开发，反应分两步进行，先将乙烯在一定温度、压力条件下通入浓硫酸中生成硫酸酯，再将硫酸酯在水解塔中加热水解而得乙醇，同时有副产物乙醚生成。间接水合法设备腐蚀严重，生产流程长，已被直接水合法取代。直接水合法由壳牌公司最先开发应用，该工艺是在一定条件下，乙烯通过固体酸催化剂直接与水反应生成乙醇，工业上采用负载于硅藻土上的磷酸催化剂。

（5）烷基化反应

苯乙烯是一种重要的化工原料，是合成橡胶和塑料的重要单体，可用于生产丁苯橡胶、聚苯乙烯、泡沫聚苯乙烯，也可用于制药、染料、农药以及选矿等行业。乙苯是生产苯乙烯的主要原料，现在工业上约有 90%的乙苯是通过苯烷基化生产的。

苯与乙烯烷基化制乙苯分为气相法和液相法两种工艺。1980 年，Badger 和 Mobil 公司合作推出了气相法制乙苯工艺。此种方法为气固反应，催化剂为 ZSM-5 分子筛。气化法制乙苯工艺有催化剂用量少、催化剂活性高、乙苯纯度较高等优点，按照进料不同可分为干气法、纯乙烯法及乙醇法三种。液相法制乙苯有 UOP 公司和 Lummus 公司共同开发的 EBone 工艺、基于 EBone 工艺优化的 EBMax 工艺和 CDTECH 公司推出的催化精馏工艺（CD-TECH）三种。

（6）氢甲酰化反应

氢甲酰化反应是指烯烃与合成气（CO 和 H_2）在催化剂的作用下生成增加一个碳的醛的反应，工业上又称“羰基合成”反应（OXO 反应）。该类反应是由德国鲁尔公司的 Otto Roelen 于 20 世纪 30 年代发现的，随后人们对氢甲酰化反应进行了大量的研究和开发，它已成为当今最重要的有机化工生产工艺之一。烯烃与合成气（CO和H_2）生成醛的反应是氢甲酰化反应的主反应。另外，反应过程中还会发生一些平行和二次反应等副反应，这些副反应使得反应产物的收率和选择性有所降低。

乙烯氢甲酰化反应过程中的主反应是生成丙醛。

$$C_2H_4+CO+H_2 \longrightarrow CH_3CH_2CHO \tag{1-24}$$

由于原料烯烃和产物醛都具有较高的反应活性，故有平行副反应和连串副反应发生。主要的平行副反应为乙烯的加氢：

$$C_2H_4+H_2 \longrightarrow C_2H_6 \tag{1-25}$$

主要的连串副反应是丙醛加氢：

$$CH_3CH_2CHO+H_2 \longrightarrow CH_3CH_2CH_2OH \tag{1-26}$$

上述所列的反应是反应体系中的主要反应，此外反应体系中可能发生一些次要的副反应，如醇醛缩合、醛的缩合等反应。

（7）齐聚反应

α-烯烃是指双键在分子一端的线型烯烃，是一种重要的化工原料，用途非常广泛，其中C6～C8的α-烯烃主要用作聚乙烯的共聚单体，用量最大，增值潜力最大，是目前国内最急需的产品。C10以及部分C8、C12可用于制备聚α-烯烃（PAO），用于生产航空、耐燃烧以及在恶劣环境下使用的高级润滑油；C12～C16用于制备高级洗涤剂、表面活性剂、化妆品、合成调味品等；C18及其以上的α-烯烃可直接或间接用于润滑油添加剂及钻井液、黏合剂、密封剂和涂料等；同时，线型α-烯烃还可用于合成增塑剂、环氧化物、胺、脂肪酸以及各类添加剂、低黏性合成油等。

目前生产α-烯烃的主要方法还是乙烯齐聚法。工业上成熟的工艺包括：Ethyl公司的两步法，Shell公司的SHOP法和Phillips石油公司的一步法和乙烯三聚法。

四、丙烷的利用途径

丙烷是一种含3个碳原子的无色无臭的易燃烷烃，比空气密度大，常滞留在低处，与空气能形成爆炸性混合物，易溶于醚，溶于醇、苯和氯仿，微溶于丙酮，不溶于水，但在低温下容易与水生成固态水合物，引起天然气管道的堵塞。丙烷常见的反应有卤代、硝化、脱氢、裂解、氨氧化等。丙烷的主要利用途径如图1-4所示。

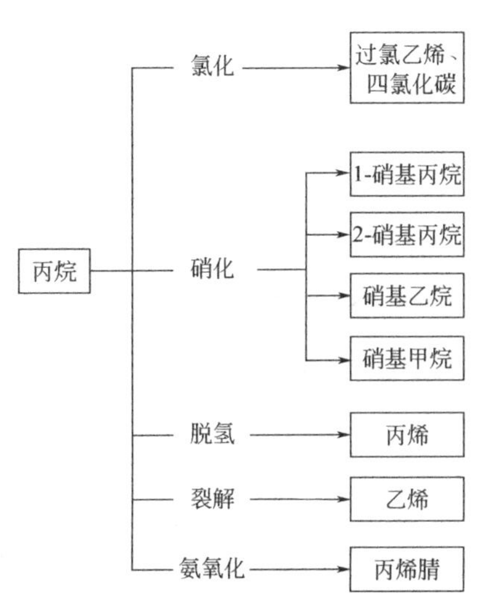

图1-4 丙烷的利用途径

（1）氨氧化反应

丙烯腈是一种重要的有机化工原料，在合成纤维、合成树脂、合成橡胶等高分子材料领域有广泛的应用。目前丙烯腈生产均采用丙烯氨氧化法，它由Sohio（目前BP公司）于20世纪60年代开发成功并沿用至今。

丙烷氨氧化生成丙烯腈包括两个步骤：丙烷脱氢生成丙烯和丙烯氨氧化生成丙烯腈。其中丙烷脱氢是吸热反应，而丙烯氨氧化是放热反应，脱除的氢主要和氧气反应生成水，也是放热反应。由于各基元反应步骤中放热大于吸热，因此丙烷氨氧化总反应是放热反应，具体反应如下

$$C_3H_8 \longrightarrow C_3H_6 + H_2 \tag{1-27}$$

$$C_3H_6 + NH_3 + 1.5O_2 \longrightarrow CH_2{=}CHCN + 3H_2O \tag{1-28}$$

$$H_2 + 0.5O_2 \longrightarrow H_2O \tag{1-29}$$

总反应

$$CH_3CH_2CH_3 + NH_3 + 2O_2 \longrightarrow CH_2CHCN + 4H_2O \tag{1-30}$$

日本旭化成公司开发的丙烷直接氨氧化工艺是使丙烷、氨和氧在装有专用催化剂的管式反应器中进行反应，其催化剂为 SiO_2 上负载 20%～60%的 Mo、V、Nb 或 Sb 金属，反应中用惰性气体稀释，反应条件为 415℃和 0.1MPa。当丙烷转化率约为 90%时，丙烯腈选择性为 70%，收率约为 60%。

（2）硝化反应

丙烷在气相中与硝酸作用，生成 1-硝基丙烷、2-硝基丙烷、硝基乙烷和硝基甲烷的混合物，具体流程是先将丙烷放入预热器于 430～450℃进行预热，然后进入反应塔与硝酸在 390～440℃进行反应，压力为 0.69～0.86MPa。从反应塔出来的气体经冷凝器冷却，硝基丙烷与稀硝酸凝缩。丙烷与气态氧化物则由回收塔回收，丙烷循环利用。所得产品为硝基甲烷 10%～30%，硝基乙烷 20%～25%，1-硝基丙烷 25%，2-硝基丙烷 40%。

（3）脱氢反应

丙烷催化脱氢反应通常是指在一定的反应温度、压力和合适的催化条件下，使丙烷高效转化为丙烯并副产氢。丙烷脱氢是一个可逆、强吸热反应，高温低压条件有利于丙烯的生成。目前国际上已工业化或成功研发的丙烷催化脱氢技术有：①UOP 公司的 Oleflex 工艺；②Lummus 公司的 Catofin 工艺；③Snamprogetti-Yarsintez 公司的流化床（FBD）工艺；④Phillips 石油的蒸汽活化重整（STAR）工艺；⑤Linde-BASF 公司的 Linde 工艺。在我国已经投产的装置中，Oleflex 工艺 6 套，Catofin 工艺 6 套。丙烷催化脱氢虽已工业化，但该反应是热力学平衡受限的强吸热过程，需在较高温度下（>600℃）才能得到较高转化率，且高温还会带来催化剂结焦等问题。

丙烷氧化脱氢工艺中以 V-Mg-O、稀土钒酸盐、负载的钒氧化物、Mo-Mg-O、Ni-Mo-O、磷酸盐类等作为催化剂，在 400～500℃和常压条件下，丙烷与氧化剂发生放热反应。根据氧化剂的不同，可分为 O_2 氧化和 CO_2 氧化，主反应式分别为

$$2C_3H_8 + O_2 \longrightarrow 2C_3H_6 + 2H_2O \tag{1-31}$$

$$C_3H_8 + CO_2 \longrightarrow C_3H_6 + CO + H_2O \tag{1-32}$$

丙烷氧化脱氢为放热反应，反应不受热力学平衡的限制，但由于反应产物丙烯最弱 C—H 键键能（360.7kJ/mol）小于丙烷 C—H 键键能（401.3kJ/mol），故丙烯更容易被氧化。该工艺由于丙烯选择性较低，离工业化尚有一定距离。

（4）裂解反应

丙烷裂解是指在隔绝空气和高温条件下发生裂解生成乙烯、丙烯的过程，常用的反应器为裂解炉。丙烷裂解以气相产物为主，乙烯产率约为4%，丙烯、甲烷产率较高（约为17%和27%），液相产物产率在5%～6%。裂解温度稍低于乙烷裂解，水蒸气添加量约为丙烷的31%～41%。此过程生产流程简单，投资少，生产费用较低，是制取乙烯的重要方法。

五、丙烯的利用途径

丙烯是三大合成材料的基本原料之一，其最大的用途是生产聚丙烯。另外，丙烯可制备丙烯腈、环氧丙烷、异丙醇、苯酚、丙酮、丁醇、辛醇、丙烯酸及其酯类、丙二醇、环氧氯丙烷和合成甘油等。丙烯的主要利用途径如图1-5所示。

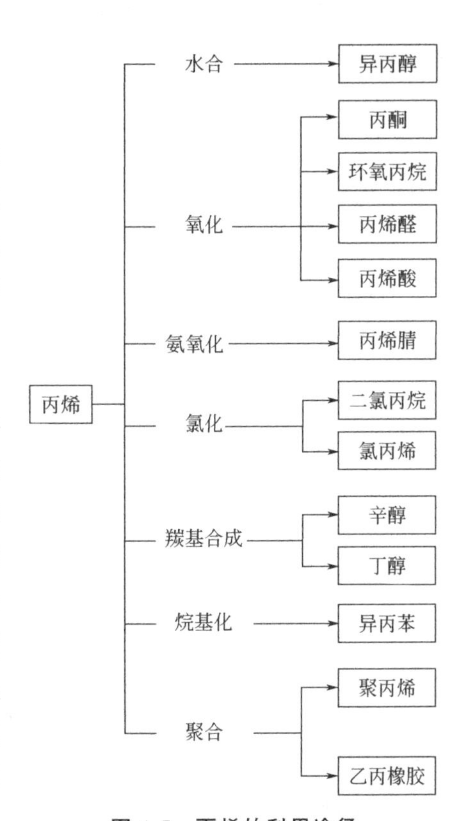

图1-5 丙烯的利用途径

（1）聚合反应

聚合级的丙烯在一定的温度、压力和催化剂条件下，发生聚合反应生成聚丙烯，按甲基排列位置，聚丙烯分为等规聚丙烯、无规聚丙烯和间规聚丙烯3种，它是一种用途广泛、性能优异、价格适中的热塑性合成树脂品种，主要用于生产塑料，也可以抽丝生产丙纶纤维。近年来，全球聚丙烯产能稳步增长，新增产能主要来自东北亚、东南亚、印巴及北美等地区。2020年，全球聚丙烯产能、产量和消费量分别达到9158.2×10^4t/a、7848.5×10^4t和7848.5×10^4t，同比增长率分别为8.2%、4.2%和3.8%。2020年全球聚丙烯供需状况见表1-8。

表1-8 2020年全球聚丙烯供需状况

地区	产能/($\times10^4$t/a)	产量/$\times10^4$t	消费量/$\times10^4$t
非洲	137.7	117.1	221.6
中欧	150.0	122.2	188.8
独联体	230.3	198.2	162.9
印巴	585.5	532.5	665.0
中东	943.4	822.1	453.3
北美	934.3	804.7	796.1
东北亚	4152.5	3503.2	3583.9
南美	292.4	234.4	271.2
东南亚	767.6	652.6	667.7
西欧	964.5	861.5	838.0
全球	9158.2	7848.5	7848.5

目前全球聚丙烯（PP）生产工艺包括：①Basell公司的Spheripol环管/气相工艺；

②Dow 公司的 Unipol 气相工艺；③BP 公司的 Innovene 气相工艺；④NTH 公司的 Novolen 气相工艺；⑤三井化学公司的 Hypol 釜式本体工艺；⑥Borealis 公司的 Borstar 环管/气相工艺等。

（2）烷基化反应

异丙苯是无色有特殊芳香气味的液体，不溶于水，溶于乙醇、乙醚、苯和四氯化碳。主要用于生产苯酚和丙酮，也可用作提高燃料油辛烷值的添加剂、合成香料和聚合引发剂的原料。丙烯和苯经过烷基化反应生成异丙苯，然后氧化成过氧化氢异丙苯，最后分解成苯酚和丙酮，这是迄今为止生产苯酚和丙酮最为经济的工艺路线。

传统的异丙苯生产方法一般采用三氯化铝法或磷酸法，但是由于二者均存在设备腐蚀和废物处理等问题，近年来世界各大公司已基本摒弃这两种方法，转向以沸石催化剂为基础的生产工艺，主要包括 Mobil/Badger 工艺、Dow/Kellogg 工艺、CDTECH 工艺、Q-Max 工艺。

Mobil/Badger 工艺采用 MCM-22 沸石催化剂，再生周期 2 年，总寿命 5 年。该法采用双固定床烷基化反应器，入口原料为液态丙烯、新鲜苯和循环苯，出口物料为丙烷、异丙苯、过量苯及微量杂质。反应条件为苯烃摩尔比 3∶1、反应压力 2.1MPa、反应温度 130℃。Dow/Kellogg 工艺采用高性能脱铝丝光沸石，丙烯转化率 100%，产品中正丙苯含量小于 100μg/g。在 170℃以下，反应首先生成异丙苯和大量的二异丙苯。在第二步烷基转移反应阶段，二异丙苯与苯在 150℃左右进行烷基转移反应，二异丙苯的转化率可达到 65%。而异丙苯的选择性高于 90%。该工艺的产物中苯与丙烯等物质的含量比传统的 SPA 工艺低。CDTECH 工艺在反应压力 5.6MPa、反应温度 120～180℃下使苯和丙烯进行烷基化反应。产物异丙苯纯度达 99.95%，收率为 99.6%。Q-Max 工艺由 UOP 公司开发，使用 MAP-SO-31 沸石催化剂，以苯和丙烯为原料，经催化烷基化反应转化为高质量的异丙苯。产物中苯含量比 SPA 传统工艺低，异丙苯纯度可达 99.95%。

（3）水合法生产异丙醇

异丙醇是无色透明液体，有似乙醇和丙酮混合物的气味，能与醇、醚、氯仿和水混溶，能溶解生物碱、橡胶、虫胶、松香、合成树脂等多种有机物和某些无机物，与水形成共沸物，不溶于盐溶液。异丙醇是一种良好溶剂和化工原料，在许多情况下可代替乙醇作为溶剂，用于涂料、医药、农药、化妆品等工业领域。异丙醇是世界上工业合成的第一个丙烯系石油化工产品，当前国内外工业生产异丙醇的方法主要是丙烯直接水合法。该法是使丙烯在催化剂存在下直接发生水合反应生成异丙醇，同时副产正丙醇，可分为气相直接水合法、液相直接水合法和气-液混相水合法 3 种。

气相直接水合法（维巴法）采用磷酸/硅藻土为催化剂，催化剂含磷酸 20%～30%，丙烯总转化率达 97%，异丙醇选择性达 98%～99%。该法优点是选择性好、副产物少，设备腐蚀和污染问题大为改善，同时流程短、设备简单。不足之处是转化率较低，耗能大，原料丙烯质量分数要求在 99%以上，磷酸流失严重。

液相直接水合法采用钨系多阴离子的水溶液（如钨硅酸）为催化剂，钨硅酸浓度为 0.25～10mmol/L。该法优点是催化剂活性高、反应速率快；丙烯单程转化率高、选择性高；催化剂较稳定、可循环使用、寿命长、无公害；反应过程虽需高压，但设备并不需要特殊材质，且无腐蚀性问题。缺点是耗电量大，粗产物含大量水，蒸馏时热量消耗大。

气-液混相水合法以德士古德国分公司（Deutsche Texaco）离子交换树脂法为代表，采用活性阳离子交换树脂作催化剂。由于催化剂具有良好的活性和耐水性，故可在较低的反应温度和较大的水烯配比条件下反应，且不需高纯度丙烯及大量未反应的丙烯循环，反应条件相对缓和，丙烯转化率高，能耗低。缺点是催化剂价格昂贵，寿命较短。

（4）氧化制备丙烯酸

丙烯酸是最简单的不饱和羧酸，分子结构由一个乙烯基和一个羧基组成。纯的丙烯酸是无色澄清液体，有刺激性气味，酸性较强且有腐蚀性，溶于水、乙醇和乙醚。丙烯酸化学性质活泼，易聚合而成透明白色粉末，还原时生成丙酸。丙烯酸及其酯类自身或与其他单体混合后，会发生聚合反应生成均聚物或共聚物，通常可与丙烯酸共聚的单体包括酰胺类、丙烯腈、含乙烯基类、苯乙烯和丁二烯等，这些聚合物的应用遍及涂料、塑料、纤维、皮革、造纸、建材以及包装材料等众多领域。

20 世纪 60 年代末，德国 BASF 公司开发了丙烯两步法氧化制丙烯酸技术。现在几乎所有工业化的丙烯酸生产装置都采用该法，并形成了不同工艺。

$$CH_3CH{=}CH_2 + O_2 \longrightarrow CH_2{=}CHCHO + H_2O \quad (1\text{-}33)$$

$$CH_2{=}CHCHO + 0.5O_2 \longrightarrow CH_2{=}CHCOOH \quad (1\text{-}34)$$

德国 BASF 技术第一步丙烯氧化采用 Mo-Bi 系列催化剂，丙烯醛单程收率 80%，第二步丙烯醛氧化采用 Mo、W、V、Fe 系列催化剂，丙烯酸单程收率 90%。由于采用有机溶剂吸收生成的水，工艺几乎无废水生成，但制备工艺流程长、消耗高、临时停车多，影响生产。日本三井化学公司的技术第一步氧化使用 Mo-O-Bi 系列催化剂，丙烯转化率大于 98%，第二步氧化使用 Mo-O-V 系列催化剂，丙烯醛转化率大于 99.3%，丙烯酸总收率大于 88%。该技术催化剂强度高、不易粉化、寿命长，工艺流程短，设备投资较少，因而具有很大的市场竞争力。

国内丙烯制备丙烯酸的科研工作也取得了很大的进展。中国石油兰州化工研究中心研制成功丙烯氧化法制备丙烯酸的 LY-A 催化剂，丙烯转化率 98%，丙烯酸收率 88%，目前该催化剂在国内已成功应用于工业化生产装置中。

（5）氯化反应

氯醇法是传统环氧丙烷工业生产工艺，由美国联合碳化物公司在 20 世纪 30 年代开发并用于工业生产，经美国道化学公司改良后成为生产环氧丙烷的主要方法。氯醇法主要工艺过程为丙烯氯醇化、石灰乳皂化和产品精制，其核心工艺是丙烯氯醇化。典型氯醇法工艺有美国道化学的管式反应器工艺，日本旭硝子公司的管塔型反应器工艺、昭和电工和三井东亚化学公司的塔式反应器工艺。

$$Cl_2 + H_2O \longrightarrow HOCl + HCl \quad (1\text{-}35)$$

$$CH_3CH{=}CH_2 + HOCl \longrightarrow CH_3CH(OH)CH_2Cl \quad (1\text{-}36)$$

$$CH_3CH(OH)CH_2Cl + Ca(OH)_2 \longrightarrow \text{(环氧丙烷)} + CaCl_2 + H_2O \quad (1\text{-}37)$$

氯醇法目前约占世界环氧丙烷产能的 40%。其生产工艺成熟、投资少、操作弹性大、安全性高；对原料纯度要求不高，环氧丙烷选择性好。缺点是耗费大量水，产生废水和废渣。产生的废水具有高温、高 pH 值、高氯根、高 COD（化学需氧量）和高悬浮物的特点，严重污染环境，需要耗费大量的能源进行处理。此外，次氯酸对设备的腐蚀也比较严重。

（6）氨氧化反应

丙烯腈是三大合成材料——合成纤维、合成橡胶、合成树脂的基础原料。丙烯腈醇解可制得丙烯酸酯。丙烯腈在引发剂（过氧苯甲酰）作用下可聚合成线型高分子化合物——聚丙烯腈。聚丙烯腈制成的腈纶质地柔软，类似羊毛，俗称“人造羊毛”，它强度高，密度小，保温性好，耐日光、酸和大多数溶剂。丙烯腈与丁二烯共聚生产的丁腈橡胶具有良好的耐油、耐寒、耐溶剂等性能，是现代工业最重要的橡胶之一，应用十分广泛。

1960 年美国标准石油公司成功开发了丙烯氨氧化制丙烯腈的工业催化剂，并同时开发了配套的细颗粒催化剂自由湍动流化床反应技术，简称 Sohio 工艺，它以丙烯、空气、氨为原料，用丙烯氨氧化技术合成丙烯腈。丙烯氨氧化法反应方程式如下

$$CH_2=CHCH_3+NH_3+1.5O_2 \longrightarrow CH_2=CHCN+3H_2O \quad (1\text{-}38)$$

Sohio 法具有原料易得、价格低、工序简单、生产危险性小、产品精制方便等特点，因此替代了部分以往的生产工艺，使丙烯腈产量大幅提高，价格下降，也促进了以丙烯腈为原料的腈纶发展，目前用 Sohio 技术生产的丙烯腈占世界产量的 95%以上。

（7）氢甲酰化制丁辛醇

丁辛醇是丁醇和辛醇的统称。化工行业中，丁醇一般特指正丁醇，辛醇特指异辛醇。由于生产合成是在一套装置中进行并且可以互相转产，因此行业内习惯性称为丁辛醇。丁醇与辛醇均为无色、易燃的油状透明液体，能与多种化合物共沸，丁醇属于危险化学品范畴，辛醇则不属于。丁醇（正丁醇和异丁醇）、异辛醇是合成增塑剂及表面活性剂的重要原材料。正丁醇是生产丙烯酸丁酯、醋酸丁酯、DBP（邻苯二甲酸二丁酯）等的基本化学物料，也能用来生产邻苯二甲酸二正丁酯等增塑剂。异辛醇是合成增塑剂及 2-乙基己基丙烯酸酯（丙烯酸辛酯）等的基础原料。此外，异辛醇还广泛应用于柴油、润滑油添加剂、选矿剂、抗氧剂及医药等精细化工产品。随着国内石化行业的迅猛发展，塑料需求快速增加，对丁辛醇的需求量更是逐年增加，进一步带动了我国丁辛醇行业的发展。

丁辛醇的主要生产技术路线是羰基合成法，即用丙烯与合成气（H_2 和 CO）通过催化氢甲酰化生产丁醛，然后将丁醛转化成正丁醇、异丁醇和辛醇。

主反应

$$CH_2=CHCH_3+CO+H_2 \longrightarrow CH_3CH_2CH_2CHO \quad (1\text{-}39)$$

副反应

$$CH_2=CHCH_3+CO+H_2 \longrightarrow (CH_3)_2CHCHO(\text{异丁醛}) \quad (1\text{-}40)$$

$$CH_2=CHCH_3+H_2 \longrightarrow CH_3CH_2CH_3 \quad (1\text{-}41)$$

$$CH_3CH_2CH_2CHO+H_2 \longrightarrow CH_3CH_2CH_2CH_2OH \quad (1\text{-}42)$$

$$2CH_3CH_2CH_2CHO \longrightarrow CH_3CH_2CH_2CH(OH)CH(CHO)CH_2CH_3(\text{缩二丁醛}) \quad (1\text{-}43)$$

目前全球产量的 90%以上是采用英国 Davy 公司与美国 UCC 公司合作开发的低压羰基合成法。Shell 公司拥有将丙烯直接转化成正、异丁醇和辛醇的一步法。少量的正丁醇是通过 Ziegler 法生产线型醇时作为副产物而制得的。

六、丁二烯的利用途径

丁二烯是最简单的共轭二烯烃，由于其结构上共轭双键的特殊性，丁二烯具有非常活泼的化学性质，其显著的化学性质是容易发生聚合反应，生成高分子化合物。除了可以发生自身的聚合以外，还可以与其他化合物发生共聚，工业上常利用这一性质生产合成橡胶（丁苯橡胶、丁腈橡胶、聚丁二烯橡胶和氯丁橡胶）和合成树脂（如 ABS 树脂、SBS 树脂、BS 树脂、MBS 树脂）。目前，国外已经开发成功和即将开发成功的丁二烯化工利用新途径包括 1,4-丁二醇、四氢呋喃、丁辛醇、1-辛烯、己内酰胺、己二胺、乙苯、苯乙烯和二甲基萘等。

七、正丁烯的利用途径

正丁烯主要由 C4 馏分分离获得，不同来源的 C4 馏分中丁烯含量有所不同。正丁烯常态下均为无色气体，有微弱芳香气味，用于制造丁二烯、甲基酮、乙基酮、仲丁醇、环氧丁烷及丁烯聚合物和共聚物。正丁烯的主要利用途径如图 1-6 所示。

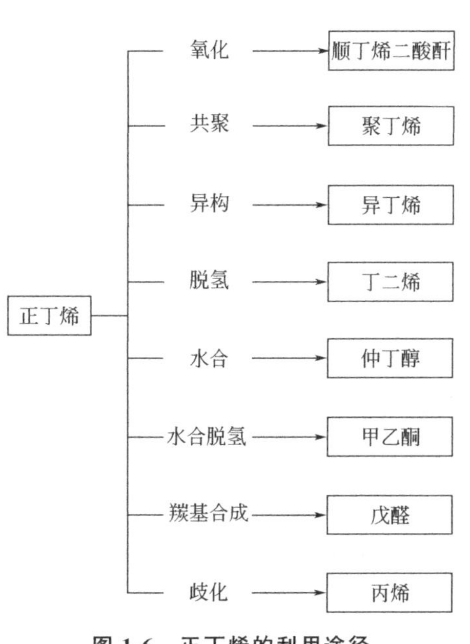

图 1-6　正丁烯的利用途径

（1）生产甲乙酮

甲乙酮（MEK）又称丁酮，是性能优良的有机溶剂和精细化工原料，甲乙酮可与多种烃类溶剂互溶，具有挥发度适中、溶解能力强、黏度低、稳定、无毒等优点，在酮类溶剂中重要性仅次于丙酮。目前国际上制取甲乙酮的主流技术主要采用正丁烯两步法制取路径。该两步合成法首先将正丁烯水合制成仲丁醇，仲丁醇再脱氢制甲乙酮。正丁烯水合制仲丁醇主要有硫酸间接水合法、树脂直接水合法和杂多酸直接水合法 3 种工艺路线。仲丁醇脱氢制甲乙酮可分为气相脱氢和液相脱氢 2 种工艺。气相脱氢工艺过程简单，设备投资少，虽然液相脱氢反应条件较缓和，但仲丁醇单程转化率明显低于气相法。

中国石化抚顺石油化工研究院开发出甲乙酮的生产技术，在 1-丁烯水合制仲丁醇工艺中采用多段反应器并开发出相应的催化剂。中国石油兰州石油化工有限公司、新疆天利石化股份有限公司、中国石油哈尔滨石化分公司等应用该技术相继建成并投产了 6 套甲乙酮工业装置。

（2）水合制仲丁醇

仲丁醇又称 2-丁醇，在工业上可用作甲醇的共溶剂，作为提高汽油辛烷值的组分；仲丁醇也可用于生产仲丁酯，还可用于合成除草剂、香精、染料、增塑剂等。仲丁醇最主要的应用是生成甲乙酮，约占其消耗的 90%。正丁烯有 3 种异构体：1-丁烯、顺-2-丁烯、反-2-丁烯。3 种异构体的水合反应速率略有差异，但根据双键加成的马尔科夫尼科夫规则最终获得同一水合产物仲丁醇。

由正丁烯水合制备仲丁醇的工业生产方法有间接水合法和直接水合法 2 种。间接水合法工业装置始建于 20 世纪 30 年代，世界上建有 10 多套工业装置，生产规模较大。直接水合法是在超临界的条件下使用酸性阳离子交换树脂或杂多酸作催化剂，由正丁烯直接水合制得仲丁醇。

间接水合反应是正丁烯水合制仲丁醇的传统方法，首先丁烯在浓硫酸作用下吸附形成硫酸仲丁酯，通过硫酸仲丁酯的水解反应制备仲丁醇。反应方程式如下

$$n\text{-}C_4H_8 + H_2SO_4 \underset{H^+}{\overset{H^+}{\rightleftharpoons}} CH_3CH_2CH(OSO_3H)CH_3 \tag{1-44}$$

$$CH_3CH_2CH(OSO_3H)CH_3 + H_2O \underset{H^+}{\overset{H^+}{\rightleftharpoons}} CH_3CH_2CH(OH)CH_3 + H_2SO_4 \tag{1-45}$$

直接水合法是在酸性催化剂作用下，正丁烯与水直接发生水合反应生成仲丁醇，根据所使用的催化剂不同，直接水合法包括以杂多酸为催化剂和强酸性阳离子交换树脂为催化剂两种工艺。直接水合法反应式为

$$\begin{matrix} CH_3CH_2CH{=\!=}CH_2 \\ CH_3CH{=\!=}CHCH_3 \end{matrix} \xrightarrow[H^+]{H_2O} CH_3CH_2CH(OH)CH_3 \tag{1-46}$$

1985 年日本出光化学株式会社在杂多酸为催化剂的丙烯直接水合制异丙醇工艺基础上，开发了正丁烯直接水合制仲丁醇工艺。德士古德国分公司开发了用强酸性阳离子为催化剂直接水合制备仲丁醇的新工艺。在强酸性离子交换树脂催化剂作用下，正丁烯与水反应生成仲丁醇（反应温度为 140～155℃，反应压力为 5.0～7.0MPa），该反应是一种放热的质子催化反应，目前国内中国石油抚顺石化分公司也采用该技术制备仲丁醇。

（3）氧化脱氢制丁二烯

正丁烯脱氢制丁二烯作为一种重要的丁二烯来源，早在 20 世纪 60 年代就受到国内外众多相关企业的关注。典型的正丁烯脱氢工艺是以 Dow 化学为代表的催化脱氢工艺和氧化脱氢工艺。氧化脱氢工艺相比于催化脱氢工艺所消耗的蒸汽和原料更少，正丁烯转化率和产品收率更高，是工业上正丁烯脱氢制丁二烯的主要工艺。国外最具代表性的是美国 TPC 集团的 Oxo-D 工艺和 Phillips 石油公司的 O-X-D 工艺。

TPC 集团的 Oxo-D 工艺早在 1965 年就实现了商业化。该工艺温度控制在 550～600℃，丁二烯的选择性达到了 93%，正丁烯的转化率达到了 65%。美国 Phillips 石油公司的 O-X-D 工艺的温度控制在 480～600℃，与 TPC 集团的 Oxo-D 工艺相比较，O-X-D 工艺拥有更高的正丁烯转化率，达到 75%～80%左右，丁二烯的选择性相差不大，为 88%～92%。

自 1969 年我国建成第一套正丁烯氧化脱氢制丁二烯工业装置至今，我国相继进行了第二代钼类催化剂和第三代铁系催化剂的制备研究，反应床也由最初的导向挡板流化床发展到后来的二段轴向绝热固定床，我国正丁烯氧化脱氢制丁二烯技术日趋完善。

（4）异构制异丁烯

异丁烯是一种非常重要的有机化工原料，应用非常广泛。其化工利用途径主要有两种：

混合 C4 馏分异丁烯的利用与高纯异丁烯的加工利用。前者主要用于生产甲基叔丁基醚(MTBE)、甲基丙烯酸甲酯（MMA)、乙基叔丁基醚（ETBE)、叔丁醇、对叔丁基苯酚、异戊二烯等重要化工产品，后者主要生产丁基橡胶、聚异丁烯、抗氧剂、叔丁酚、叔丁胺、甲代烯丙基氯、三甲基乙酸等多种有机化工原料和精细化学产品。其中，以异丁烯为原料直接合成的化工产品多达 25 种以上。近几年，随着异丁烯的应用领域越来越广，需求量也越来越大，异构化生产异丁烯是增产异丁烯的主要方法。

20 世纪 70 年代末，国外开始对正丁烯骨架异构化进行研究，但一直没有突破性进展。至 90 年代，异丁烯需求量急剧增加，国外日益重视正丁烯骨架异构化技术的开发和应用。然而丁烯异构化技术的关键是对催化剂的研究，因此国外各大石油公司纷纷投入巨资，开发了多种催化剂及其相关工艺。主要工艺有：①Lyondell 公司开发的 Isomplus 工艺；②IFP 公司开发的 ISO-4 工艺；③美国 Texas Olefin 公司和 Phillips 石油公司合作研发的 SKIP 工艺；④Snamprogetti 公司开发的 SISP-4 工艺；⑤Texaco 公司开发的 Isotex 工艺；⑥UOP 公司开发的 Butesom 工艺等。

（5）共聚反应

聚丁烯是 1-丁烯单体的等规立构高分子均聚物，是由纯的 1-丁烯单体和催化剂在反应器中聚合而成的。聚丁烯具有良好的力学性能，突出的耐环境应力开裂性、耐低温流动性和耐蠕变性、耐热性、耐化学腐蚀性，具有抗磨性、可挠曲性和高填料填充性等良好的性质；同时结晶度较低，质地柔软，与其他聚烯烃相比，稍带有橡胶特性。聚丁烯具有广泛的应用，可以应用于管材、薄膜、模塑品、共混改性剂、纤维、电缆绝缘材料等，其中最主要的用途是制备管材。

（6）氢甲酰化制戊醛

戊醛及其衍生物戊醇、戊酸和 2-丙基庚醇作为重要的精细化学品和药物中间体，在国民生产和生活中发挥着至关重要的作用，尤其在 PVC 增塑剂方面应用广泛。我国经济持续高速地发展将会增加戊醛的市场需求，增大市场供求矛盾。因此，开展戊醛生产工业化技术的研究，对满足国内市场需求、减小进口的依赖性意义重大。

氢甲酰化的主反应是指烯烃与合成气（CO 和 H_2）催化加成生成正构醛和异构醛。反应式如下

$$R{-}CH{=}CH_2 + H_2 + CO \longrightarrow R{-}CH_2CH_2CHO + R{-}CH(CH_3)CHO \tag{1-47}$$

目前，人们普遍认为氢甲酰化反应中异构醛的生成是烯烃原料的异构作用和羰基络合物的异构作用引起的。氢甲酰化反应中的副反应较多，主要包括烯烃加氢生成烷烃、烯烃异构、醛加氢生成醇、甲酸酯和酮的生成。

烯烃加氢成烷烃

$$R{-}CH{=}CH_2 + H_2 \longrightarrow R{-}CH_2{-}CH_3 \tag{1-48}$$

烯烃异构

$$R{-}CH{=}CH_2 \longrightarrow R'{-}CH{=}CH{-}CH_3$$

醛加氢成醇

$$R{-}CH_2CH_2CHO + H_2 \longrightarrow R{-}CH_2CH_2CH_2OH \tag{1-49}$$

$$R{-}CH(CH_3)CHO + H_2 \longrightarrow R{-}CH(CH_3)CH_2OH \tag{1-50}$$

甲酸酯的生成

$$R—CHO+HCo(CO)_4 \longrightarrow R—CH_2—O—Co(CO)_4 \tag{1-51}$$

$$R—CH_2—O—Co(CO)_4 \longrightarrow R—CH_2—O—CO—Co(CO)_3 \tag{1-52}$$

$$R—CH_2—O—CO—Co(CO)_3+H_2 \longrightarrow R—CH_2—O—COH+HCo(CO)_3 \tag{1-53}$$

酮的生成

$$R—CH_2—CO—Co(CO)_4+R—CH_2—Co(CO)_4 \longrightarrow R—CH_2—CO—CH_2—R+Co_2(CO)_8 \tag{1-54}$$

此外，氢甲酰化反应中重组分的生成可有多种方式：缩合、三聚、醇醛缩合及格尔伯特（Guerbet）反应等。

目前，国外有氢甲酰化工艺技术的公司主要有Dow公司、Hoechst公司、BASF公司和UCC公司等。其中，Dow公司采用单釜生产工艺，而其余公司均采用双釜串联工艺。国内兰州化学物理研究所和中国石化等研究单位都拥有氢甲酰化工艺专利，但仍未实现工业化生产。

（7）歧化制丙烯

烯烃歧化反应，又称烯烃异位反应或烯烃复分解反应，反应通过碳碳双键断裂并重新结合而生成新的烯烃，普遍认为反应遵循金属卡宾机理。烯烃歧化制丙烯包括乙烯与丁烯歧化制丙烯和C4烯烃自歧化制丙烯两种。

目前世界上相关的工艺众多，但只有Lummus公司的OCT工艺率先实现了工业化。Phillips石油公司开发出了最早的烯烃歧化工艺用于以丙烯为原料生产乙烯和丁烯，OCT工艺为其逆反应，乙烯和丁烯歧化生产丙烯的工艺可以将廉价的丁烯资源转化成高附加值的丙烯，其反应如下所示

$$CH_2=CH_2+CH_3CH=CHCH_3 \longrightarrow 2CH_3CH=CH_2 \tag{1-55}$$

除OCT工艺外，目前世界上其他的典型烯烃歧化工艺还有IFP公司的Meta-4工艺、BASF公司C4歧化工艺、南非Sasol公司C4歧化工艺、UOP公司的歧化工艺和Arco（Lyondell）公司的歧化工艺、中国科学院大连化学物理研究所C4歧化工艺等，但目前均未能实现工业化生产。

八、异丁烯的利用途径

异丁烯又名2-甲基丙烯，是一种重要的石油化工原料，在农药工业上，主要用于制备有机磷杀虫剂特丁硫磷、拟除虫菊酯杀虫剂氯菊酯以及杀螨剂哒螨灵等品种。同时，异丁烯还广泛用于轻工、炼油、医药、香料、建材及其他精细化工等领域。异丁烯的主要用途如图1-7所示。

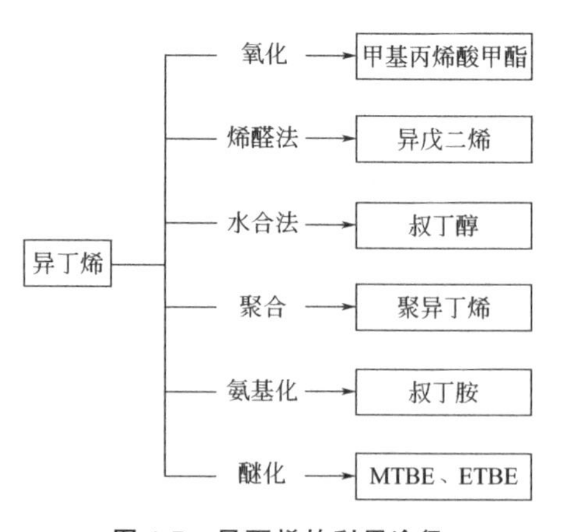

图1-7　异丁烯的利用途径

（1）合成甲基丙烯酸甲酯

甲基丙烯酸甲酯（MMA）是一种重要的化工原料，主要用于生产聚甲基丙烯酸甲酯（PMMA）、改性抗冲助剂、黏合剂和增塑剂等产品，在涂料、电子设备、造纸、纺织印染、建筑材料、光学材料、低压电器等中被广泛使用。合成路线如图1-8所示。

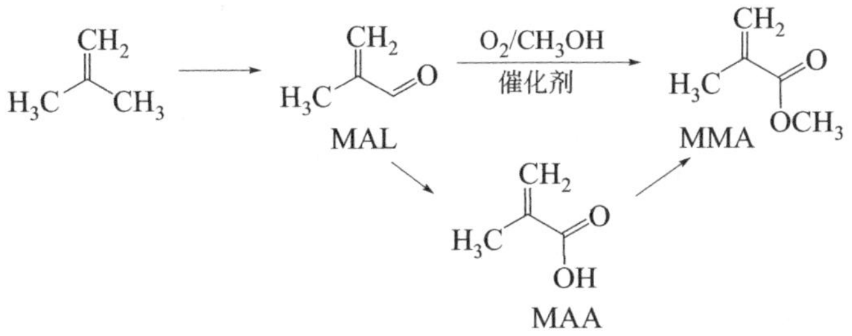

图 1-8　MMA 合成路线图

20 世纪 80 年代日本触媒和三菱人造丝公司先后开发出以异丁烯/叔丁醇（叔丁醇可通过消除反应脱水得到异丁烯）为原料生产 MMA 的氧化法工艺。该工艺主要有以下两种生产路径。其一是三步氧化法，首先异丁烯/叔丁醇氧化成甲基丙烯醛（MAL），MAL 进一步氧化成甲基丙烯酸（MAA），MAA 再经酯化反应得到 MMA。其二是直接氧化两步法（又称直接甲基化法），由异丁烯/叔丁醇氧化得到 MAL，随后 MAL 与甲醇直接发生氧化酯化反应得到 MMA。两步法相比于三步法减少了甲基丙烯酸中间产物的生成，工艺流程短，操作简单且副产物少。但催化剂采用昂贵的金属，初期投资费用高，而且由 MAL 直接氧化酯化制 MMA 的催化剂是研究者关注的重点，也是制约异丁烯氧化法生产 MMA 的关键。

（2）合成异戊二烯

异戊二烯是合成橡胶（SR）的重要单体，主要用于合成异戊橡胶（IR）、SIS（苯乙烯-异戊二烯-苯乙烯嵌段共聚物）和丁基橡胶（IIR）等。另外，SR 还广泛应用于医药、农药、黏结剂及香料等领域，如生产薰衣草醇、芳樟醇、柠檬醛、甲基庚烯酮、氯菊酸乙酯、角鲨烯和角鲨烷、甲基四氢苯酐、二氯异戊烷、氯代异戊烯等多种精细化工产品，以及合成润滑油添加剂、橡胶硫化剂和催化剂等。目前我国 SR 主要用于生产 IR、SIS、IIR 橡胶产品，生产除虫菊酯类杀虫剂、芳樟醇以及生产集成电路用的光刻胶等精细化工产品。

由异丁烯和甲醛合成异戊二烯可分为两步法和一步法。两步法是在酸性催化剂存在下，异丁烯与甲醛在液相和酸性介质中发生缩合反应生成 4，4-二甲基-1，3-二氧六环（DMD）；DMD 在非均相催化剂上进行裂解生成异戊二烯、甲醛和水。异戊二烯合成路线见图 1-9。

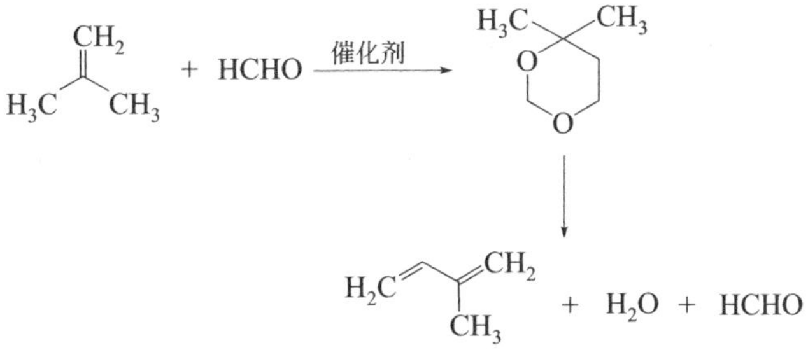

图 1-9　异戊二烯合成路线图

两步法的特点是容易得到纯度高于 99.6%的聚合级异戊二烯产品，但工艺流程长、副产物多，原料和能源消耗高，并且产生大量工艺废水。法国 IFP、德国 Bayer、日本 Kuraray 公司均成功开发了两步法，但所用催化剂、反应条件、反应器形式有所差别。

俄罗斯、日本和中国等开展了以异丁烯和甲醛为原料、固体酸催化剂上气相一步法合成

异戊二烯的研究。一步法一般选用的催化剂为磷酸铬、磷酸钙、氧化铝-氧化硅或特定结构的分子筛等。反应路线如下

$$\mathrm{CH_2{=}C(CH_3)_2} + \mathrm{HCHO} \xrightarrow{\text{催化剂}} \mathrm{H_2C{=}CH{-}C(CH_3){=}CH_2} + \mathrm{H_2O} \tag{1-56}$$

与两步法相比，烯醛一步法流程短，副产物少，产品容易精制，各项能耗都显著降低。但是目前未见有工业化报道。

（3）水合制叔丁醇

异丁烯水合反应产物叔丁醇是一种重要的烷基化剂，可用于生产如农药、医药、助剂等多种精细化学品。作为一种重要的有机助剂和化工原料，叔丁醇具有非常广泛的市场应用。与正丁烯水合相似，异丁烯水合也主要有传统间接水合法和直接水合法（杂多酸直接水合法、树脂直接水合法）工艺。

传统的以硫酸为介质的间接水合法是以抽余C4烃为原料，先用质量分数为50%～65%的硫酸进行萃取，使其中的异丁烯反应生成硫酸异丁酯，再在高温和水稀释条件下进行水解反应，生成的稀叔丁醇经洗涤与提浓后得成品叔丁醇。具体反应方程式如下

$$\mathrm{CH_2{=}C(CH_3)_2} \xrightarrow{\mathrm{H_2SO_4}} \mathrm{HO_3SO{-}C(CH_3)_3} \xrightarrow{\mathrm{H_2O}} \mathrm{HO{-}C(CH_3)_3} + \mathrm{H_2SO_4} \tag{1-57}$$

由于该工艺存在耗能高、设备腐蚀及环境污染等诸多问题，现在已基本不再采用，改用杂多酸直接水合及树脂直接水合工艺。20世纪70年代中国石油天然气股份有限公司的兰州化工研究中心成功开发出异丁烯并流水合制叔丁醇工艺，并在国内建成多套叔丁醇工业生产装置，该工艺的异丁烯单程转化率为50%左右。

（4）直接氨基化制叔丁胺

叔丁胺作为化工生产中重要的有机合成中间体，广泛应用于合成橡胶、医药、农药、染料、涂料、杀菌剂及润滑油添加剂等多个领域。在橡胶领域，叔丁胺是制备优质橡胶促进剂*N*-叔丁基-2-苯并噻唑次磺酰胺（NS）及*N*-叔丁基-双（2-苯并噻唑）次磺酰亚胺（TBSI）的重要原料。相比于仲胺类促进剂*N*-(氧化二亚乙基)-2-苯并噻唑次磺酰胺（NOBS），橡胶促进剂NS在硫化过程中不产生亚硝胺毒性物质，具有性能优良及安全环保等特性，可用于天然橡胶、丁苯橡胶、顺丁橡胶和异戊橡胶等不同品种橡胶的加工中。

多年来，各国研究者研发了许多种叔丁胺的生产方法，其中最理想的工艺是异丁烯直接氨基化制叔丁胺。异丁烯和氨在催化剂作用下，直接氨基化生成叔丁胺的反应式为

$$\mathrm{CH_2{=}C(CH_3)_2} + \mathrm{NH_3} \xrightarrow{\text{催化剂}} \mathrm{H_2N{-}C(CH_3)_3} \tag{1-58}$$

该方法反应路线短、选择性高、副产物少、分离方式简单，符合原子经济性。目前BASF公司、Texaco公司、AKZO NOBEL公司、Rohm & Haas公司已将其实现了工业化生产。

（5）醚化制甲基叔丁基醚

甲基叔丁基醚（MTBE）是一种无色、透明的液体，具有醚的气味。MTBE具有高辛

烷值，合适的含氧量，是生产无铅汽油的理想调和组分。作为汽油添加剂可以增加汽油的辛烷值，而且化学性质稳定，燃烧效率高，可以抑制臭氧的生成，添加 MTBE 的汽油还能改善汽车的冷启动特性和加速性能，降低尾气中 CO 的含量。MTBE 还是一种重要的化工原料，通过其裂解制备高纯异丁烯，进而制备丁基橡胶等产品。此外，质量好的 MTBE 还是一种重要的医药中间体。

我国 MTBE 的生产工艺据反应过程及原料的不同可分为醚化生产工艺和共氧化生产工艺，其中醚化生产工艺为当下主流生产工艺，技术成熟可靠，目前超过 90%的 MTBE 产量均由醚化反应制得。醚化工艺生产的 MTBE 主要是使用混合 C4 中的异丁烯与甲醇进行醚化反应制得，反应过程存在部分其他副产物，如异丁烯和水反应生成叔丁醇，异丁烯自聚反应生成聚异丁烯，甲醇缩合成二甲醚，1-丁烯异构化生成顺、反 2-丁烯等。

MTBE 作为汽油调和剂使用，可以有效满足汽油辛烷值的要求；但另一方面，由于 MTBE 本身具有一定的毒性，通过调和汽油的储存和使用，进入环境中的 MTBE 会对人体和生态环境造成不同程度的危害和影响。因此，早在 2006 年美国各州已全部禁用 MTBE 调和汽油，北美洲、欧洲部分国家及亚洲的日本等也已经降低了汽油中 MTBE 的添加比例，进而转产更加环保的乙基叔丁基醚（ETBE）。对我国而言，国内炼厂在继续使用 MTBE 的同时，也应根据当前的实际情况考虑其被禁止使用后的替代品。

（6）醚化制乙基叔丁基醚

乙基叔丁基醚（ETBE）是一种性能优良的高辛烷值汽油调和组分，不仅能提高汽油辛烷值，还能作为共溶剂使用，具有沸点高、易分解、与烃类物质相混不生成共沸物等优点。其既可以减少发动机内的气阻，又可降低蒸发损耗，使汽油的经济性和安全性都得以改善。因此，ETBE 是一种具有很大市场潜力的优良添加剂。

ETBE 合成反应是以异丁烯与过量的乙醇为原料，在催化剂的作用下，由醇类转化为醚类的一类放热可逆反应。工业合成 ETBE 最常用的方法是以大孔径硫酸树脂为催化剂，在液相条件下催化异丁烯与乙醇发生反应。随后通过一系列的分离过程，将 ETBE 分离提纯，得到纯度较高的目标产物，过量的乙醇则被循环使用。

目前 ETBE 生产工艺主要有 CDTECH 公司工艺、Axens 公司工艺、UOP 公司工艺、Uhde 公司工艺和 Phillips 石油公司工艺。国内有关 ETBE 生产技术的研究不多，大多处于小试阶段。

九、丁烷的利用途径

丁烷是一种气体烷烃，广泛存在于石油和天然气中，丁烷有直链的正丁烷和支链的异丁烷两种异构体，二者在常温常压下均为无色可燃性气体。除直接用作燃料外，丁烷还用作溶剂、制冷剂和有机合成原料，常见的反应有异构、裂解、脱氢、氧化等。丁烷的主要利用途径如图 1-10 所示。

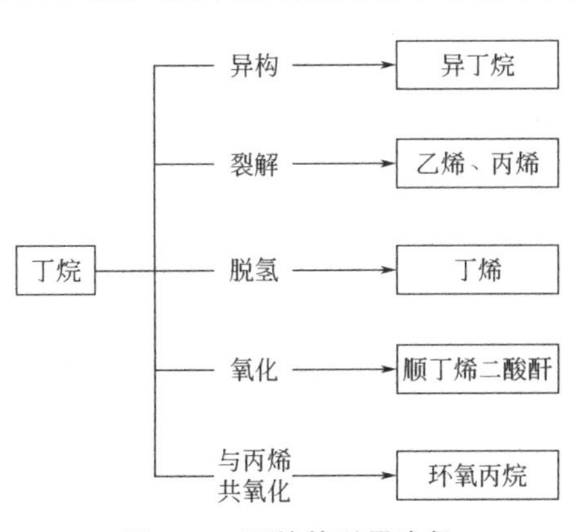

图 1-10 丁烷的利用途径

（1）正丁烷异构制异丁烷

正丁烷异构化的产物异丁烷可用于烷基化生产高辛烷值的汽油、醚化生产甲基叔丁基醚、脱氢生产烯烃进而生产橡胶以及水合生产醇类等。正丁烷异构分为低温异构和中温异构两种，低温异构通常使用 γ-Al_2O_3 作为催化剂的载体，以铂金属为催化剂的活性组分，在原料中加入卤素以保持催化剂活性。反应在低温（150℃以下）下进行，这一类工艺对原料中的水和硫含量要求较高。低温异构工艺的代表是法国 IFP 公司的 IPSORP 和 HEXORP 工艺，英国 BP 公司的低温异构工艺，以及美国 UOP 公司的 Penex 工艺。

中温异构通常采用分子筛负载铂金属作为催化剂，反应温度大约为 250～280℃，这类工艺对于原料中的水和硫含量要求不高，但是产品的收率通常不是太高。中温异构工艺的代表是 Shell 公司的 Hysomer 工艺。

（2）正丁烷脱氢制丁烯

丁烯为重要的基础化工原料，1-丁烯可用于合成仲丁醇、脱氢制丁二烯；顺、反 2-丁烯用于合成 C4、C5 衍生物及制取交联剂、叠合汽油等；异丁烯是制造丁基橡胶、聚异丁烯橡胶的原料，与甲醛反应生成异戊二烯，可制成不同分子量的聚异丁烯聚合物，用作润滑油添加剂、树脂等。现阶段，正丁烷脱氢制取丁烯的主要途径为直接脱氢、氧化脱氢和膜反应器脱氢。

氧化催化脱氢不受热力学限制，属放热反应，反应温度较低，不易发生结焦。但由于有氧化剂的参与，易深度氧化成碳氧化合物，产物分布宽。对催化剂的要求苛刻，如何解决深度氧化、高温催化剂活性差的问题是主要研究的方向。

$$n\text{-}C_4H_{10} + O_2 \longrightarrow 1\text{-}C_4H_8 + H_2O \tag{1-59}$$

无氧催化脱氢相比氧化脱氢而言，受到热力学限制，属吸热反应。高温低压有利于脱氢，但高温易发生结焦而使催化剂失活，同时会发生裂解反应。但性能良好的催化剂，有高的选择性，目标产物单一，对工业化而言是有利的。目前的研究主要集中在如何提高催化剂的活性和催化剂的稳定性以及降低反应体系温度方面。

$$n\text{-}C_4H_{10} \longrightarrow 1\text{-}C_4H_8 + H_2 \tag{1-60}$$

对于氧化脱氢，膜反应器可以有控制地分布氧气进行烃的氧化脱氢，从而降低催化剂床层中的氧气分压。对可逆的催化脱氢而言，运用膜反应器可以移去反应生成的氢气，这样可以冲破热力学上的限制，获得比传统反应器更高的转化率。膜反应器的关键问题是如何兼具渗透率高和渗透选择性大的特点。

（3）正丁烷氧化制顺丁烯二酸酐

顺酐是一种重要的有机化工原料和精细化工产品，是目前世界上仅次于苯酐和醋酐的第三大酸酐，主要用于生产不饱和聚酯树脂、醇酸树脂、农药、医药、涂料、油墨、润滑油添加剂以及表面活性剂等。此外，以顺酐为原料还可以生产 1,4-丁二醇（BDO）、γ-丁内酯（GBL）、四氢呋喃（THF）、马来酸、富马酸和四氢酸酐等一系列用途广泛的精细化工产品，开发利用前景十分广阔，目前它的应用范围还在不断扩大。

正丁烷氧化制顺酐是目前世界上生产顺酐的主要方法之一，正丁烷氧化制顺酐反应的主反应式如下

$$\text{(butane)} + O_2 \longrightarrow \text{(maleic anhydride)} + H_2O \tag{1-61}$$

1974 年，美国 Monsanto 公司率先实现了丁烷制备顺酐的工艺生产，所采用的丁烷来自液化天然气，国外其他公司纷纷仿效，改建或者新建了以丁烷为原料的顺酐装置。目前国外以丁烷为原料生产顺酐比较典型和先进的工艺路线有：美国 Lummus 公司和意大利 Alusuisle 公司联合开发的丁烷流化床溶剂吸收工艺，即 ALMA 工艺；英国 BP 公司开发的丁烷流化床水吸收工艺，即 BP 工艺；美国 SD 公司开发的丁烷固定床水吸收工艺，即 SD 工艺；意大利 SISAS 化学公司的丁烷固定床溶剂吸收工艺，即 Coser-pantochim 工艺。

（4）正丁烷裂解

乙烯、丙烯等低碳烯烃作为基本的有机合成原料，近年来由于受到其下游衍生物需求的驱动，需求量持续增长，尤其是丙烯需求增长更快。随着石油资源的日益匮乏，乙烯和丙烯等的生产已从单纯依赖石油为原料向原料来源多样化的技术路线转变，其中以低碳烷烃为原料制取烯烃的技术路线也受到重视。

正丁烷的裂解机理如图 1-11 所示，正丁烷从催化剂活性中心得到质子形成五配位碳正离子，再裂解生成小分子的碳烯离子。生成的 C4 烯烃会进一步裂解。C4 烯烃裂解在低温下要遵循碳正离子机理，高温下自由基反应机理增强，一定温度范围内两种反应机理共同组成一种复合反应。

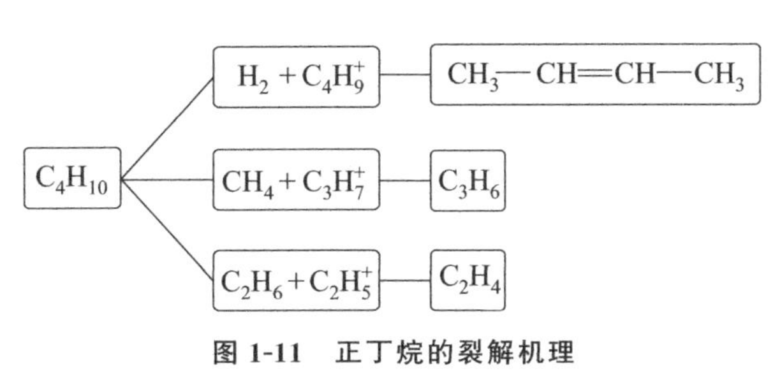

图 1-11　正丁烷的裂解机理

裂解生成的产物还会参与二次反应，如异构化、氢转移等。其中氢转移反应主要是有烯烃参与的重要反应。由于氢转移反应消耗烯烃，所以对于正丁烷催化裂解多产乙烯和丙烯的反应来说需要抑制氢转移反应。因氢转移反应为放热过程，故高温下氢转移副反应相对得到抑制。

（5）异丁烷脱氢制异丁烯

随着异丁烯应用领域的不断扩大，现有的催化裂化和裂解 C4 馏分中的异丁烯、乙烯副产异丁烯总量已难以满足日益增长的需求，异丁烷脱氢成为解决异丁烯问题的主要竞争技术之一，异丁烷脱氢制异丁烯反应为

$$i\text{-}C_4H_{10} \rightleftharpoons i\text{-}C_4H_8 + H_2 \tag{1-62}$$

世界范围内由异丁烷脱氢生产的异丁烯每年达 300 多万吨。已经工业化的异丁烷脱氢工艺有 Phillips 石油公司的 STAR 工艺、Lummus 公司的 Catofin 工艺、UOP 公司的 Oleflex 工艺、Linde 与 Engelhard 共同开发的 Linde 工艺以及俄罗斯 Yaroslavl 研究院与意大利 Snamprogetti 公司联合开发的 FBD-4 流化床脱氢工艺等。

（6）异丁烷-丙烯共氧化制环氧丙烷

环氧丙烷化学性质非常活泼，可以和多种物质发生反应，属于丙烯衍生物，其地位仅次于聚丙烯、丙烯腈、羰基醇，是第四大主要衍生物。其消费量占丙烯总量的 7%左右，主要用途包括合成聚醚、2-异丙醇、丙烯醇等，也可作为表面活性剂的原料之一。因此，环氧丙烷被广泛应用于化工、轻工、医药食品和纺织领域等。

异丁烷氧化法（PO/TBA 法）首先将异丁烷氧化成叔丁基过氧化氢，然后使丙烯发生环氧化反应生成环氧丙烷，并且该方法是第七届石油会议上由 Arco 公司首先提出的在 137℃、7MPa 的条件下制备环氧丙烷的新方法，也是共氧化法中最早实现工业化的方法。早期只有 Texaco 和 Arco 两大公司拥有 PO/TBA 法的核心技术，二者的工艺流程大致相似，其不同点在于 Arco 公司的技术是在多级反应器中一步完成的，而 Texaco 公司的技术分两步完成，这有效地提高了原料丙烯的转化率。除此之外，与 Arco 公司应用的钼系催化剂相比较而言，Texaco 公司的含硼均相催化剂在溶液中可以更加稳定地溶解，使得环氧丙烷的产率提高至 90%，联产品 TBA 的生成量是环氧丙烷产量的 2.67 倍。

思考题

1. 请写出低碳烃的主要来源。

2. 请说明低碳烷烃的沸点随分子中碳原子数变化的规律。

3. 请写出甲烷的四个主要利用途径。

4. 请写出乙烯在高温、高压和催化剂条件下生成聚乙烯的化学方程式，并指出这个化学反应的类型。

5. 请写出水合法生产异丙醇的方法，并分析各自的优缺点。

6. 请画出甲基丙烯酸甲酯的合成路线图。

7. 请写出丁烯歧化的主要反应。

第二章

吸附基础知识

第一节　吸附的基本概念

吸附是一种界面现象，体系中化学和物理性质均匀且能采用常规的方法分离的部分称为相。物质有常见的三种相态，即固相、液相和气相。因此有以下几种不同的界面：固-气界面、固-液界面、固-固界面、气-液界面、液-液界面。在这五种不同的界面中，固-气界面是在低碳烃工艺中最常见的界面。吸附简单来说就是固体或液体表面对气体或溶质的吸着现象。

在固相或者液相上已被吸附的物质称为吸附质（adsorbate），在体相中可以被吸附的物质称为吸附物（adsorptive）。但在大多数情况下（特别是发生物理吸附时）吸附质和吸附物不做区分，笼统称为吸附质。能有效从气相或液相中吸附某些组分的固体物质称为吸附剂（adsorbent）。吸附剂的种类繁多，常见的固体吸附剂有：沸石分子筛、活性炭、硅胶、活性氧化铝等，这些固体吸附剂往往具有较大的比表面积、一定的表面结构和不错的孔结构等结构特点。同时它们对吸附质有很强的选择性吸附能力，且不与介质发生化学反应，因此在工业吸附领域深受好评。

一、气-固界面的吸附作用

固体对气体或者液体的吸附作用被广泛应用在生产生活中。例如在农业生产中，保持土壤疏松多孔的结构，利用土壤疏松结构的吸附能力（保水、保空气）为农作物的生长提供优良的生存环境。在日常生活中，利用活性炭吸附作用脱除房屋里的甲醛。在化工生产过程中的应用尤其广泛，如石油的催化裂化、催化重整、催化加氢脱氢、水煤气的转化、氨的合成与氧化等。

按照气体分子与固体表面之间相互作用力的性质可以将吸附分为物理吸附和化学吸附两大类。物理吸附的作用力主要是分子间作用力——范德华力（色散力、取向力、诱导力）。此外，氢键所形成的吸附也常归属于物理吸附。由于物理吸附不需要化学反应（不需要活化能）就可进行，所以物理吸附的吸附速率很快，而且一般是可逆的，并且是多层的，选择性较差。化学吸附主要是由于吸附质与吸附剂表面形成了吸附化学键，因此化学吸附往往选择性很强，而且是单分子层吸附，且大多数为不可逆吸附。化学吸附又可分为需要活化能的活化吸附和不需活化能的非活化吸附，前者的吸附速度较慢，后者则较快。在实际工业生产应用中，就要根据所需吸附剂的特性来决定是物理吸附还是化学吸附为主。

无论是在物理吸附还是化学吸附过程中，吸附量常常随着温度的上升而减小，随着压力的上升而增加；极性吸附质相比于非极性吸附质更容易被吸附；吸附质的分子结构越复杂，沸点越高，被吸附的能力也就越强；酸性吸附剂对于碱性吸附质有很强的吸附能力，反之亦然。由此可以看出气-固吸附过程主要受温度、压力以及吸附剂和吸附质的性质等因素影响。

二、吸附等温线

人们对于吸附理论的研究和认识经历了几个阶段。最早提出的是吸附势理论（adsorption potential theory），这种理论认为固体表面有一层看不见的势能场，吸附质分子落入这个势能场中的过程就是吸附的发生过程。这种理论没有多余的假设，简单易懂地解释了吸附现象，为以后吸附等温线的提出做了很好的铺垫，但是没有明确吸附等温式。随着人们对吸附平衡、吸附量、孔体积和孔结构、吸附能等认识的加深，将这些理论知识联系起来，才将这一理论与等温线、液相吸附联系起来。于是发展出了 Polanyi 的吸附势理论、Langmuir 的单分子层吸附理论和 Freundlich 的吸附等温式等吸附理论。这些理论对吸附现象有不同的诠释，这也导致了它们之后的发展具有不同的特色。

Langmuir 是将吸附看作一个化学过程，既然是化学过程，那么吸附相只能是单分子层。可是实际上 Langmuir 方程既可用于化学吸附的研究，也可用于物理吸附的研究，而且它至今仍是人们探索吸附过程中所用到的最基本的理论。Polanyi 的吸附势理论与之截然相反，认为吸附是一个物理过程，所以吸附相可以是多层的，故在研究中只适用于物理吸附。Freundlich 吸附等温式至今还广为应用，并且也有一定的理论推演，但该式没有令人信服的对应的吸附机理图像，对其中的常数讨论有一定困难。

研究气固吸附现象在多相催化反应中也是非常重要的。多相催化反应的一般步骤是：第一步，吸附过程，即反应物向催化剂表面扩散的过程；第二步，化学反应，即在催化剂表面进行化学反应生成产物；第三步，脱附过程，产物从表面脱附并向体相扩散。正是由于多相催化工艺的发展，人们研究了大量多相催化剂上气体的吸附曲线，从中选择有最佳活性的催化剂和工艺条件。BET 的多分子层吸附理论和 BDDT 对气体吸附等温线的分类就是在这种背景下提出的。

所谓“吸附等温线”，是固定在某一温度下，吸附达到平衡时，吸附量（常以体积计）与压力的关系曲线。虽然实验过程中所得到的等温线形状繁多，但基本上都包含在图 2-1 的

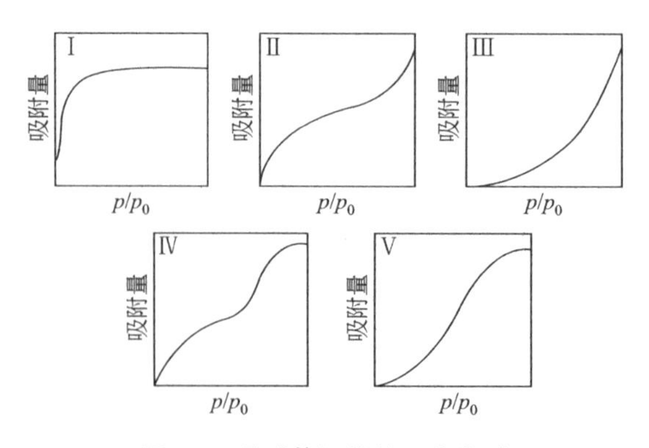

图 2-1　吸附等温线的五种类型

五种类型中，其具体说明见表 2-1。

表 2-1　不同吸附等温线的特点与含义

吸附等温线类型	曲线特点	曲线含义	例子
类型Ⅰ	沿吸附量坐标方向，向上凸的吸附等温线被称为优惠的吸附等温线	表示吸附剂毛细孔的孔径比吸附质分子尺寸略大时的单分子层吸附或在微孔吸附剂中的多层吸附或毛细凝聚	氧在−183℃下吸附于炭黑上和氮在−195℃下吸附于活性炭上
类型Ⅱ	形状呈反S形的吸附等温线	在吸附的前半段发生了Ⅰ类型吸附，而在吸附的后半段出现了多分子层吸附或毛细凝聚	在20℃下炭黑吸附水蒸气和−195℃下硅胶吸附氮气
类型Ⅲ	反 Langmuir 型曲线。该类型沿吸附量坐标方向向下凹，被称为非优惠的吸附等温线	表示吸附气体量随组分分压增加，直至相对饱和值趋于1为止	在20℃下，溴吸附于硅胶
类型Ⅳ	类型Ⅱ的变形	能形成有限的多层吸附	水蒸气在30℃下吸附于活性炭
类型Ⅴ	类S形曲线	偶然见于分子互相吸引效应很大的情况	如磷蒸气吸附于 NaX 分子筛

BDDT 的五种类型气体吸附等温线分类已被普遍接受，不同的吸附过程产生了千变万化的实际等温线，但可以通过 BDDT 吸附等温线将这些繁复的吸附等温线简化，从而根据 BDDT 吸附等温线的类型特点，判断吸附质与吸附剂表面作用强弱、吸附剂孔的特性等。

1985 年，在 BDDT 的五种分类基础上，IUPAC（国际纯粹与应用化学联合会）提出了对吸附等温线的六种分类（如图 2-2 所示），该分类是对 BDDT 吸附等温线分类的补充和发展。类型Ⅰ表示吸附质在微孔吸附剂上的吸附过程；类型Ⅱ表示在大孔吸附剂上的吸附过程，此处吸附质和吸附剂间相互作用较强；类型Ⅲ表示在大孔吸附剂上的吸附情况，但此处吸附质分子与吸附剂表面间存在较弱的相互作用，吸附质分子之间的相互作用对吸附等温线有较大影响；类型Ⅳ表示有毛细凝聚的单层吸附情况；类型Ⅴ表示有毛细凝聚的多层吸附情况；类型Ⅵ表示表面均匀的非多孔吸附剂上的多层吸附情况。

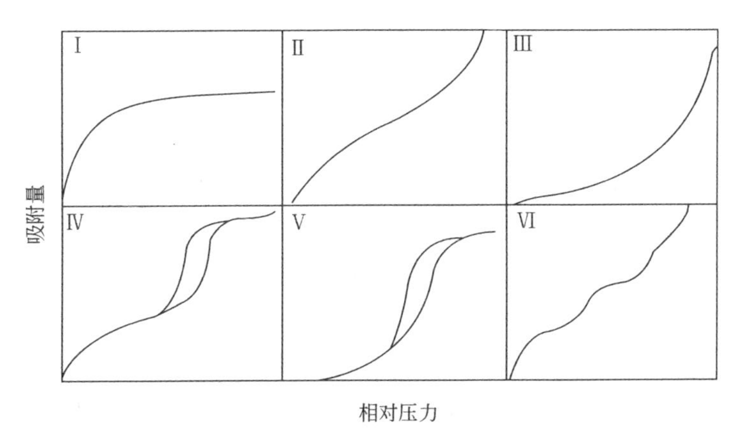

图 2-2　IUPAC 吸附等温线的六种分类

毛细凝聚现象的引入是IUPAC的六种分类对于BDDT分类的最重要的补充。毛细凝聚现象，又称吸附的滞留回环，亦称作吸附的滞后现象。通过对比不同的等温线不难看出第Ⅳ型和第Ⅴ型等温线均有滞后环，滞后环的形状往往由孔的形状决定，因而又对滞后环的形状做了分类，这一分类方法基本为IUPAC所接受，并做了简化。

三、物理吸附与化学吸附

物理吸附是指被吸附的流体分子与固体表面分子间的作用力为分子间吸引力，即所谓的范德华力（van der Waals force）。因此，物理吸附又称范德华吸附，它是一种可逆过程。从分子运动观点来看，分子因运动被吸附在固体表面，往往随着运动而脱附，其本身没有化学变化，随着温度的升高，气体分子动能不断增加，最终从固体表面逸出，就是所谓的“脱附”。工业生产中就利用这种现象，借助改变操作方式，使吸附的物质脱附，从而让吸附剂再生，延长工业催化剂使用寿命。

物理吸附理论基础：气体吸附理论主要有Langmuir单分子层吸附理论、Polanyi吸附势能理论、BET多层吸附理论（见多分子层吸附）、二维吸附膜理论和极化理论等。前三种理论应用最为广泛。这些吸附理论从不同的物理模型出发，综合考察了大量的实验结果，通过一定的数学处理解释了某些（或几种）吸附等温线的有限部分，并给出了描述吸附等温线的方程。

（1） Langmuir单分子层吸附模型

Langmuir吸附模型描述的是均匀表面上的单层吸附。Langmuir吸附理论的基本假设包括：①分子或原子被吸附在吸附剂表面的一些固定位置上；②每个位置只能被一个分子或原子所占据；③固体表面是均匀的；④吸附分子间无相互作用力。当吸附速率与解吸速率达到动态平衡时，可以得到

$$Q=Q_{\max}\frac{bp_i}{1+bp_i} \tag{2-1}$$

式中 Q——被吸附组分 i 在固相中的吸附量，kg吸附质/kg吸附剂；

b——常数；

p_i——平衡吸附时吸附质在气相中的分压，Pa；

$Q_{\max}$——被吸附组分盖满一层的吸附量。

气体在固体表面的吸附可视为气体分子与表面的连续碰撞，在暴露的固体表面停留很短时间。保留在表面上的气体分子的碰撞是弹性碰撞，并且可以返回到气相。由于气体分子可以在固体表面停留一段时间，因此表面浓度明显不同于气相浓度。保留在表面上的气体分子数量取决于分子吸附的保留时间 t 和与表面碰撞的分子数量。

实际体系的结果也多有与Langmuir公式不符者。其原因是多分子层吸附的发生和固体表面不均匀性的存在。表面不均匀性常可使低压时的吸附量偏大。当然，理论与实际体系的不一致还可能是由于Langmuir模型过于简单。但是，复杂的模型必引入更多的参数，对实际应用未必有多大好处。Langmuir模型的重要意义不仅在于它的简明，还在于能表征第Ⅰ型吸附等温线和有大量实验数据的支持，而且它是以后提出的多分子层理论——BET理论

的基础，而BET模型及其二常数公式至今仍是气体吸附研究中影响最广、应用最多的理论模型及吸附等温式。

（2） Freundlich等温方程

Freundlich吸附公式是应用最早的经验公式之一，它被称为Freundlich公式是因为它被Freundlich广泛使用。将Langmuir吸附平衡方程应用于不均匀表面，可从理论上推出Freundlich公式。Freundlich公式为

$$Q=kp_i^{1/n} \tag{2-2}$$

式中 Q——被吸附组分 i 在固相中的吸附量，kg吸附质/kg吸附剂；

k，n——吸附常数；

p_i——平衡时被吸附组分在气相中的分压，Pa。

Freundlich公式常用于描述吸附质浓度变化范围不是很大的非均匀表面的气固吸附体系。其缺陷是缺乏严格的热力学基础，即在吸附质气相浓度很低时它不能简化为Henry公式，而在吸附质气相浓度很高时又不能趋于一个确定的值。式中的系数都与温度有关。

（3） BET多分子层吸附方程

Langmuir的单分子层吸附理论及其等温方程式不能很好地解释中压和高压物理吸附现象，与实验相差很大。1939年Brunauer、Emmett及Teller三人提出了BET多层分子吸附理论，并建立了等温方程式［BET吸附等温方程式，式（2-3）］。BET方程假设：①固体表面是均匀的；②被吸附分子间无相互作用力；③可以有多层分子吸附，而层间作用力为范德华力，总吸附量为各层吸附量的总和。依据此原理导出的BET吸附等温线方程为BET二常数吸附等温线方程，当吸附质的平衡分压远比饱和蒸气压小时，则变成Langmuir方程，即Langmuir方程是BET方程的特例。BET方程的优点是适用范围广，缺点是形式复杂，特别是对于多组分吸附。

$$V=\frac{V_m pC}{(p_s-p)[1-(p/p_s)+C(p/p_s)]}]\times 100\% \tag{2-3}$$

式中 V——平衡压力为 p 时，吸附气体的总体积；

V_m——催化剂表面覆盖满第一层时所需气体的体积；

p——被吸附气体在吸附温度下平衡时的压力；

p_s——饱和蒸气压；

C——与吸附有关的常数。

BET模型保留了Langmuir模型中吸附热是常数的假设，补充了三条假设：

① 吸附可以是多分子层的，并且不一定完全铺满第一层后再铺第二层；

② 第一层的吸附热为一定值，但与以后各层的吸附热不同，第二层以上的吸附热为相同的定值，即为吸附质的液化热；

③ 吸附质的吸附与脱附（凝聚与蒸发）只发生在直接暴露于气相的表面上。

物理吸附在化学工业、石油加工工业、农业、医药工业、环境保护等部门和领域都有广泛的应用，最常用的是从气体和液体介质中回收有用物质或去除杂质，如气体的分离、气体或液体的干燥、油的脱色等。物理吸附在多相催化中有特殊的意义，它不仅把多相催化反应机理简单化，而且利用物理吸附原理可以测定催化剂的表面积和孔结构。制备性能优良的催

化剂、比较催化活性、改进反应物和产物的扩散条件被这些宏观性质所控制，这些性质对工业选择催化剂的载体以及催化剂的再生等方面也有重要作用。

化学吸附是把固体表面与被吸附物间的化学键力相结合的结果。这种化学键亲和力的大小也许差别很大，但其远远超过物理吸附的范德华力。这就说明吸附质分子与固体表面原子（或分子）形成化学键的吸附是一种强吸附。表面上原子有剩余的成键能力，恰恰是固体表面存在不均匀力场导致的。化学吸附和物理吸附有很大的区别，化学吸附的特点是不可逆，在脱附后发生了化学变化，不再是原有的性状，所以整个过程是不可逆的。不可逆的过程说明吸附大多进行得较慢，吸附平衡也需要相当长时间才能达到，增大吸附速率可以通过升高温度的方式。对于这类吸附，脱附难度很大，需要很高的温度才能发生。

化学吸附机理可分以下 3 种情况：①气体分子失去电子成为正离子，固体得到电子，结果是正离子被吸附在带负电的固体表面上。②固体失去电子而气体分子得到电子，结果是负离子被吸附在带正电的固体表面上。③气体与固体共有电子成共价键或配位键。例如气体在金属表面上的吸附就往往是由于气体分子的电子与金属原子的 d 电子形成共价键，或气体分子提供一对电子与金属原子成配位键。因此，化学吸附的研究对阐明催化机理是十分重要的。物理吸附与化学吸附的主要区别见表 2-2。

表 2-2　物理吸附与化学吸附的区别

项目	物理吸附	化学吸附
吸附力	范德华力	化学键力
选择性	无	有
吸附热	近于液化热(0～20kJ/mol)	近于反应热(80～400kJ/mol)
吸附特点	快,易平衡,不需活化	较慢,难平衡,需活化
吸附层	单或多分子层	单分子层
可逆性	可逆	不可逆(脱附物性质常常改变)

第二节　吸附剂

能够从气相或者液相中有效吸附一种或者几种成分的固体物质称为吸附剂（adsorbent）。工业吸附剂一般应该具有以下特点：①大的比表面积，均匀的颗粒尺寸；②适宜的孔结构和表面结构；③对吸附质（adsorbate）有强烈的选择性吸附能力；④一般不与吸附质和介质发生化学反应；⑤制作方便、易再生，有良好的力学强度等。最常用的吸附剂有以碳为基本成分的活性炭、炭黑、碳分子筛等，以及金属和非金属氧化物、硅胶、活性氧化铝、沸石分子筛、黏土等。

一、活性炭

活性炭是一种常见的黑色大比表面积多孔吸附剂，具有很强的吸附能力。常见的活性炭类型有：木质活性炭、椰壳活性炭、花生壳活性炭、煤质活性炭、稻壳活性炭等。活性炭的工业制备方法主要有物理法和化学法。物理法是含碳有机材料在高温下炭化，大多数非碳元素以气体的形式逸出，生成碳热解产物。这些产品进一步用空气、二氧化碳或水蒸气（活化）处理，在高温条件下除去碳热解产物中存在的其他有机物杂质。化学法是用大量化学试剂（如氯化锌、硫酸钾、磷酸等）浸渍含碳原材料，然后在高温下处理得到活性炭。

1. 活性炭的制备与特点

活性炭的内部结构比较复杂。一般认为它具有类似于石墨的碳微晶螺旋状层状结构。由于碳微晶之间的紧密连接，形成了发达的孔结构，所以它具有较大的比表面积和优异的吸附能力。

活性炭可以在不同的温度和 pH 值下使用，也可以再生。目前广泛应用于环保、化工、食品、医药、轻纺、冶金、电能、国防、住房和交通等领域。活性炭的性能指标分为物理性能指标、化学性能指标和吸附性能指标。物理性能指标主要包括形状、外观、比表面积、孔隙体积、密度、粒径、耐磨性等；化学性能指标主要包括 pH 值、灰分、燃点、硫化物和重金属含量等。最常用的吸附性能测试指标有亚甲基蓝吸附值、碘吸附值、苯甲酸吸附值、四氯化碳吸附值、饱和硫容量、ABS 值等。碘吸附值是通过碘量法测定的，碘量法是分析化学中经典的二次氧化方法之一。

碘量法是一种根据氧化还原原理测定物质含量的方法。它在化工、冶金、环保、医药和食品等领域得到广泛应用，是经典的连续分析方法之一。碘量法可分为直接碘量法和间接碘量法。直接碘量法使用碘作为标准溶液，直接滴定中等强度还原剂。滴定应在酸性、中性或弱碱性溶液中进行。间接碘量法可分为残余碘量法和置换碘量法。残余碘量法是向还原物质溶液中添加硝酸碘，碘与被测组分完全反应后，用 $Na_2S_2O_3$ 标准溶液滴定残余碘，得到待测组分的含量；置换碘量法利用碘的还原性与氧化物质反应生成游离碘，然后用还原性的 $Na_2S_2O_3$ 标准溶液滴定以计算待测组分的含量。

然而，活性炭并不是对所有的物质都有很强的吸附性。只有当活性炭的孔结构大于吸附质分子的直径时，才能达到最佳的吸附效果。人们通常根据孔径将孔分为大孔（孔径大于 50nm）、介孔（孔径 2～50nm）和微孔（孔径小于 2nm）。活性炭对于物质的吸附作用是因为分子间距离过近，产生作用力把彼此拉近而发生的，属于物理吸附，另外也与其表面的化学结构有关。活性炭由于有发达的孔结构和较大的比表面积，对吸附质有较大的吸附容量。

活性炭具有发达的孔隙结构，孔径分布不均匀，具有巨大的比表面积，每克活性炭表面积约为 $500～1500m^2$。活性炭改性是利用物理或化学方法使活性炭的孔结构和表面物质发生变化，使活性炭表面上形成大量酸性或碱性基团，从而加强其吸附能力。

2. 改性活性炭

活性炭对于不同的物质具有不同的吸附方式和吸附力，为了提升活性炭的吸附性能，满足实验和工业生产的要求，通常需要对其进行改性，改变其表面的物理或者化学性质，成为处理环境污染物的吸附剂。

（1）表面氧化改性

氧化改性是在适当条件下用氧化剂对含氧酸性官能团（羧基、酚羟基、羰基等）进行处理。氧化改性通常分为气体氧化和液体氧化。在气体氧化的情况下，通常使用纯 O_2、CO_2 或空气，以便在高温和低温下形成强酸性含氧官能团或大量酸性含氧官能团。液体氧化剂主要是 HNO_3、H_2SO_4、H_3PO_4、H_2O_2 等。与气体氧化相比，液体氧化可以在较低温度下产生更多的含氧官能团。氧化改性不仅可以增加活性炭的表面极性，显著提高对金属离子等极性物质的吸附能力，而且可以提高对碱性物质的吸附能力。新引入的酸性官能团还可以通过氢键提高活性炭对污染物的萃取能力。

（2）表面还原改性

还原改性是指用还原剂在适当温度下处理活性炭，不仅可改变其孔结构，还可使活性炭表面含氧碱性基团和羟基增多，增强活性炭表面的非极性，进而使其在处理非极性吸附质时具有更大的优势。含氮官能团是活性炭表面常见的碱性官能团，并且能够通过氢键、共价键与酸性物质相互作用，增加活性炭的吸附容量。常见的还原改性方法有：使用惰性气体、H_2 等在高温下进行处理；通过氮化作用，使 NH_3、含氮酸、胺类物质等与活性炭反应；碱性物质与活性炭反应，消耗活性炭表面的酸性官能团，如 KOH、NaOH、$NaHCO_3$、Na_2CO_3 等。从表 2-3 可以看出改性前后活性炭表面官能团的差距。

表 2-3 改性前后活性炭的表面官能团

活性炭	—COOH/(mmol/g)	—COOR /(mmol/g)	—OH /(mmol/g)	—C=O /(mmol/g)	酸总量 /(mmol/g)
AC	0.37	0.38	0.34	未检出	1.09
NH_3-AC	0.21	0.30	0.32	未检出	0.83
HNO_3-AC	1.06	0.48	0.73	未检出	2.27

（3）负载金属改性

负载金属改性主要利用活性炭本身具有的吸附性，先吸附金属离子到活性炭上，然后在一定温度条件下利用碳原子本身的还原性将金属离子还原成低价态离子或者单质。

金属元素与活性炭的结合能够改变活性炭孔结构，丰富表面化学官能团，某些金属元素还具有一定的氧化还原能力，从而让活性炭表面吸附位点增加，使活性炭由单纯的物理吸附转化为物理化学吸附。负载金属改性活性炭能够提升活性炭对绝大部分物质的吸附能力。金属的存在对于活性炭吸附性能的提高有积极作用，当把金属离子负载到活性炭上，会在活性炭表面引入对污染物具有特殊物理化学作用（配位作用、氧化还原等）的活性位点，有利于去除污染物。

（4）化合物改性

化合物改性通常是引入杂原子和化合物，通过在活性炭表面浸渍特定的吸附剂，将其结合，以提高活性炭对特定吸附质的吸附性能。表面活性剂因其独特的亲水性和亲脂性而被广泛使用，例如阴离子表面活性剂［如十二烷基硫酸钠(SDS)和十二烷基苯磺酸钠(SDBS)］。

改性的活性炭有利于吸附水溶液中的 NH_4^+。除表面活性剂外，其他具有独特性质的化合物也用于活性炭改性，例如葡萄糖可用于修饰活性炭材料和调节活性炭与苯乙醇之间的结合力。

（5）吸附剂复合改性

上述常用的改性方法主要是对活性炭的物理或者化学性质进行改性。此外，还有活性炭与其他吸附材料的联合改性，即以活性炭为载体，将具有吸附性能的材料以特定方式负载在活性炭上，充分发挥其吸附性能，实现协同效应，最大限度地提高活性炭的吸附能力。将纳米零价铁与活性炭结合，制备纳米铁碳化合物是一种典型的复合改性方法。改性活性炭用于去除水溶液中的 Pb^{2+}。通过在活性炭上负载，解决了纳米零价铁本身简单团聚的缺点，二者的结合产生了更多的活性吸附点。

3. 活性炭的应用

活性炭是一种可作为实验和生产中优良吸附剂和催化剂的多孔材料，因为它优秀的物理性质、化学性质、较大的比表面积和特殊的选择性吸附性能，被人们广泛地应用于环境行业和化工行业的生产、净化、精制和废弃产物处理等过程，不仅能除去许多种含量小且有毒有害的化学物质，也可以回收能重复利用的物质。

（1）气相吸附

活性炭可吸附的气体种类非常多，吸附速度较快，对于家庭净化空气和去除臭味非常有效，如建筑材料漆和胶中的有机物气体以及厨房中产生的油烟。活性炭有较强的吸附作用，所以常常被用于装修后的房屋和公共场所等地的空气净化。

工业废气处理所涉及的研究主要包括两方面，一是硫氧化合物、硫氢化合物等硫化物废气，二是氮氧化合物、氮氢化合物等氮化物废气。活性炭吸附是干法过程，过程中不消耗水，一般不会对环境造成二次污染，而且脱除的 SO_2 等还可以加工成多种产品，可回收重复利用，避免浪费和污染。

（2）液相吸附

工业污水具有水量大、有机污染物含量高、水质变化大等特点，属于难处理的废水之一，利用活性炭处理工业废水是一种高效经济的方法。

活性炭吸附技术已经被广泛应用。但是还有很多提升空间，比如：①针对种类不同的碳基，采用不同制备方法，加强其吸附机理的研究，以便研制对多种污染物都有良好吸附效果的产品。②对环保型再生活性炭的研究。③除了废气废水等传统污染行业以外，还可以制备超级电容器电极和固体催化剂。

二、沸石分子筛

沸石是一种重要的多孔晶体材料，基本成分是 TO_4（T 通常是 Al、Si 或 P）四面体。如图 2-3 所示，它们通过氧桥连接并形成不同的拓扑结构。在煤化工、石化工业中，沸石分子筛可以用作离子交换器，以去除“硬水”中的 Ca^{2+} 和 Mg^{2+}。其次可以用作催化剂，最常见的是被用于炼油的流化催化裂化工艺，显著提高了汽油的产量和原油的利用率。同样，沸石因其特有的孔结构而被广泛用于吸附和分离。

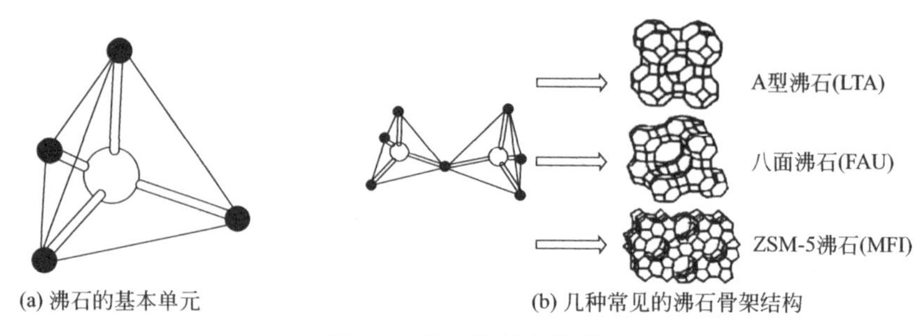

图 2-3 沸石的特征结构

1. 沸石分子筛的分类

1756 年在天然矿石中发现了最早的分子筛，它被称为沸石（zeolite），因为它燃烧时会沸腾。早期天然沸石主要用于气液分离与废水处理等领域。随着天然沸石应用范围的扩大，天然沸石已不能满足工业的巨大需求。在 20 世纪 50 年代，通过水热结晶法合成了许多分子筛，如 A、X 和 Y 型，并作为吸附剂销售。Exxon Mobil 公司随后合成了一系列具有高硅铝比的分子筛，如 ZSM-5、MCM-22，并将分子筛的应用扩展到催化领域。

分子筛按来源可以分为天然沸石和合成沸石。天然沸石大多是在火山凝灰岩和凝灰质沉积岩中反应而形成的，目前已发现的沸石矿有 1000 多种，其中常见的有斜发沸石、丝光沸石、毛沸石和菱沸石等。

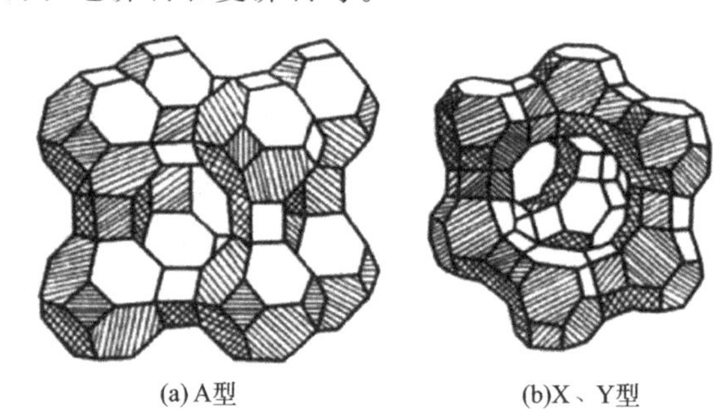

图 2-4 分子筛的晶体结构

按照骨架元素可以将分子筛分为硅铝分子筛、磷铝分子筛和骨架杂原子分子筛。按孔道大小可以分为微孔分子筛（小于 2nm）、介孔分子筛（2～50nm）、大孔分子筛（大于 50nm）。硅铝分子筛按硅铝比又可以分为 X 型分子筛（硅铝比为 2.2～3.0）、Y 型分子筛（硅铝比＞3.0）和 A 型分子筛（硅铝比接近于 1）等（如图 2-4 所示）。

2. 沸石分子筛的特点

（1）高效吸附特性

分子筛晶体具有蜂窝状的结构，晶体内的晶穴和孔道相互连通，并且孔径大小均匀（一般在 0.6～1.5nm 之间），与普通分子的大小相当，因此那些直径比较小的分子能够通过沸石孔道被分子筛吸附，而构型庞大的分子由于不能进入沸石孔道，不能被分子筛吸附。而硅胶、活性氧化铝和活性炭等材料由于没有均匀的孔径，所以没有筛分性能。

图 2-5 给出了不同分子筛的孔径大小及两种有机分子的动力学直径。此外，研究发现丙烷在分子筛 H-FER（8-MR 孔道）、H-MFI（10-MR 孔道）以及 H-MOR（12-MR 孔道）中吸附时，分子筛孔道尺寸越小，丙烷分子的吸附熵越大，这说明分子筛限域孔道的存在对客

体分子的吸附行为有很大的影响。后来人们通过实验与理论计算相结合的方法发现，限域在分子筛纳米孔道中的一些有机分子（乙烯、苯、萘等）的 HOMO 与 LUMO 轨道能级的能量会有明显的提升。尤其是客体有机分子的尺寸与分子筛孔道大小越匹配，这种能量升高的现象也就越明显，而且两者之间是正比例关系。轨道能量的提升就代表着在分子筛反应中活性更高。因此，分子筛中通常具有作用的有八元环（0.4～0.5nm）、十元环（0.5～0.6nm）及十二元环（0.7～0.9nm）。

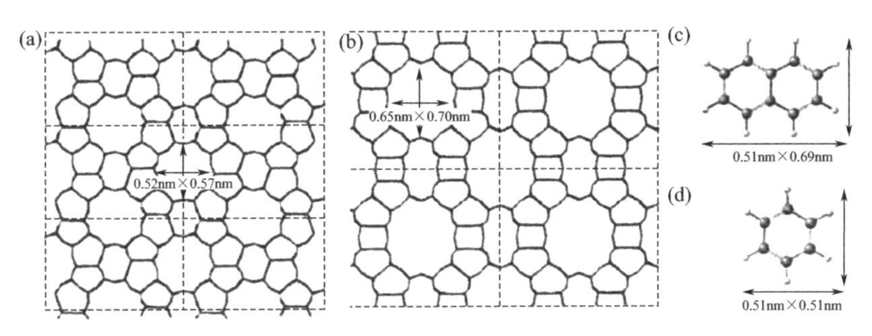

图 2-5　ZSM-5、MOR 分子筛的孔道尺寸，以及萘、苯分子的分子尺寸

此外，分子筛对极性分子和不饱和分子有很高的亲和力，并且沸点越低的分子越不易被分子筛所吸附。例如分子筛对 H_2O、NH_3、H_2S、CO 等高极性分子具有很高的亲和力。低硅铝比的沸石分子筛（如 A 型、X 型等）对水有很好的吸附性能，在低分压、低浓度、高温等十分苛刻的条件下仍有很高的吸附容量，因此常用来进行空气的干燥，或者用于低含水率的醇类等试剂脱水。分子筛的比表面积、孔容、硅铝比、表面官能团都会对吸附性能产生影响。一般来说，比表面积越大、孔容越大，分子筛的吸附容量越高。

（2）分子筛的酸性

纯硅分子筛并没有酸性，因此也不具备催化反应活性。但是如果在分子筛中引入铝原子代替硅原子，因为铝为+3 价，硅是+4 价，为了保持分子筛内的电中性，必须吸附阳离子（如 Na^+、K^+、Ca^{2+}）以补偿电荷的不平衡。如果阳离子为 H^+，则存在分子筛骨架 Brønsted 酸位。如图 2-6 所示，当阳离子恰好为 H^+ 时，分子筛骨架上就会形成桥式羟基，

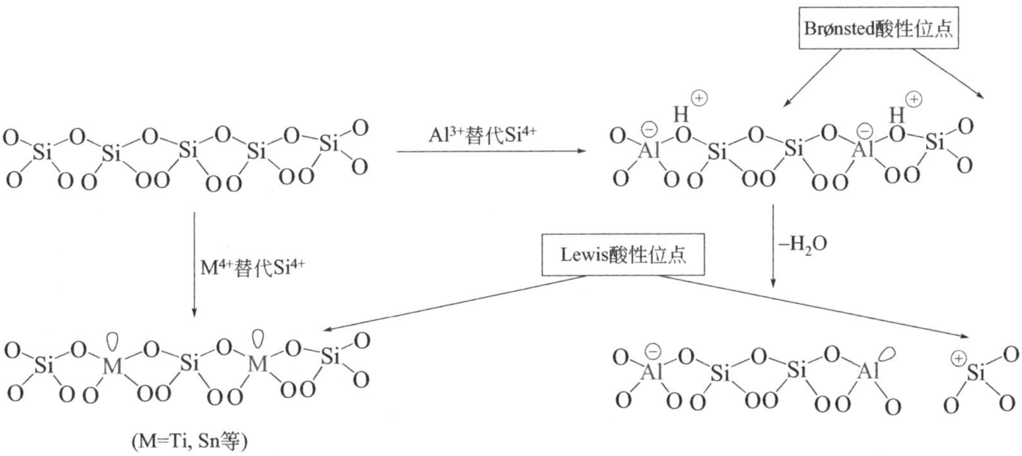

图 2-6　分子筛中的酸性位点结构图

即 Brønsted 酸位，它能够使被吸附分子发生质子化反应，生成相对活泼的反应中间体，进而催化整个反应的进行。此外，如果 H 型分子筛在高温或热液处理下钙化，铝原子从骨架中脱落而不转化为骨架型铝，在催化反应过程中可以接受电子对，因此也可以接受催化反应。目前的研究工作已经证实，在脱铝的 HY 分子筛中 Lewis 酸能够明显增强邻近 Brønsted 酸的强度，即 Brønsted 酸/Lewis 酸之间存在协同效应。沸石分子筛作为一种固体酸性催化剂，其酸强度对反应活性具有很大的影响。一般来说，酸强度越大，反应活性越高。

3. 分子筛材料的合成

合成分子筛的一般方法有水热（溶剂热）合成法、无溶剂合成法等。

（1）水热（溶剂热）合成法

水热合成法是在沸石分子筛合成中最常用和最有效的途径。由于用于构建微孔骨架的无定型硅酸铝前体化合物在常温常压下不溶于普通的溶剂，而升高温度和增大压力有利于增加它们的溶解度，因此许多微孔沸石分子筛是在高压反应釜中通过水热法合成的。尽管这种方法已经发展了几十年，但对分子筛的水热合成机理的了解还不够清楚，研究者们一直致力于这方面的探索，以便可以设计合成更多具有新颖结构的分子筛。但毫无疑问，为了很好控制和调变沸石分子筛的合成反应，最重要的是研究反应的条件对合成反应的影响，主要影响因素包括反应物的组成、硅铝比、碱度、陈化和晶化的温度与时间等。

溶剂热合成是指在高压反应釜中用有机溶剂在高于溶剂沸点的温度下进行的合成反应。由于有机溶剂的极性弱于水，因此使用有机溶剂热法合成沸石时，分子筛的结晶速率非常慢，可以获得具有独特物理化学性质的分子筛。

（2）无溶剂合成法

通常的沸石分子筛合成过程都需要加入大量的溶剂，这会产生大量的污水，并且降低合成的效率。基于此，人们提出了一种全新的无溶剂合成法，即不需加入任何溶剂，直接将原材料机械混合后，在封闭容器中加热一定的时间使之晶化，即可得到结晶产物。与传统水热（溶剂热）合成法相比，无溶剂合成法的优势非常明显：不仅可以明显减少污染排放，而且具有高的分子筛收率和生产效率，并且节约了能量，简化了合成过程。

（3）多级孔分子筛

具有规则骨架结构的无机硅铝酸盐的孔径通常小于 2nm。由于其比表面积大、孔结构独特、酸可调、催化活性高等特点，在石油化工中广泛应用，如醇类转化、不饱和烯烃聚合、烷烃活化等。但对于某些大分子参与的催化反应，大分子的动力学直径远大于传统沸石分子筛的孔径，这使得反应物种很难进入分子筛孔道内部，导致催化效率显著降低，并可能引发沸石分子筛的结焦失活。而且，即使反应物分子动力学直径小到足以进入沸石的孔道内部，狭窄的微孔也会使反应物从外表面到沸石酸性活性位的扩散过程承受较大的扩散阻力，致使反应物在活性位点附近的浓度远低于其在体相中的浓度，限制催化过程，达不到预期效果。增大多孔材料的孔径是一种常见的方法，与传统的微孔沸石材料相比，引入介孔或大孔可以显著提高活性物质在孔道中的扩散速率和酸性活性中心的可及性。

① 微孔-介孔多级孔沸石分子筛。当前有关多级孔沸石分子筛的研究主要集中于微孔-介

孔多级孔沸石分子筛的制备及应用领域。最先被制备出来的是FAU@MCM-41复合分子筛，随着后续研究的愈发深入，多种微孔-介孔多级孔沸石分子筛的制备方法被开发出来，其中后处理法和模板法最具代表性。

后处理法通常以常规微孔沸石分子筛为载体，采用酸、碱等腐蚀剂对其进行处理，来达到脱除沸石分子筛骨架上的硅或铝的目的。铝在分子筛中的含量影响着Brønsted酸和Lewis酸的分布，因此脱铝是调变分子筛酸性的一种有效方式，同时可以提高分子筛的稳定性，也能产生一定的介孔，从而提高分子筛的催化性能。分子筛脱硅会导致分子筛硅铝比减小，从而降低分子筛的稳定性。但脱硅可以提高分子筛活性中心的可及性，促进反应物在活性中心的迁移，提高分子筛的利用率。

后处理法成本低，经济价值高。一些处理方法已用于大规模工业生产，但处理后获得的产品通常难以精确控制次生孔隙的孔径和形态，各级孔隙之间的连通性较差，并且会破坏大量固有的微生物结构，降低介孔生产中的催化活性；相反，模板法可通过适当选择或设计模板来更精确地调节孔和颗粒结构，以避免脱除骨架中的硅或铝，导致结晶活性和催化活性降低。

② 微孔-大孔多级孔沸石分子筛。微孔-大孔多级孔沸石分子筛的合成也是多级孔材料合成领域的一个重要方向。在催化反应中，与微孔-介孔多级孔沸石分子筛相比，大孔的引入显著缩短了材料的扩散途径，有效抑制了焦炭的形成，显著提高了催化剂的使用寿命。人们通过实验发现，催化剂的催化寿命几乎与介孔和大孔的孔体积成线性关系。因此，将多级孔沸石分子筛的研究扩展到大孔径尺寸以提高催化剂的催化效率具有重要意义。多级孔沸石分子筛是通过引入硬模板剂来实现的。然而，硬模板法也存在许多缺点，如硬模板与沸石前体亲和力低，后处理步骤复杂，碳排放量高，不利于环境保护。

③ 微孔-介孔-大孔多级孔沸石分子筛。近十年来，随着微孔-介孔、微孔-大孔多级孔分子筛的研究日趋完善，对多级孔沸石分子筛材料的研究已经集中在微孔、介孔和大孔结构等方面，逐渐发展成为一个新的研究热点。理想的多级孔结构催化剂通常应包括微孔上的催化活性中心，可进一步提高形态选择和活性中心可及性的介孔，以及具有无障碍质量传递性能的大孔。通过三者的交叉渗透和复合，不同孔隙级别的优势可以集中在一个系统中，该系统可以有效地实现高反应活性和长催化寿命的最终目标。微孔-介孔-大孔多级孔沸石分子筛主要以高分子聚合物和碳材料为介孔或大孔模板。用该方法合成的大多数产物具有清洁有序的大孔和介孔结构，并表现出良好的催化性能。然而多种模板使材料的合成和后续制备复杂化，焙烧过程中产生大量温室气体，不利于环境保护。因此，无溶剂的固相结晶法又获得人们的青睐。多级孔TS-1分子筛就是以非晶态二氧化硅为前驱体制备出的具有微孔-介孔-大孔多级孔结构的材料。并且研究发现，通过在体系中创造性地引入甘油，不仅可以在高温下形成稳定的大孔结构，而且可以作为温和的反应介质，有效地降低晶体生长速率，使粒径更加均匀。

4. 沸石分子筛的应用

到20世纪40年代，当天然沸石无法满足大规模工业需求时，以巴勒为代表的一群科学家开始人工合成沸石分子筛，这一过程中最大的里程碑是美国Exxon Mobil公司的科学家成功合成了一批高硅分子筛（硅铝摩尔比为10～100）。自20世纪60年代以来，将有机胺和季铵盐引入沸石分子筛的水热合成系统中作为结构导体，与天然低硅沸石相比，合成的高硅分子筛通常具有不同的拓扑结构、良好的稳定性和适宜的酸性。这些条件使得分子筛可以作为酸催化过程中的催化剂。含氮有机结构剂开启了沸石分子筛快速发展的时代：在先前确定的252种分子筛结构中，80%以上是使用含氮有机结构剂合成发现的。分子筛元素不再局限于硅、铝。相继合成了纯硅分子筛，磷铝分子筛，钛硅、锌硅和其他杂原子分子筛。铝、钛和其他原子的引入，丰富了分子筛骨架元素的种类，同时也赋予了其独特的酸催化和催化氧化性能，结合分子筛多样性和孔结构可调的特点，分子筛已成为净化分离、石油炼制、石油化工、碳化学等领域的重要催化材料，也在精细化工、环境化工等领域应用，有力地支持了化学工业的发展。

（1）沸石分子筛在净化分离领域的应用

由于水是强极性分子，因此沸石对水的亲和力极大。工业上大量使用4A、5A和13X型沸石作为吸水剂。与其他干燥剂相比，分子筛作为吸水剂具有操作范围广、干燥效率高、吸附容量高、吸附速度快等优点。

工业上广泛采用A型或X型沸石，用Ca^{2+}、Sr^{2+}交换后，进行空气中氮氧分离，从而富集氧气。由于氮气分子含有孤对电子，因而其极性大于氧气分子，与沸石骨架中阳离子的作用力较强。空气逐层通过沸石柱后，气相中的含氧量逐渐提高，这样便可得到富氧流出气。

此外，分子筛还被广泛用于化工气体原料及产物的净化，以及净化空气中的污染物等。随着工业的迅速发展，H_2S、SO_2、NO_x以及甲醛的排放量日益增多，给人们的生活和环境带来了严重的危害。可以采用微孔分子筛吸附尺寸较小的气体分子，介孔分子筛适合用于吸附一些较大的分子。筛选分子筛时，需充分考虑污染物分子的物理化学性质、分子筛的结构类型、硅铝比以及疏水性能等。

（2）沸石分子筛在石油炼制领域的应用

流化催化裂化（FCC）是石油炼制中的重要工艺，主要用于生产汽油、柴油、煤油等。馏分油催化裂化，早期采用非晶态硅酸铝作为催化剂，催化性能差，失活快，导致炼油效率低。Y型分子筛具有拓扑结构，属于六方体系，硅铝摩尔比一般为1.5～3。铝落入分子筛骨架，具有强酸性；笼是Y型分子筛的基本单元，像金刚石中的碳原子一样排列，并与六角柱相连，形成基底结构和三维十二元孔隙系统，为大分子底物提供了空间。这些独特的性能使得Y型分子筛非常适用于重油大分子的催化裂化，世界上几乎所有的催化裂化装置都使用Y型分子筛催化剂。为了实现催化裂化的高效化，中国石化等国内外公司通过酸和孔的调节，开发了稀有离子交换Y型分子筛催化剂、超稳Y型分子筛催化剂和介孔分子筛催化剂。Y型分子筛催化剂的开发和应用促进了催化裂化工艺的发展，对催化裂化技术的现代化起着关键作用。在重油和渣油加氢裂化过程中，Y型分子筛是催化剂的重要组成部分。由于炼厂规模较大，Y型分子筛催化剂的使用量远远超过其他分子筛催化剂的总和。

为了降低烯烃含量，改善油品质量，通常以改性ZSM-5分子筛作为降烯烃剂。另一方面，FCC工艺除生产石油产品外，还生产3%的丙烯和1%的乙烯。为了提高丙烯收率，行业主要采用向Y型分子筛中添加少量ZSM-5的方法。ZSM-5分子筛于20世纪70年代首次合成，其硅铝摩尔比可由低硅变为纯硅，且酸性与骨架铝含量密切相关。与Y型分子筛不同，ZSM-5 分子筛不含大量空腔。其结构是通过切割直径约为 0.5nm 的通道形成的。这种结构特性使其成为一种非常好的选择性催化剂。在催化裂化过程中，ZSM-5 分子筛与 Y 型分子筛协同作用，进一步裂解 Y 型分子筛上形成的烃类，生产低碳烯烃。如果催化裂化催化剂中 ZSM-5 分子筛的质量分数为 10%，丙烯收率可达 9%以上。除了石油炼制，ZSM-5 在石油化工、化工合成等领域也有重要的应用，并且还广泛应用于精细化学和碳化学。

（3）沸石分子筛在石油化工领域的应用

对二甲苯是一种重要的芳香族产品，主要用于生产聚酯单体对苯甲酸。由于从重整油中提取对二甲苯和氢燃料裂解远远不能满足对二甲苯日益增长的需求，因此工业上对二甲苯的生产主要是通过甲苯的歧化以及二甲苯异构实现的，其催化剂的主要活性组分就是分子筛。

传统的甲苯歧化过程通常采用丝光分子筛催化剂。丝光分子筛是一种天然沸石，也可以人工合成。它属于正交晶系，具有强酸结构和八角环扭曲通道，反应中仅考虑十二环直通道的作用。由于十二环直通道孔径较大，分子筛在甲苯歧化过程中没有选择性。对二甲苯、间二甲苯和邻二甲苯的比例符合热力学平衡分布，对二甲苯的选择性不超过 25%。

除歧化和异构化反应外，硅铝分子筛还用于催化苯烷基化反应。乙苯是一种重要的基本化学品，作为合成树脂和橡胶生产的关键单体。20 世纪 70 年代末，Exxon Mobil 率先使用 ZSM-5 分子筛催化乙烯烷基化制乙苯，并与其他公司合作开发用于乙苯气相分析的分子筛。以分子筛固体酸催化取代三氯化铝液体酸催化，实现了乙苯的绿色生产。20 世纪 90 年代以来，我国开始自主创新乙苯绿色生产技术。中国石化上海石油化工研究院拥有高活性、高选择性、高稳定性的 ZSM-5 分子筛催化剂和一整套纯乙烯气相法绿色生产乙苯的技术。中国台湾塑胶工业股份有限公司和其他公司的乙苯工厂用进口催化剂取代了化学活性物质。常州建成年产 160 万吨纯乙烯的气相乙烯-乙苯装置，技术成熟。在此基础上，通过解决分子筛催化剂水热稳定性低的问题，中国石化上海石油化工研究院研制出了一种功能强大的催化剂，实现生物乙醇与苯烷基化制乙苯技术产业化，提高乙苯产品的绿色等级。为了有效开发 FCC 干气中的稀乙烯资源，中国科学院大连化学物理研究所的研究团队通过发明纳米球和纳米分子，在结晶分子筛催化剂 ZSM-5/ZSM-11 的基础上开发了干气制乙苯技术，所采用的 MFI 分子筛具有优异的扩散性能。中国石化上海石油化工研究院已为稀乙烯生产乙苯研发了一种高性能催化剂，与原料预处理板式分离工艺的创新相结合开发了世界领先的稀乙烯制乙苯全套增值技术，在宁波大榭建成了年产 30 万吨大型稀乙烯乙苯装置，实现了炼厂稀乙烯资源的高效利用。

除酸催化外，氧化也是石化工业中的一个重要过程。传统的氧化工艺步骤多，选择性低，经济性差，产生大量三废，对环境造成严重影响。1983 年，意大利 ENI 化学公司首次合成了具有 MFI 结构的 TS-1 钛硅分子筛，该分子筛可在温和条件下，以 H_2O_2 为氧化剂，有效催化多种有机化合物的选择性绿色氧化，仅副产水，无环境污染。

（4）沸石分子筛在精细化工领域的应用

精细化工是当今化学工业中最具活力的行业之一。它与工农业、国防、人民生活和最现代的科学技术密切相关。精细化工产品种类多、附加值高、用途广、产业关联性强。它们直接服务于国民经济的许多产业和高科技产业。沸石分子筛作为重要的催化材料，也用于一些重要精细化工产品的工业生产。

吡啶碱和二乙醇胺（DEA）是合成医药和农药的重要原料和中间体，研究人员致力于开发高效生产这些氮化合物的催化技术。中国科学院大连化学物理研究所的研究团队通过发明具有独特酸性、分布和孔结构的分子筛材料，成功开发出高活性和高稳定性的分子筛材料。南京首一石油化工有限公司和安徽国星生物化学有限公司开发了高选择性、高稳定性、年产 12000t 和 25000t 吡啶醛氨合成新催化剂及成套技术。

除了酸催化过程外，沸石分子筛也用于催化氧化过程生产精细化工产品。基于 TS-1 分子筛良好的催化苯酚羟基化性能，Eni Chem 公司开发出 TS-1 分子筛/H_2O_2 体系氧化苯酚合成邻苯二酚和对苯二酚的工艺，并于 1986 年建成产能 1 万吨/年的苯二酚生产装置，该工艺以甲醇或丙酮为溶剂，苯酚的转化率达到 30%左右，苯二酚的选择性高于 90%，H_2O_2 的有效利用率也高达 80%。这些指标均优于传统工艺，特别是苯酚转化率，更是比传统 Rhone-Poulenc 工艺的 5%和 Brichima 工艺的 9%高出很多，充分体现出 TS-1 分子筛催化苯酚羟基化制苯二酚技术绿色环保和原子经济的特性。

（5）沸石分子筛在煤化工领域的应用

我国富煤、贫油、少气的资源禀赋决定了必须大力发展对环境影响小的现代煤化工工业。随着煤化工的发展，煤间接液化制甲醇的技术和工业已经非常成熟。甲醇可以使用不同的催化剂生产各种产品，如汽油和烯烃等。在 20 世纪 70 年代末，Exxon Mobil 公司率先将 ZSM-5 分子筛应用于甲醇制汽油（MTG）以实现工业化。在 MTG 研究的基础上提出了甲醇制烯烃（MTO）技术方案，作为连接煤化工和石化工业的桥梁，MTO 自提出以来一直受到世界各国的关注。

20 世纪 80 年代中期，以 Exxon Mobil 公司为代表的国外企业完成了 MTO 试点研究。在我国，以中国科学院大连化学物理研究所为代表的 MTO 试点研究于 20 世纪 80 年代初启动，并于 90 年代初完成。20 世纪 90 年代初，ZSM-5 分子筛催化剂被国内外用于 MTO 研究。尽管在技术特征上有所差异，但由于乙烯+丙烯的低选择性，国内外的研究都没有工业化。于是中国科学院大连化学物理研究所在 20 世纪 90 年代初开始开发新一代 MTO 技术。为了提高服务的选择性，他们使用小孔磷酸硅分子筛 SAPO-34 作为催化剂的活性组分。SAPO-34 分子筛是美国联合碳化物公司首次合成的，其酸性与硅原子周围的化学环境密切相关。它具有拓扑结构，属于晶体系统，双六元环是 SAPO-34 分子筛的基本单元。双六元环按照 ABC 堆叠模式排列，形成具有八元环开口和三维八元环孔系统的超笼结构，孔径约为 0.4nm。这种独特的结构使 SAPO-34 分子筛具有良好的酸稳定性和水热稳定性，在 MTO 反应中表现出优异的催化性能。

（6）沸石分子筛在环境化工领域的应用

氮氧化物（NO_x）造成了当今大气中突出的环境问题，如雾霾、光化学烟雾和酸雨。氨选择性催化还原是目前应用最广泛、最有效的柴油车尾气 NO_x 脱除技术，其核心是高活性和高稳定性的催化剂。早期阶段开发的钒基催化剂由于具有生物毒性、热稳定性低、工作温度窗口窄、高温氮选择性差等缺点，已退出市场。引起广泛关注的是具有良好脱硝活性的铜离子或铁离子交换的沸石分子筛，但其水热稳定性差或低温催化活性差等问题一直困扰着人们。巴斯夫公司经过多年的研究发现，具有拓扑结构的分子筛具有优异的脱硝活性和水热稳定性，因此，开发了一种高性能的Cu-13X分子筛催化剂，并成功地应用于柴油车的NO_x脱除。

三、硅胶

硅胶是一种典型的高活性多孔吸附材料，具有丰富的孔道结构和大的比表面积，为非晶态物质，分子式为$mSiO_2 \cdot nH_2O$，其中的基本结构质点为Si-O四面体，由Si-O四面体相互堆积形成硅胶的骨架。硅胶本质上为大小不等的二氧化硅粒子在空间的堆积，堆积时粒子间的空洞即为硅胶的孔隙，因此硅胶的孔隙并不均匀。硅胶中的H_2O有吸附水和结构水，后者以羟基（OH）的形式和硅原子相连而覆盖于硅胶的表面。

硅胶不溶于水和任何溶剂，无毒无味，化学性质稳定，除强碱、氢氟酸外不与任何物质发生反应。根据其孔径的大小分为大孔硅胶、粗孔硅胶、B型硅胶、细孔硅胶。由于孔结构的不同，它们的吸附性能各有特点。粗孔硅胶在相对湿度高的情况下有较高的吸附量，细孔硅胶在相对湿度较低情况下的吸附量高于粗孔硅胶，而B型硅胶由于孔结构介于粗、细孔硅胶之间，其吸附量也介于粗、细孔硅胶之间。

硅胶中的杂质主要是制备原料中的多种无机阳离子，其中对硅胶的多种性能（如热稳定性、孔结构等）有影响的杂质有Na^+、K^+、Ca^{2+}、Pb^{2+}、Cd^{2+}、Zn^{2+}、Sb^{2+}等，用硝酸回流处理可除去大部分杂质。

1. 硅胶的制备

目前，硅胶的主要生产工艺为以卤化硅为原料的气相法、以水玻璃和无机酸为原料的化学沉淀法、以硅酸乙酯为原料的溶胶-凝胶法和微乳液法等。气相法生产的有机硅，以价格昂贵的氯化硅为原料，采用危险复杂的高温、高压、超临界流体干燥技术。它不仅设备要求高、工艺流程长、成本高，而且危险性大，极大地阻碍了硅胶材料的大规模生产。以硅酸乙酯为原料的溶胶-凝胶法具有原料昂贵、制备时间长、生产成本高等特点。微乳液法成本高，残余有机原料去除困难，易污染环境。化学沉淀法以水玻璃和无机酸为原料，工艺简单，原料来源广，成本低，能耗低，工业生产简单。具体过程见图2-7。

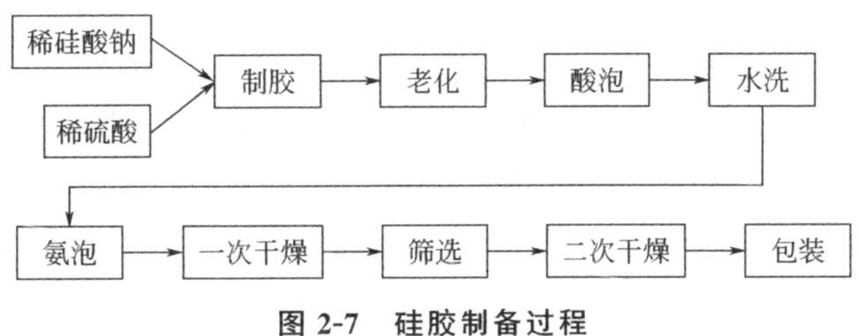

图2-7 硅胶制备过程

粗多孔固体硅胶为有色或半透明不规则颗粒，其体积密度大于400g/L，孔容大于0.76mL/g。细多孔固体硅胶是透明的、不规则的颗粒。两者都具有很高的热稳定性和多孔结构。块状硅胶的生产工艺如下：硅酸盐含量约为20%的稀硅酸钠和浓度为30%的稀硫酸在20～30℃下从喷嘴以一定压力与聚硅酸钠和硫酸钠混合喷射。反应如下

$$Na_2SiO_3 + H_2SO_4 + H_2O \longrightarrow H_4SiO_4 + Na_2SO_4$$

多硅酸在酸性条件下不稳定，立即缩聚成硅凝胶

$$mH_4SiO_4 \longrightarrow mSiO_2 \cdot nH_2O + (m-n)\ H_2O$$

硅凝胶在老化槽中老化35h以上，然后将老化水排入老化槽。熨斗装置将凝胶切割成小于5cm的橡胶块。如果是细孔硅凝胶，用约3%的稀释硫酸替换4h以上，而粗孔硅凝胶则直接进入水洗过程，直到橡胶块的pH值大于5。洗涤后，若为粗孔硅胶，则用13%～18%稀氨水在20～30℃下洗涤16h，细孔硅胶则直接干燥。

2. 硅胶的应用

硅胶是一种对水分子具有良好亲和力的高活性吸附材料，是一种很好的干燥剂。硅胶最适宜的吸湿环境为室温（20～32℃）和高湿度（60%～90%），可将环境相对湿度降低到40%左右。近年来，硅胶生产呈现出快速发展的趋势，常用于石油化工、医药、食品、生物化学、环保、涂料、轻纺、造纸、油墨、塑料等工业部门。

（1）硅胶在工业领域的应用

在石油化工行业，硅胶产品主要用于变压吸附、催化剂和催化剂载体。

硅胶分子中具有硅氧的交联结构，同时在颗粒表面又有很多硅醇基。其吸附作用的强弱与硅醇基的含量有关。硅醇基能够通过形成氢键吸附水分，因此硅胶的吸附力随吸着水分的增加而降低。当硅胶加热至100～110℃时，其表面因氢键所吸附的水分便能被除去。当加热温度升高至500℃时，硅胶表面的硅醇基会发生脱水反应，缩合变为硅氧键，从而丧失因氢键吸附水分的活性，就不再有吸附剂的性质。所以硅胶的活化不宜在高温进行。此外，硅胶是一种弱酸性吸附剂，用于中性或酸性条件；又是一种弱酸性阳离子交换剂，其表面上的硅醇基能释放弱酸性的氢离子，当遇到强的碱性化合物时，则可因离子交换反应而吸附碱性化合物。

用作催化剂的硅胶对其粒径、形状、孔结构和在反应器中的堆积都有一定的要求，因为它们直接影响反应系统的物理过程。不同的硅胶粒径提供不同的催化活性表面，而孔结构决定了内孔壁提供的催化活性内表面。高孔隙率硅胶可提供大量内表面。同时，孔径也影响反应分子进出的难度（通常选择大孔径的鹅卵石凝胶）。硅胶颗粒的大小、形状和堆积也决定了催化剂床中空腔的大小和分布。

在食品行业中，鹅卵石凝胶可以用来提高啤酒的耐用性。1961年，德国的卡尔·冯·斯坦贝克博士首次发现，啤酒中的硅胶可用于提高啤酒的耐用性。在啤酒生产中，硅胶是首选的蛋白质吸附剂。其选择性取决于孔径、粒径和表面性质，比表面积越大，吸附容量越大。硅胶的吸附容量主要取决于比表面积和孔径，吸附速率取决于粒径和有效接触面积。硅胶是一种非常纯净的材料，其中含有99.5%的无定型二氧化硅。无定型和非结晶是硅胶的重要性质。

涂料消光剂能改变涂膜表面的光学性能。在涂料工业中硅胶是最重要的无机消光剂。随着人们生活水平的提高，认为高色泽的涂膜反光严重，开始更倾向于价格低廉、功能全面的消光剂——二氧化硅类消光剂。

（2）硅胶在农业领域的应用

优质硅胶可作为柱层，是色谱分离硅胶的原材料，利用硅胶表面的键合技术，使硅胶表面带有不同的官能团，用于中草药有效成分的分离提纯、高纯物质的制备、色谱载体或载体原料和有机物质的脱水精制等。例如利用硅胶柱色谱分离纯化苦豆子中含有的生物碱。硅胶也可以用于土壤保湿，改善农作物生长环境。除此之外，硅胶也可用作动物饲料添加剂，可以防潮、防粘，不影响饲料的营养成分。

（3）硅胶在喷墨打印技术方面的应用

微孔硅胶具有良好的固色性，可以形成特定的微孔隙网络。这种网络可以牢固地附着色滴，保证良好的图像质量，缩短干燥时间。因此，微孔硅胶被认为是彩喷纸的最佳颜料。由于其粒径小、比表面积大、吸油率高、多孔性好，已成为彩喷纸的首选颜料。用于喷墨打印纸的吸色层，可显著提高喷墨打印质量。还可用于拍摄色彩鲜艳、饱和，图像清晰，亮度高的彩色照片。

四、活性氧化铝

活性氧化铝是一类使用最为广泛的催化剂载体，且作为惰性固体催化剂载体，氧化铝有多种形态，不仅不同形态有不同性质，即使同一形态也因其来源不同而有不同的性质，如密度、孔结构、比表面积等。这些性质对于用作催化剂载体的氧化铝有重要的意义。氧化铝大多是从氢氧化铝（又称水合氧化铝或氧化铝水合物）制备。它是不溶于水的两性氧化物，能溶于无机酸和碱性溶液中。表 2-4 为不同类型氧化铝的晶体结构参数。

表 2-4　不同类型氧化铝的晶体结构参数

类别	物相	化学式	晶系	空间群	晶胞常数		
					a	*b*	*c*
过渡相	χ-Al_2O_3	Al_2O_3	立方	O_h^7	7.95		
	η-Al_2O_3	Al_2O_3	立方	O_h^7	7.90		
	γ-Al_2O_3	Al_2O_3	立方		7.95	7.95	7.79
	δ-Al_2O_3	Al_2O_3	四方		7.967	7.967	23.47
	τ-Al_2O_3	Al_2O_3	正交斜方		7.73	7.78	2.92
	θ-Al_2O_3	Al_2O_3	单斜	C_2^3h	5.63	2.95	11.86
	κ-Al_2O_3	Al_2O_3	正交斜方		8.49	12.73	13.39
刚玉	α-Al_2O_3	Al_2O_3	三斜	D_3^6D	4.758		12.991
β-氧化铝系列	$Na_2O \cdot 11Al_2O_3$		六方	D_4^6h	5.58		22.45
	$K_2O \cdot 11Al_2O_3$		六方	D_4^6h	5.58		22.67
	$MgO \cdot 6Al_2O_3$		六方	D_4^6h	5.56		22.55
	$CaO \cdot 6Al_2O_3$		六方	D_4^6h	5.54		21.83
	$SrO \cdot 6Al_2O_3$		六方	D_4^6h	5.56		21.95
	$BaO \cdot 6Al_2O_3$		六方	D_4^6h	5.58		22.67

活性氧化铝载体用于催化剂的制备，第一个目的是减少贵重材料（如 Pd、Pt、Au）的消耗，是将贵金属分散负载在体积松大的物体上，以替代整块金属材料的使用。另一个目的是使用强度较大的载体以提高催化剂的耐磨性及抗冲击强度。初始选择的载体是碎砖、浮石及木炭等，只从物理、机械性质及价格等方面加以考虑，而后在应用过程中发现，不同材料的载体会使催化剂的性能产生很大的差异，所以开始重视对载体的选择并进行深入的研究。其中，活性氧化铝是最重要的催化剂载体之一。

迄今已知氧化铝有 8 种晶态，其中 γ-Al_2O_3 具有较高的孔容、比表面积和热稳定性，因此得到广泛的应用。催化剂载体的重要性质之一是它的孔结构特征，它的孔结构决定催化剂的孔结构。对催化剂载体孔结构的要求首先是提供尽可能大的反应接触面积，提高活性组分的分散度。其次是孔径，孔径过大，载体的比表面积就会减小，孔径过小，也会给反应物的扩散带来不利的影响，从而影响催化剂的活性。因此，孔结构适宜的 γ-Al_2O_3 用于开发催化剂。影响氧化铝孔结构的主要因素有反应物浓度、中和的温度、pH 值以及老化条件等。γ-Al_2O_3 制备方法有无机盐原料法和粉体分散法。在此基础上，有人将结晶氯化铝与柠檬酸及淀粉等造孔剂直接混合、干燥、焙烧来制备无定型活性氧化铝，省去了中和、老化、过滤、洗涤等常规步骤。

催化剂载体有多种类型，包括氧化铝、硅藻土（SiO_2）、活性炭、二氧化钛、分子筛、碳化硅。在制备催化剂时，载体的选择应首先考虑催化剂的形式，然后考虑催化剂的经济可行性。在所有催化剂载体中，氧化铝因其具有成熟的技术和经济性能而成为首选，并且对铝载体的分析表明，活化铝载体（非 Al_2O_3 载体）的热稳定性通常需要提高，使催化剂在使用过程中保持稳定的物理化学性能。因此必须向氧化铝中添加稀土元素或碱土金属。在另一种情况下，如图 2-8 所示，氧化铝必须在低温下转化为热力学中最稳定的 α-Al_2O_3 相。此时，必须在氧化铝中添加矿化剂，比如在乙烯氧化成环氧乙烷时，或在生产铝陶瓷时，都需要添加钙化剂。铝载体的生产通常包括将氢氧化铝和添加剂均匀混合，然后添加一定的黏合剂，在特定的成型机上挤压成型，然后通过干燥焙烧和其他工艺获得具有一定形状、强度、固定孔分布和比表面积的铝载体。有时必须对氧化铝进行改性，这种改性通过添加钼来进行。在制备载体期间添加改性剂，例如添加成孔剂（如活性炭）以增加载体的大孔，添加稳

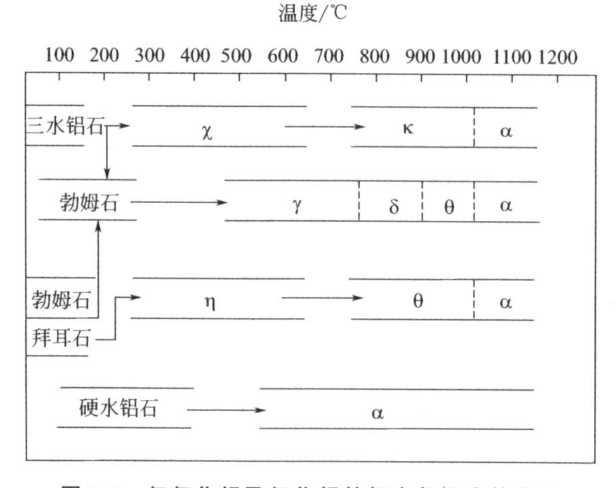

图 2-8　氢氧化铝及氧化铝的相变与温度的关系

定剂（如稀有金属元素、碱金属元素、硅或磷）以提高氧化铝的热稳定性，以及添加碱金属元素改善铝表面的酸碱性能。

五、吸附树脂

吸附树脂（adsorption resin）是人工合成的多孔性高分子聚合物吸附剂，是在离子交换树脂的基础上发展起来的，故为合成离子交换剂中的一种。吸附树脂与一般离子交换剂的区别在于吸附树脂一般不含离子交换基团，其内部有丰富、通畅的分子大小的孔道（见图 2-9）。吸附树脂的外观多为不到 1mm 的白色小颗粒。

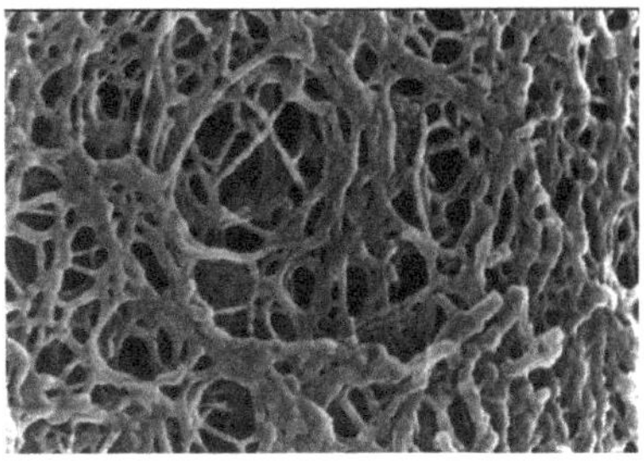

图 2-9 吸附树脂的内部孔道结构

吸附树脂的优点如下：

① 具有良好的吸附脱色、除臭能力，效果不亚于活性炭。

② 对有机物选择吸附性好，不受无机盐的影响。

③ 物理、化学稳定性好，易再生（用水、稀酸、稀碱、有机溶剂处理即可）。

④ 现已有多个品种，并可根据需要合成。

如上所述，吸附树脂为合成多孔性有机聚合物，化学稳定性好，耐酸、碱和有机溶剂。按极性大小不同，吸附树脂可分为非极性、中极性、极性和强极性四种类型（表 2-5）。

表 2-5 吸附树脂的分类

树脂极性	实例
非极性	聚苯乙烯，聚乙基苯乙烯，聚甲基苯乙烯等
中极性	聚丙烯酸酯，聚甲基丙烯酸酯等
极性	聚丙烯酰胺，聚丙烯腈等
强极性	聚乙烯吡啶，苯酚-甲醛-胺缩合物等

合成过程的条件可根据产品所需的实际结构和性能进行调节。吸附树脂的制备方法与大孔离子交换树脂的制备方法类似，除非聚合，否则必须通过某种方法提取和去除成孔剂。成孔剂可与单体混合，不溶于水且不参与聚合。苯、醇和脂肪烃等均可以用作成孔剂。

（1）吸附剂结构的影响

此处的吸附剂结构主要指某些表面、孔径和表面基团。对于非极性吸附类型而言，导致吸附的主要作用力为树脂表面和吸附质分子之间的范德华力。因此，吸附树脂的作用类似于碳吸附剂。而活性炭的吸附机理主要是微孔填充，吸附类型有介孔吸附和大孔吸附等，且具有较多的单面、多层吸附和毛细凝聚。

（2）吸附质结构的影响

吸附质结构的影响直接反映在吸附质的分子量、分子极性等性质上，并间接反映在吸附质与介质之间的相互作用上（溶解度、介质中的现状等）。吸附树脂吸附水中有机同系物时，吸附容量随同系物分子量的增加而增大。这显然是因为吸附树脂（甚至极性吸附树脂）是一种有机聚合物，其疏水性的碳氢部分对吸附分子碳氢链之间的范德华力有影响。

（3）其他因素的影响

在物理吸附的情况下，温度的升高一般不利于吸附。同时，大多数物质的溶解度随着温度的升高而增加，不利于吸附。

添加剂有时会影响吸附。例如，在酸的存在下，酸吸附质的吸附容量增加；在碱的存在下，碱吸附质的吸附容量增加。这可能是由于酸（或碱）的存在增加了酸（或碱）的离解。

六、金属有机骨架材料

金属有机骨架材料（metal organic framework，MOF）是一类通过无机金属离子或金属簇与有机配体的自组装形成的具有周期性多维网络结构的纳米多孔新型材料。MOF 具有比传统多孔材料更高的比表面积，有机成分的存在又使其兼具可设计性、可剪裁性，孔径尺寸可调节性，孔道表面易功能化等特点，MOF 材料在气体吸附、存储和分离，电极材料等领域中得到了广泛的应用。金属有机骨架材料最早于 1995 年被提出，1999 年 M. Yaghi 教授等第一次报道了具有稳定高孔隙率的 MOF-5。经过 20 多年的研究与发展，MOF 的研究取得了突破性的进展。常见的 MOF 材料以金属离子作为构成网络框架的节点，多为低价态的过渡金属，还包括碱金属、稀土金属以及高价态过渡金属。常见的有机配体有多羧基芳香分子、双吡啶和多偶氮杂环（咪唑、三唑、四唑、嘧啶、吡嗪等）及其衍生物，有机物的特殊结构可以为 MOF 提供稳定的骨架结构，同时其种类繁多也为 MOF 的研究提供了更大的空间。作为吸附剂的一种，MOF 材料具有大的比表面积和孔隙率，以及开放的金属节点、不错的孔道结构，因此它的吸附量和吸附效率相比于其他材料优秀很多。图 2-10 为一些常见的 MOF 类吸附材料。

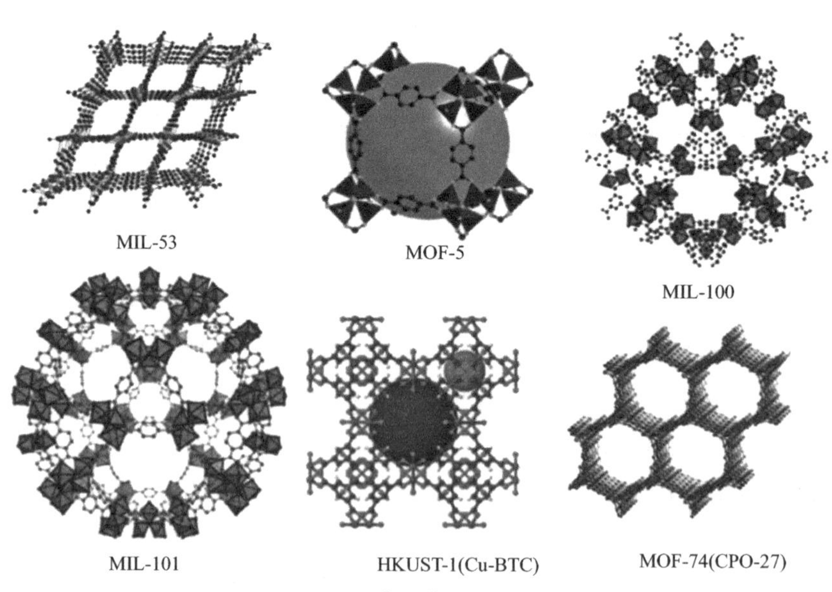

图 2-10 常见的 MOF 材料

MOF 材料的主要吸附机理包括：

① 酸碱的相互作用。大多数 MOF 材料是 Lewis 酸，因为它可以接收一对电子，碱性硫化物的吸附可以用与 Lewis 酸配位的酸碱相互作用来解释。MOF 中的 Lewis 酸中心一般包括 Fe^{3+}、Cr^{3+}、Al^{3+}。另外，除了金属活性中心和表面官能团，MOF 材料本身的酸性也可以适当改性。

② 络合吸附作用。络合吸附作用最突出的金属离子是 Cu^{+}、Ag^{+}。其中 Cu^{+} 的价格低廉，易于获得而备受欢迎。但是它不稳定，易转化成 Cu^{2+}。因此在将 Cu^{+} 固定到 MOF 材料上时需要注意其稳定性。

③ 氢键和范德华力。氢键和范德华力在吸附过程中较为常见，但是由于作用力较弱，不再详细讨论。

世界著名化学家 Kitagawa 教授将 MOF 材料划分为三代：第一代 MOF 骨架结构中的多孔体系是由客体分子来维持的，客体分子一旦去除，材料的骨架结构就会出现不可逆的坍塌，且材料具有较差的热稳定性和化学稳定性。第二代 MOF 具有刚性的多孔框架结构，不论客体分子是否存在，材料的多孔框架结构依然存在且不会发生变化。目前对这类材料的研究依然是热点，金属离子与含多齿形羧基有机配体桥接构成的 MOF 材料属于第二代。第三代 MOF 具有动力学可控的骨架，外界条件（如：光、电以及客体分子）变化，材料的孔道会产生可逆的变化（如伸缩或移动），因此该材料在气体吸附分离、催化、传感器等领域具有较好的应用前景。金属离子与含氮杂环类有机配体构成的 MOF 属于第三代。

1. 金属有机骨架材料的制备

金属有机骨架材料（MOF）主要是以金属离子或无机簇离子为中心，与有机配体配位形成的配位聚合物。其中金属离子大多为过渡态二价金属离子，如 Zn^{2+}、Cu^{2+}、Cd^{2+}、Pt^{2+}、Ni^{2+} 等。使用较多的有机配体为对苯二甲酸（H_2BDC）、均苯三甲酸（H_3BTC）、草酸、琥珀酸等。选择较为合适的有机配体不仅可以合成出结构新颖的金属有机骨架材料，而且能发挥其特殊的物理性质。另外，在合成过程中溶剂可以溶解配体并起到质子化的作用。因为金属二价盐和大多数配体均为固体，所以必须选择溶剂对它们进行溶解，大多选择碱性溶剂。近年来，随着科学的不断进步，氢氧化钠等强碱也可作为去质子化溶剂。Zn^{2+} 和对苯二甲酸（H_2BDC）就能合成多种不同类型的 MOF 材料，MOF-5 就是其中一种。Cu^{2+} 与 H_3BTC 混合配位也可合成较多类型的 MOF 材料，Cu-BTC 也是其中的一种。因此选择合适的金属离子和有机配体结合可以定向形成研究者所需的材料。

目前，金属有机骨架材料的制备方法如下：

（1）扩散法

扩散法是将金属盐、有机配体按一定的比例分别溶于不同溶剂后混合，将混合液置于一个小瓶中，然后将小瓶放置于加入去质子化溶液的大瓶中，封住瓶口。静置一段时间后观察有晶体出现。这种合成方法反应条件温和，易获得质量较高的单晶结构。但是耗时较长，并且反应物必须在室温下溶解。

（2）超声合成法

超声合成法是化学与声学互相渗透、交叉形成的一种技术，是近几年发展起来的一种制备纳米材料的方法。因其具有的空化效应，受到材料界的广泛关注，主要是其在合成 MOF 材料方面的应用。通过超声空化的作用可以有效改善材料的形貌和尺寸，可以有效地降低和防止纳米粒子的团聚。通过超声合成法目前已合成多种金属有机骨架结构，例如 $[Zn(BDC)(H_2O)]_n$、MOF-5、MOF-177 等。

（3）溶剂热法

溶剂热法也称水热法，是指在溶剂存在的情况下，利用高温高压培养高质量晶体。因为常温常压下有的化合物是不溶或者是难溶的，而在高温高压下其溶解度增大，从而促进反应的进行和晶体的生长。这种方法合成时间较短，解决了在常温条件下前驱体不溶解的难题。并且由于合成中所用溶剂的物理性质、官能团有所不同，从而可以获得结构多样的产物。因此研究者们大多会采取此方法进行研究。

（4）机械法

机械法是一种在机械力作用下对分子键进行破坏从而发生化学变化进一步合成金属有机骨架材料的方法，第一次报道是在 2006 年。其优点主要有两个方面：第一，反应可以在没有任何溶剂的条件下进行；第二，避免有机溶剂的使用。比如，金属有机骨架材料 HKUST-1 就可以通过此种方法合成。研究表明使用金属氧化物要比金属盐类更加适合此方法。因为金属氧化物反应的副产物是水，没有任何污染，避免了其他离子对金属有机骨架材料的污染，是较好的环保方法。

（5）电化学合成法

金属有机骨架材料的另外一种合成方法是电化学合成法。阳极电离得到的金属离子代替传统方法使用的金属盐，然后和有机配体反应形成金属有机框架。但是为了防止金属离子在阴极沉积，反应过程都在质子化溶剂中进行。这种方法首次被提出是在 2005 年巴斯夫公司研究合成 UST-1 时。使用此种方法主要有以下几个原因：第一，避免了传统合成方法中的高温条件，节省能源；第二，使用阳极电离金属离子代替金属盐，避免其他阴离子的干扰，而且不需要想办法去除它们，这可以大量节省时间，提高工作效率。并且电化学法合成出来的金属有机骨架材料在某些方面的性能可能会高于传统方法合成的。例如，电化学合成法合成的 MIL-53 在高压下对 CO_2 的吸附性能要比传统方法合成出来的性能更佳。

2. 金属有机骨架材料的改性

MOF 材料具有可调的多孔结构，不饱和金属位点及可修饰的孔表面官能团。将 MOF 应用于废水中污染物的吸附时，为实现更为高效的吸附性能，通常会对 MOF 的表面和结构进行功能化修饰改性，从而改变其表面活性和结构等物理化学性质，使 MOF 材料具有活性组分多、孔隙率高、比表面积大等特点，以满足应用时的特定要求。MOF 的改性方法大致上可以分为功能基团改性、掺杂其他功能材料等。

（1）功能基团改性

功能基团改性有两种方法，一种是通过金属盐与功能化有机配体一步反应合成 MOF 晶体；另一种是在 MOF 的表面或孔隙间引入功能基团，使其与吸附质之间产生酸碱作用、氢键、静电吸引或 π-n 共轭等作用，以此来提高 MOF 对污染物的吸附选择性。

有研究者用 $ZrCl_4$ 与不同功能的有机配体在室温下合成 UiO-66 和 UiO-66-NH_2 两种材料，研究表明 UiO-66 和 UiO-66-NH_2 的比表面积、孔径尺寸、表面官能团及在液相中的吸附性能均不同。Wu 等合成了$[Cu_4O(BDC)]_n$ 材料，并用二硫代乙二醇进行硫醇功能化，研究其对 Pb^{2+}、Cd^{2+}、Hg^{2+}、Cr^{2+} 四种重金属离子的选择性和吸附性。结果显示，引入的功能基团巯基对重金属离子有强烈的亲和作用，因此功能化材料有显著的选择吸附性，尤其对 Hg^{2+} 显示出优良的吸附性能。

（2）掺杂其他功能材料

将 MOF 与其他功能材料掺杂既能保持 MOF 原有的性质和功能，也可改善 MOF 的孔隙率、比表面积、形态，并具有新的特定功能特性，且 MOF 材料与功能化材料之间所产生的协同作用可赋予其更为优异的性能。目前，常用来与 MOF 掺杂复合的材料有金属氧化物、金属离子、磁性微球、多金属氧酸盐、聚合物、碳类材料、纤维等。

Chang 等研究了 TiO_2@MIL-101 复合材料对甲基橙的高效吸附和分解的协同作用。结果表明，与 MIL-101 和 TiO_2 相比，复合材料具有较大的比表面积和孔容，作为吸附剂和催化剂时实现了更高的去除率，对甲基橙的最大吸附量为 19.23mg/g，在紫外光照射下仅需要 30min 即可达到 99%的去除率。

3. 金属有机骨架材料的应用

（1）催化

MOF 具有的孔道结构及其所包含的具有催化性能的不饱和金属位点，都为催化反应提供了可能性。反应底物不仅可以与材料表面裸露的金属位点结合，还可以通过孔道进入 MOF 组分内与不饱和金属位点结合，提高单位时间的催化反应效率。例如，Gandara 课题组通过水热反应釜法合成具有方形孔道的 In(Ⅱ)-MOF，该 MOF 由于微孔以及良好的热稳定性被证明是缩醛化反应有效的非均相催化剂。其中孔道被填充与否极大影响了催化效率，表明孔道在催化反应中起了重要作用。

除此以外，孔道的尺寸以及立体构象也对催化有着至关重要的影响。崔勇课题组报道了两例手性多孔 MOF（V 和 Cu 金属），氧化后形成的 VO-MOF 通过有效的 VO-VO 协同活化具有更高的反应立体选择性和催化活性，并且这个协同催化作用已经在 VO/Cu-MOF 的对照实验中得到了证实。

（2）吸附

分离过程在工业和日常生活中有着极其重要的作用，被应用于三个主要方面：浓缩、分馏和纯化。然而有些物质通过蒸馏分离后会分解，因此需要多孔材料作吸附剂，以更好地实现分离。而 MOF 材料由于孔道可调节性以及特殊的吸附位点等特性可以选择性吸附目标气体，能实现混合气体的吸附分离，因而成为可行的吸附剂材料。例如，Couck 等成功提高了氨基功能化的 MIL-53(Al)-MOF 材料对 CO_2/CH_4 分离的选择性，同时保持很高的 CO_2 捕获能力，通过研究发现氨基官能团和 MIL-53 的羟基基团极大地增强了对 CO_2 的亲和力，导致 CO_2/CH_4 分离的选择性非常大。因此，MOF 材料在气体的选择性吸附与分离领域有巨大的潜力。

（3）化学传感器

虽然 MOF 材料的高比表面积和可调的孔径尺寸使其在化学传感中具有很高的灵敏性和选择性，但是目前仍有很多困难限制了其作为化学传感材料的应用，如 MOF 材料导电性和电催化能力较差、金属配体电荷转移能力较弱导致产生相对低的荧光量子产率等。而 MOF 复合材料由于嵌入的功能材料或者两者的协同效应而具有很强的导电性和发光活性，可以用来制作不同的化学传感器。

Zhang 等通过在大孔碳（MPC）上负载 HKUST-1，诱导 HKUST-1 晶体长在其大孔里，制备了 HKUST-1/MPC 复合材料。由该复合材料制备的电化学传感器在 10～11600μmol/L 范围内对 H_2O_2 具有较好的线性响应，检测下限为 3.2μmol/L。Houk 等用 $AgNO_3$ 的水-乙醇溶液浸渍 HKUST-1、MOF-508(Zn) 和 MIL-68(In) 材料，然后 Ag^+ 在乙醇的存在下被还原为 Ag，该复合材料保持了 MOF 材料骨架的完整性，没有发生坍塌降解。与没有负载 Ag 的 MOF 材料相比，Ag@MOF 复合材料产生了一种明显的表面增强拉曼效应光谱（SERS），拉曼增强的趋势与 MOF 材料孔径尺寸相关。

由于 MOF 材料及 MOF 复合材料的选择性吸附特性，可以将其应用于传感器中选择性检测特定分子，如由 MOF-5/Au-NPs 复合材料构成的传感器可以实现从气体混合物中选择性检测 CO_2。

思考题

1. 吸附的基本概念是什么？常见的吸附剂有哪些？
2. 简述几种不同吸附剂的制备、结构和应用特性。
3. 什么叫作吸附等温线？有几种不同类型？研究吸附等温线有何意义？
4. 气固单组分吸附等温方程有哪些？请举一例，写出吸附等温方程。
5. 活性炭的性能评价指标有哪些？是如何评价的？
6. 沸石分子筛常见的种类有哪些？请举例说明。
7. 吸附作用与哪些因素有关？固体吸附剂吸附气体和液体有何不同？
8. 如何加快吸附平衡的到达？如何判断是否达到吸附平衡？

第三章

低碳烃脱硫

低碳烃是碳原子数小于等于 4 的单烯烃（乙烯、丙烯、1-丁烯、异丁烯、顺-2-丁烯和反-2-丁烯）、二烯烃（丁二烯）、烷烃（乙烷、丙烷、正丁烷和异丁烷）的总称。低碳烃主要来自石油炼制（常减压蒸馏、催化裂化、延迟焦化、加氢精制、加氢裂化、催化重整）、蒸汽裂解、天然气和油田气回收、甲醇制烯烃（MTO）和页岩气。例如，催化裂化过程和蒸汽裂解过程产物（乙烯裂解副产物）是 C4 烃的主要来源，C4 烃在工业生产中有着广泛而重要的用途，是石油化工产品的重要基础原料，其应用不断得到发展。例如，催化裂化副产物 C4 烃可用于生产烷基化汽油和甲基叔丁基醚（MTBE），还可利用其催化裂解制备丙烯和乙烯等。我国 C4 烃资源丰富，充分开发和利用 C4 烃资源，提高其产品的附加值和经济效益，对提高我国石化企业的竞争力具有重要的意义。但由于 C4 烃中含有大量的含硫化合物，除 H_2S 外，还有各种形态的有机硫，如 COS、CH_3SH、C_2H_5SH、CH_3SCH_3 等，其中主要是 CH_3SH、CH_3SSCH_3。如果不能对 C4 烃中的硫化物进行有效的脱除，会造成 C4 烃下游深加工工艺的催化剂中毒，影响后续产品的质量，造成产品硫含量超标，使化工设备受到严重腐蚀，对后续工艺生产产生极大影响，同时还会污染环境。为了提高低碳烃的利用率和价值，必须深度脱除其中的含硫化合物。低碳烃中含硫化合物的脱除具有重要的经济和环保意义。

第一节 低碳烃中的硫化物

一、低碳烃中硫化物的类型及含量

低碳烃中的硫化物主要来自催化裂化、延迟焦化、常减压蒸馏等装置所产的液化气，其类型和含量随着原料及工艺流程的不同而有所差异。C4 烃中的硫化物类型主要有二硫化物类、硫醇类、硫醚类等硫化物，其中二甲基二硫醚的含量最高，某炼厂典型 C4 烃中硫化物形态及含量分布如表 3-1 所示。胡雪生等用气相色谱法对某炼厂原料混合 C4 总硫、形态硫进行了分析，结果表明二甲基二硫醚的含量最高，占总硫含量的 30%（质量分数）。

表 3-1 某炼厂典型 C4 烃中硫化物形态及含量分布

硫化物	含量/(μg/g)	硫化物	含量/(μg/g)	硫化物	含量/(μg/g)
硫化氢	<0.5	异戊硫醇	1～250	二异丙基硫醚	2～150
甲硫醇	35～5000	正戊硫醇	2～80	二正丙基硫醚	1～1500
乙硫醇	10～4000	甲硫醚	5～200	二甲基二硫醚	36～18000
异丙硫醇	1～1000	甲乙硫醚	1～100	甲乙基二硫醚	15～6000
叔丁硫醇	1～1500	乙硫醚	1～100	二乙基二硫醚	1～200
正丙硫醇	1～500	单噻吩	6～300	2-甲基噻吩	3～250

1. 活性硫化物

低碳烃中的硫化物，按其对设备的腐蚀情况分为两大类，即活性硫化物和非活性硫化物。能直接与加工设备的金属作用，造成加工设备腐蚀的硫化物称为活性硫化物。活性硫化物包括硫醇、单质硫和硫化氢。单质硫和硫化氢都属于无机硫化物，但在石油产品加工中，它们是由有机硫化物分解产生的，且对石油产品加工危害极大，故纳入活性硫化物的范围。目前，我国 LPG 中活性硫化物以 H_2S 为主，硫醇次之。工业上 LPG 的脱硫工艺主要采用“双脱”技术，脱除 H_2S 采用固体吸附和溶剂吸收两种方法，脱除硫醇以 Merox 抽提氧化工艺及纤维膜脱硫醇工艺为主。

（1）单质硫和硫化氢

单质硫是淡黄色晶体，俗称硫黄，难溶于水，密度比水大，易溶于 CS_2，由不稳定硫化物发生热分解，产生硫化氢后又被氧化成单质硫。在常温下单质硫不活泼，无腐蚀性，但在高温下则会对炼油设备产生腐蚀作用。在大于 310℃时，单质硫可侵蚀钢铁生成硫化铁。在蒸馏装置中单质硫的腐蚀可发生在加热炉管、烟道等高温富氧部位。

硫化氢的化学表达式为 H_2S。标准状况下是一种易燃的酸性气体，无色，低浓度时有臭鸡蛋气味，浓度极低时便有硫黄味，有剧毒。能溶于水，易溶于醇类、石油溶剂和原油。硫化氢属弱酸性气体，具有较强的反应活性。硫化氢能很好地溶解在烃类化合物中，在芳香烃类化合物中的溶解性更好。硫化氢对碳钢设备的腐蚀受温度的影响较大。单质硫和硫化氢多是其他含硫化合物的分解产物（120℃左右有些含硫化合物已开始分解）。单质硫和硫化氢化学性质活泼，两者在一定条件下可以相互转化，硫化氢可经过氧化过程生成单质硫，单质硫可与烯烃或硫醇在一定条件下生成硫化氢或者其他含硫化合物（一般在 200～250℃以上已能进行这种反应）。

（2）硫醇

硫醇的化学表达式为 RSH，其中 R 为烷基或环烷基。除甲硫醇在室温下为气体外，其他硫醇均为液体或固体。硫醇分子间有偶极吸引力，但小于醇分子间的偶极吸引力，且硫醇分子间无明显的氢键作用，也无明显的缔合作用。因此，硫醇的沸点比分子量相近的烷烃高，比分子量相近的醇低，与分子量相近的硫醚相似。低级的硫醇有强烈且令人厌恶的气味，乙硫醇的臭味尤其明显，所以常用乙硫醇作为天然气中的警觉剂，用以警示天然气泄漏。

硫醇一般集中在较轻的馏分中，一般占硫含量的 40%（质量分数）以上。随着馏分沸点的升高，硫醇的含量急剧下降，在 300℃以上含量已极少。硫醇在高温下可分解，300℃时分解为硫醚和硫化氢，更高温度下可分解为烯烃和硫化氢，在有氧存在的情况下硫醇还可以氧化成二硫化物。硫醇不溶于水，具有弱酸性，反应活性较强。在温度超过 100℃后，对铜、镉等有色金属产生强烈的腐蚀作用，硫醇也能直接与铁作用生成硫醇铁而腐蚀设备。

2. 非活性硫化物

非活性硫化物主要包括硫醚、二硫化物和噻吩等对金属设备无腐蚀作用的硫化物，经受热分解后一些非活性硫化物将会转变成活性硫化物。

（1）羰基硫

羰基硫的化学表达式为COS，又称氧硫化碳、硫化羰。通常状态下为有臭鸡蛋气味的无色气体，它是结构上与二硫化碳和二氧化硫类似的无机碳化合物。气态的羰基硫分子为直线型，一个碳原子以两个双键分别与氧原子和硫原子相连。炼厂液化石油气主要来自催化裂化和焦化装置，其硫化物含量及种类分布随着加工原料油、加工流程设置及工艺指标的不同而变化，焦化液化石油气中羰基硫含量约为15μg/g。工业生产的丙烯中羰基硫的含量约为25μg/g。目前国内外研究表明，为满足高效载体催化剂丙烯聚合的要求，必须将丙烯中羰基硫含量控制在0.1μg/g或更低。

（2）硫醚

硫醚的化学表达式为RSR，其中R为烷基或环烷基。硫醚呈中性，对金属几乎无腐蚀，沸点与同碳数的醇相近，憎水，具有较高的热稳定性，因此化学性质稳定，只在高温下分解成活性硫化物。

液化石油气可作为生产甲乙酮、甲基叔丁基醚、异丁烯和叔丁醇等高附加值化工产品的主要原料。液化石油气中存在的微量硫化物一方面会导致下游催化剂中毒，严重阻碍下游生产的进行，另一方面会影响下游产品的纯度。目前，精制工业液化石油气中的主要硫化物为二甲基二硫醚。二甲基二硫醚是具有硫醚一样恶臭气味的有毒物质，且性质稳定，是液化石油气中最难脱除的有机硫化物之一。二甲基二硫醚的含量是随着馏分沸点的升高而增加的。其热稳定性和化学稳定性较高，与金属不起作用，因此脱除液化石油气中的二甲基二硫醚成为了一个技术难点。液化石油气中二甲基二硫醚含量约为11μg/g。

（3）二硫化碳

二硫化碳是一种无机物，也是一种常见溶剂，为无色液体。二硫化碳可溶解硫单质。在常温常压下二硫化碳为无色透明微带芳香味的脂溶性液体，有杂质时呈黄色，高纯品有愉快的甜味及似乙醚气味，一般试剂有腐败臭鸡蛋味，具有极强的挥发性。二硫化碳极易燃，其蒸气能与空气形成范围广阔的爆炸性混合物，接触热、火星、火焰或氧化剂易燃烧爆炸，受热分解产生有毒的硫化物烟气。其蒸气比空气重，能在较低处扩散到相当远的地方，遇火源会着火回燃。

（4）噻吩

噻吩类硫化物，包括噻吩、四氢噻吩、苯并噻吩和二苯并噻吩等。在常温下，噻吩是一种无色、有恶臭、能催泪的液体。噻吩天然存在于石油中，含量可高达数个百分点。工业上，用于乙基醇类的变性。和呋喃一样，噻吩是芳香性的，噻吩的芳香性仅略弱于苯。噻吩分子式为C_4H_4S，分子量为84.14，常压下沸点为84℃，难溶于水。噻吩是一种五元杂环芳香性化合物。当噻吩碳链上的氢被烷基取代，该硫化物即为取代的噻吩类化合物。在催化裂化副产的C4中，噻吩含量较低，而在延迟焦化副产C4中含有微量的噻吩。

二、硫化物的危害

（1）腐蚀加工设备

炼制含硫低碳烃时，各种含硫化合物受热分解均能产生 H_2S，它在与水共存时会对金属设备造成严重腐蚀，含硫化合物受热分解也会产生硫醇、单质硫等活性硫化物，同样会对金属设备造成严重腐蚀。此外，如果低碳烃中含有盐类化合物，它们的水解也是造成金属腐蚀的原因之一。如果低碳烃中既含硫又含盐，含硫含盐化合物相互作用，则对金属设备的腐蚀更为严重。低碳烃产品中含有硫化物，在储存和使用过程中同样会腐蚀金属。同时含硫燃料燃烧产生的 SO_2 及 SO_3 遇水后生成 H_2SO_3 和 H_2SO_4，也会对低碳烃加工设备造成严重腐蚀。

（2）影响产品质量

硫化物会直接影响低碳烃产品的质量和价格。无纺布是医用口罩的重要组成部分之一，且大多为聚丙烯无纺布。聚丙烯无纺布的原料聚丙烯是通过丙烯聚合而成的，原料丙烯中硫化物的存在会导致聚丙烯无纺布产品有刺激性的气味，而医用口罩最重要的要求就是无毒、无异味，不刺激皮肤。此外，丙烯原料中硫化物的存在还会导致生产出的无纺布性能不稳定。

（3）造成环境污染

含硫低碳烃在炼厂加工过程中产生的 H_2S 及低分子硫醇等有恶臭的毒性气体，会污染环境，有碍人体健康，甚至造成中毒。含硫烃类燃烧后生成的 SO_2 和 SO_3 排入大气形成酸雨，也会造成环境的污染。硫化物如果被燃烧，其中硫元素会氧化生成 SO_2，同时，非活性硫化物通过光化学反应容易被氧化成 SO_2。这两种方式最终都会导致酸雨的形成。酸雨会酸化土壤，损害建筑，还会渗透到地下污染地下水。大多数的硫化物对人体健康都有一定的危害。二硫化碳本身是一类大气污染物，同时还会损害人体健康。二硫化碳进入人体的主要方式是通过呼吸，在高浓度时甚至可经皮肤吸收。二硫化碳进入人体后，通常难以排出，残留在各个器官和组织中，引起病变。

（4）造成催化剂中毒失活

硫是某些催化剂的毒物，会造成催化剂中毒丧失活性。在低碳烃高值利用的加工过程中，残存的硫化物会使下游的烯烃饱和贵金属加氢催化剂，使其中毒失活，缩短其使用寿命，同时也会对下游设备造成腐蚀。以异丁烷脱氢为例：异丁烷脱氢是异丁烷在铂系或铬系催化剂的作用下生成异丁烯和氢气的工艺过程，是化工生产的重要过程之一。硫化物会与铂金属结合生成硫化铂，导致催化剂失活，并且严重影响脱氢后的异丁烯产品的质量。

三、不同工艺的质量要求

（1）异丁烷脱氢

周广林等在固定床反应器中考察了常见硫化物对 $Pt\text{-}Sn\text{-}K/Al_2O_3$ 催化剂催化异丁烷脱

氢活性的影响。实验结果表明，乙硫醇、乙硫醚和二硫化碳使异丁烷转化率下降，异丁烯选择性上升；随原料中硫含量的增加，异丁烷转化率下降的程度增大。在原料硫含量为200μg/g的条件下，硫化物对Pt-Sn-K/Al_2O_3催化剂的异丁烷脱氢毒性大小顺序为：噻吩＞乙硫醇≈乙硫醚≈二硫化碳≈丙硫醇≈硫化氢。

炼厂催化裂化装置副产的液化石油气中异丁烯与甲醇醚化生产MTBE后，未反应部分称为醚后C4。醚后C4经过萃取分离得到混合丁烷，主要组分为正丁烷、异丁烷，还含有微量的含硫化合物。其中，正丁烷异构生产异丁烷，异丁烷脱氢生产异丁烯，而这些工艺过程的催化剂对原料混合丁烷质量的要求高，异丁烷脱氢生产异丁烯的催化剂通常情况下要求混合丁烷中总硫含量小于1μg/g。

（2）正丁烷异构

正丁烷异构生产异丁烷，原料正丁烷由混合丁烷分离得到，其中硫化物主要以硫醇、二硫化物为主，还含有少量硫醚、COS等硫化物。目前，具有应用前景的正丁烷异构化反应催化剂为阴离子和金属改性的金属氧化物催化剂（SO_4^{2-}/ZrO_2、WO_x/ZrO_2和MnO_2/ZrO_2等）和分子筛催化剂（ZSM-5、Beta、Mordenite等）。使用分子筛催化剂时，在正丁烷异构化反应中发现，Pt的引入能有效提高催化剂的稳定性。此外，Pt促进正丁烷脱氢生成活性更高的烯烃，烯烃进一步异构生成异丁烷，从而提高异丁烷的收率。

目前应用最为广泛的正丁烷异构化工艺为UOP公司的Butamer工艺、Par-Isom工艺以及JSCSIE Neftehim公司的Isomalk-3工艺。这三种工艺均采用贵金属Pt改性的金属氧化物催化剂，成本昂贵且对原料预处理的要求极高。为确保异丁烷质量满足脱氢装置的生产需求，原料正丁烷精脱硫后硫化物含量小于1μg/g，方能满足催化剂使用要求。

（3）正丁烯异构

异丁烯是重要的有机化工原料，主要用于生产甲基叔丁基醚和叔丁醇等有机原料和精细化学品。利用C4资源生产异丁烯是较为经济有效的方法。通过正丁烯骨架异构化将直链丁烯转化为异丁烯，不仅可生产甲基叔丁基醚，也可生产高纯度异丁烯产品链中的高附加值产品。因此，正丁烯骨架异构化制异丁烯既能满足生产需求，也能提高C4资源的工业利用价值。基于正丁烯异构化工艺的生产来看，硫化物会严重影响催化剂的活性，所以想要催化剂一直保持在高活性的状态，一定要进行原料的脱硫（至1μg/g以下），将催化剂的使用寿命有效延长。

（4）固体酸催化C4烷基化

我国烷基化工艺以炼厂的醚后C4为原料，固体酸催化剂采用沸石分子筛，固体酸催化剂以其良好的催化活性、环境友好等优点，将是液体酸催化剂的一种环保的替代品。这些沸石分子筛易受醚后C4杂质中毒物影响而失活。这些杂质包括二烯烃、硫化物、氯化物、氮化物和含氧化合物等。为确保固体酸催化剂烷基化装置的长周期运行，应对这些毒物进行严格控制。炼厂醚后C4中一般含有一定量的硫化物，通常有硫化氢、二硫化物、硫醇、硫醚和噻吩等，这些硫化物会毒害固体酸催化剂，易吸附在催化剂活性中心上，使还原的S原子与固体酸催化剂上贵金属产生强键合，导致催化剂活性降低与失活。工业应用过程中，要求醚后C4原料中硫化物的含量在1μg/g以下。

第二节 液化石油气脱硫技术

一、醇胺溶液脱除硫化氢技术

醇胺法是工业上最具有代表性的化学溶剂法，也是目前天然气处理领域应用最广的方法。醇胺类化合物至少包含一个氨基和一个羟基，羟基可增加醇胺类化合物在水中的溶解度，降低化合物的蒸气压；而氨基可使溶液呈现碱性，进而提高醇胺类化合物对酸性组分的吸收能力。常用的醇胺有一乙醇胺（MEA）、二乙醇胺（DEA）和 *N*-甲基二乙醇胺（MDEA）。MEA 脱除 H_2S 的效率较高，但选择性较差，具有容易分解变质、热稳定性较差、再生能耗大和腐蚀性等缺点。MDEA 对 H_2S 脱除有很好的选择性，具有抗降解能力强、化学稳定性和热稳定性好、能耗低等优点，但水溶液抗污染能力差，易发泡，造成设备堵塞。

醇胺吸收剂性能不同，醇胺吸收法应用的效果也有区别，不同的醇胺吸收剂在天然气脱硫性能方面有不同的表现，具有选择性的方法有 *N*-甲基二乙醇胺法和 Sulfinol-M 法。其中，前者稳定性好，气相损失小，而且能耗低；后者环丁砜损失率较高，运行成本相对更高，因此在天然气原料气中二氧化碳与硫化氢比值较高的情况下可采用 *N*-甲基二乙醇胺法，而二氧化碳与硫化氢比值较低的情况下可采用 Sulfinol-M 法。实际应用中，该方法吸收剂的用量与天然气中酸性气体含量成正比关系，而再生溶液蒸汽消耗量与吸收溶剂的循环量成正比关系。在工业中单纯使用醇胺脱硫效果并不理想，与其他碱性试剂混合使用效果较佳。在 MDEA 溶液中加入 MEA、DEA 溶液，组成混合胺溶液，既具有伯胺或仲胺对含硫气体的高吸收性，又具有叔胺低腐蚀性、易降解、低吸收反应热、高溶剂浓度、高酸气浓度的优势，可以实现醇胺法脱硫的工业广泛应用。

醇胺法是使用较广的脱硫方法，其工艺原理是利用高压吸收设备对原料气进行吸收分离和净化，然后通过再生系统对醇胺和酸性组分生成的化合物进行逆向分解，从而将酸性气体重新释放出来。醇胺法的吸收剂可根据生产的实际情况进行灵活选择，通常采用的是化学结构中含有羟基和氨基氮的化合物。其中的羟基能够起到降低化合物蒸气压的作用，同时增加化合物在溶液中的溶解度，因此有利于吸收剂的水性溶解，也便于多种吸收剂相容。其中的氨基氮能够起到碱化溶液的作用，便于促进溶液对原料气中酸性气体的吸收。

二、纤维膜脱硫醇技术

纤维膜脱硫醇是目前最为广泛使用的液化气硫醇脱除技术。工艺流程如图 3-1 所示，该过程中，碱液（氢氧化钠溶液）与硫醇在液相催化剂（如磺化酞菁钴）条件下，通过金属纤维丝所营造的油水两相高比表面积膜接触发生两相液膜反应，液化气中的硫醇（主要是甲硫醇、乙硫醇）与氢氧化钠反应生成能溶于水相（碱液）的硫醇钠。该过程的实质就是将液化气中的硫醇从液化气的油相脱除，并转移进入氢氧化钠溶液的水相中。碱液再生时，碱液中的硫醇钠与空气中的氧气反应，再生为氢氧化钠和二硫化物。

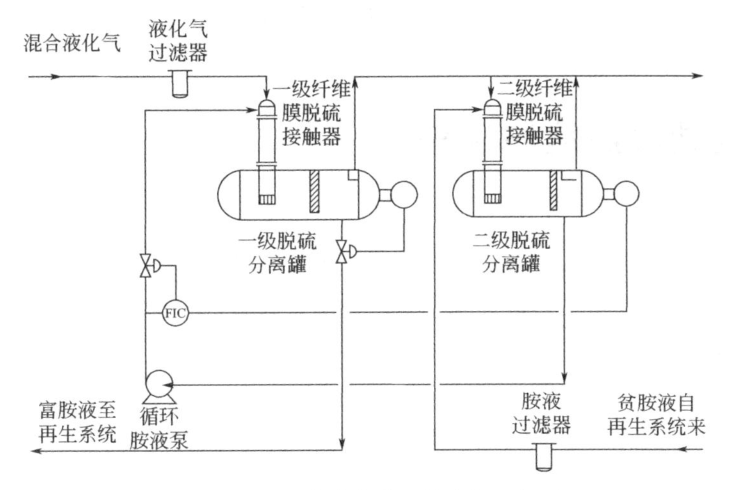

图 3-1　纤维膜脱硫醇工艺流程示意图

关于二硫化物的分离，以往的设计一般采用静置分离方式。但实践证明，由于二硫化物的乳化特征突出，很难从再生碱液中分离出来。近年有些设计结合纤维膜结构形式，通过石脑油（无硫或低硫）或重整芳烃抽余油萃取，将氧化再生生成的二硫化物从碱液中萃取出来，该过程被称为“反抽提”。经过抽提二硫化物的碱液再循环利用，进入纤维膜进行脱硫醇反应。纤维膜脱硫醇技术是典型的有机硫脱除技术，该技术能有效地脱除液化气中的大部分硫醇。一般经纤维膜脱硫醇处理后的液化气要求其硫醇含量≤10μg/g。但需要指出的是，由于以往仅从设备腐蚀方面限定液化气中硫醇含量，并未强调液化气总硫的降低，无反抽提的流程虽可以满足硫醇≤10μg/g，铜片腐蚀测试合格，但总硫下降却不多。因为再生反应生成的二硫化物易溶于油相，其随着再生碱液与液化气再次接触，又回到液化气中。因此，从某种意义上说，混合 C4 总硫的良好控制必须依赖于脱硫醇后的碱液反抽提的良好运行。

三、固定床脱硫技术

有专利商开发出一种常温二硫化物脱除剂，能用于 C3、C4 等组分中的二硫化物脱除。据称，该脱除剂在 $1000h^{-1}$ 气态体积空速或 $2h^{-1}$ 液态体积空速下，能将二硫化物含量由 5μg/g 脱至 1μg/g，一次穿透硫容（质量分数）≥2%。因水会在吸附脱硫剂上产生竞争性吸附，妨碍硫化物的吸附脱除，要求物料中水含量很低，故该吸附过程前面必须设置分子筛脱水预处理。同时，鉴于吸附脱硫剂的硫容量限制，一般采用两个吸附塔并联切换轮流操作的方式，以便对切出的吸附剂进行热氮气或热甲烷（200℃以上）再生。随着环保要求的提高，热氮气或热甲烷再生尾气必须考虑符合环保要求的处理方式。分子筛再生尾气经冷却脱水后循环使用。若以氮气作为再生介质，再生结束后可就地高点排空；若采用甲烷等可燃气再生，再生结束后，再生气可并入燃料气管网。吸附脱硫剂再生气在再生过程中，同样经冷却脱除含硫化合物后循环使用。再生结束，吸附剂再生气排放至燃料气管网。

该技术的特点是脱硫深度高，脱硫后硫含量可以控制在 1μg/g 以下。缺点是吸附脱硫剂硫容量低、再生周期短，能耗大，操作费用可能较高。

第三节　低碳烃深度脱硫技术

低碳烃中的硫化物会导致管道及装置腐蚀、下游产品总硫含量超标、环境污染以及催化剂中毒等一系列问题，因此需要将其脱除方可使用。低碳烃中含有的硫化物以硫化氢和小分子有机硫为主。传统的低碳烃脱硫方法为醇胺溶液洗脱 H_2S 以及 Merox 抽提氧化脱硫醇。Merox 抽提氧化法是目前脱硫醇技术的主要应用手段，可以将 LPG 中的硫脱除至 200μg/g。尽管如此，在化工领域以及燃料电池应用等方面往往需要硫含量更低的低碳烃作为原料，硫的含量要低于 1μg/g 甚至更低，而传统的脱硫方法很难做到。

吸附脱硫法是近些年来逐渐发展起来的一项绿色环保脱硫技术，并且具有超深度脱硫的特点，可以将硫化物的含量降至 1μg/g 以下。且吸附法脱硫相比于传统的加氢脱硫技术，可以保护原料中的烯烃不被加氢饱和，使脱硫前后低碳烃的烃组成不发生改变，方便了低碳烃的后续加工利用，减少了氢耗，降低了投资成本以及操作费用的投入。因此，吸附法液化气脱硫是一项很具有市场前景的技术，正受到人们越来越多的重视。

一、国内外研究现状和发展趋势

1. 国内外研究现状

国内外现已开发出了多种脱硫技术，按照脱硫过程是否需要消耗氢气分为加氢脱硫技术和非加氢脱硫技术两大类。加氢脱硫技术作为一项传统技术广泛地被世界各国所应用，工艺也最为成熟。加氢脱硫技术能够脱除燃油中的大部分硫化物，并且具有高选择性、高脱硫率等优点。但是在加氢过程中，油品中的烯烃如果不加以保护则有可能会被氢气加成而饱和，影响油品质量。这种方法不适用于丁二烯等不饱和烃的脱硫。非加氢脱硫技术主要有氧化脱硫、金属脱硫、生物脱硫、萃取脱硫、吸附脱硫等。

（1）加氢脱硫

目前，工业化的加氢转化脱硫技术是在催化剂作用下，利用氢气使硫还原生成 H_2S，再对 H_2S 进行脱除。加氢还原催化剂主要包括钴钼镍复合金属催化剂、转化吸收双功能催化剂、改性活性炭基催化剂。催化剂需要进行硫化，对床层温度要求也十分严格，否则部分金属氧化物催化剂会被氢气还原成低价态或者金属单质，降低催化剂活性。

其中脱硫反应的方程式如下

$$RSH + H_2 \xlongequal{} RH + H_2S \tag{3-1}$$

$$RSR' + 2H_2 \xlongequal{} RH + R'H + H_2S \tag{3-2}$$

传统的加氢脱硫技术虽然可以基本脱除硫醇、二硫化碳、羰基硫等硫化物，但需提供足够的氢源，存在工艺复杂、操作条件严格、运行成本高等弊端。研究人员针对传统催化剂存在的弊端对加氢催化剂进行了改进与完善。杨澜制备了还原氧化石墨烯负载单层二硫化钼复合催化剂，并测试了它的加氢脱硫性能，发现该催化剂具有优异的低温加氢脱硫活性，且使用前无须硫化，有很好的工业应用前景。

（2）吸附脱硫

吸附脱硫由于简单、方便、快速的特点受到人们的普遍关注。吸附脱硫技术在燃料油脱硫中运用较好，具有易于操作、能耗低等优点，被认为是进行深度脱硫较有竞争力的方法。固体吸附法脱除硫化物是利用吸附剂内部分子和周围分子间存在的相互吸引力，使硫化物分子附着在吸附剂表面，且绝大部分吸附都为物理吸附，结合力较弱，吸附热较小，容易脱附。常用的吸附剂主要有分子筛、活性炭、氧化铝、金属氧化物等。单一吸附脱硫剂的硫容量相对较低，脱硫成本较高。目前，大部分研究者通过引入各种活性组分增大吸附剂硫容量，以提高吸附效率。利用 CuCl 和 $PdCl_2$ 改性活性炭吸附剂，用于 FCC 原料 C4 烃脱硫，可以将 FCC 原料 C4 烃硫含量由 13.0μg/g 降到 1.0μg/g 以下。研究结果表明，金属卤化物的含量会影响吸附剂的结构特性和吸附性能，在低浓度范围内，吸附剂的脱硫能力随着金属卤化物浓度的增加而提高，尽管比表面积和孔容的降低使吸附量减少，但由于硫化物和金属卤化物的化学作用，总的吸附量增加了。当金属卤化物质量分数高于 10.0%时，其对吸附剂结构特性的负面影响开始高于正面影响，虽然金属卤化物含量增加，但硫吸附容量减少了。因此在脱硫过程中，需要选择合适的金属卤化物浓度。但该方法所用 Pd 为贵金属，成本过高。离子交换法改性后的 β 分子筛吸附剂用于 C4 烃中二甲基二硫醚（DMDS）的脱除，所用金属离子包括 Ag(Ⅰ)、Cu(Ⅱ)、Ni(Ⅱ)、Fe(Ⅲ) 及 Cu(Ⅰ)，吸附硫容量由大到小为 Cu(Ⅰ) ＞Ag(Ⅰ) ＞Ni(Ⅱ) ＞Cu(Ⅱ) ＞Fe(Ⅲ)。Cu(Ⅰ) 和 Ag(Ⅰ) 改性后的 β 分子筛是具有较好应用前景的吸附剂。分别将 Ag_2O、CuO、CeO_2、NiO、ZnO 负载于 NaY 分子筛制备吸附剂（脱除二甲基二硫醚），Ag_2O/NaY 具有最佳的脱硫性能和吸附选择性，主要归因于硫化物中硫原子与 Ag(Ⅰ) 之间较强 S—Ag(Ⅰ) 键的形成，硫-金属键的形成极大地减弱了烯烃的竞争吸附，显著提高了吸附剂的吸附容量和选择性。对 MCM-41 介孔分子筛进行有机-无机修饰，通过负载法引入 CuO 活性组分，或嫁接有机硅烷后，利用其配位作用引入 $Cu(NO_3)_2$ 活性组分，所制备吸附脱硫剂对 C4 烃中典型硫化物（叔丁硫醇、甲硫醚、二甲基二硫醚）具有脱除性能。3 种硫化物中，叔丁硫醇较易脱除，其不仅容易与金属活性组分形成硫-金属键，而且可发生反应，形成硫醇盐，而甲硫醚和二甲基二硫醚相对较难脱除，主要原因是后两者的极性和反应活性较弱，不利于硫-金属键的形成。由于具有较高的独立分散性，$Cu(NO_3)_2$ 对叔丁硫醇具有较高的脱除效率，而对甲硫醚和二甲基二硫醚的脱除，CuO 脱除效果更好。以铜离子为无机组分、均苯三甲酸为有机结合剂，制备了 MOF 材料 HKUST-1，再采用物理混合的方式将它与氧化石墨烯（GO）混合，制备了铜基 MOF/GO 复合材料，用于 H_2S 吸附实验。实验结果表明，铜对 H_2S 的吸附具有积极作用，且该过程的吸附主要为 H_2S 在 MOF 材料与 GO 界面形成的孔结构中进行的物理吸附。

固体吸附具有适用范围广、吸附效果好、可深度脱硫和吸附剂可重复使用等优点，但也存在设备庞大、预处理费用高、脱附操作要求严格以及吸附剂再生成本高等缺点。

2. 发展趋势

由于低碳烃中烯烃含量较高，吸附脱硫法是目前低碳烃脱硫研究较多的方法，但仍然存在一些问题，如吸附剂的硫容量有限，往往需要频繁再生，使得成本增加。因此，吸附剂的硫容量和吸附选择性还需进一步提高，再生性能也需要进一步改进。同时应加强对吸附脱硫机理的研究，不断探索研发新型脱硫吸附剂。

目前的低碳烃脱硫工艺存在脱硫深度不够、成本较高、脱硫过程对环境不友好的问题，因此，迫切需要一种能有效脱除低碳烃中硫化物的工艺技术。现有的单一脱硫过程并不能同时对各种硫化物进行脱除，因此需要对几种脱硫方法进行组合，取长补短，发挥各自的优势，以达到对多种硫化物的有效脱除。此外，还可采用新兴的生物脱硫法对低碳烃中的硫化物进行选择性脱除，生物脱硫法具有绿色环保的优势，具有较好的应用前景。

二、丙烯深度脱硫技术

丙烯作为一种重要化工原料广泛用于生产聚丙烯、丙烯腈、环氧丙烷等化工产品，而炼油工业催化裂化装置和延迟焦化装置副产丙烯中含有硫杂质。由于聚合催化剂对硫特别敏感，原料中微量的硫即可导致催化剂中毒失活，硫杂质带入聚丙烯中也会影响产品质量。因此需要对丙烯进行精脱硫，使其总硫含量降至 1μg/g 以下，在使用高效聚合催化剂时，甚至要求将其中的硫含量降至 0.1μg/g 以下。

炼厂气体经气分装置分离出的丙烯中含有无机硫和有机硫，后者以 COS 为主。COS 与丙烯的沸点只相差 3～4℃，因此要使丙烯中 COS 含量降至 0.1μg/g 以下，仅采用分馏的方法是不够的。目前深度净化 COS 的方法仍采用将 COS 转化为 H_2S 的催化方法，再用氧化锌脱硫剂脱除 H_2S。

中国石油大学（北京）针对原料丙烯中硫含量高的特点，开发了一套脱硫精度高的较为完整的常温干法精脱硫技术。干法脱硫装置投资少，设备少，能耗小，流程简单，生产过程中不产生废液、废气。

1. 常温液态丙烯精脱硫原理

原料丙烯中水、硫等杂质会对聚合催化剂、石油化工催化剂体系造成毒害。因此，为了得到较好的催化效果，必须深度脱除丙烯中的硫化物。其技术原理如下。

（1）脱水

经某炼厂气体分离装置得到的丙烯中水含量一般为 500～700μg/g，为了保护 COS 水解催化剂的活性和延长其寿命，在常温、一定压力的条件下，采用固体碱脱除丙烯中的水，同时也可吸收部分硫化氢、硫醇和 CO_2，形成的硫化钠等物质进入水层随水排出。固体碱可使丙烯中水含量降至 100μg/g 以下，满足了 COS 水解催化剂的使用要求。

（2）水解

COS 水解反应主要在水解催化剂上进行，此催化剂为氧化铝基或氧化铝-氧化钛基经浸渍碱金属等组分改性而成，使用过程中应注意入口硫含量和空速不能过高，原料丙烯中水含量要适当。水与 COS 摩尔比以 2～10 为佳，太低会降低 COS 转化率，水分过高将占据氧化铝表面的活性位，甚至引起毛细管冷凝，使水解催化剂失活。

（3）脱硫

精脱硫塔内使用氧化锌高效脱硫剂脱除丙烯中的无机硫（H_2S），常温氧化锌脱硫剂是以活性氧化锌为主，添加助催化成分和特种黏结剂制成。因此，它有很大的比表面积和丰富的孔结构，在常温下即有很高的活性，除了脱除丙烯中的 H_2S 以外，也可将 COS 转化吸收。脱硫后丙烯中总硫含量不大于 1μg/g。

水解剂和脱硫剂都具有一定的硫容量，如果硫容量达到 2%（质量分数）左右，则脱硫效果开始下降，此时应更换水解剂和脱硫剂。

2. 试剂性质及原料组成

精脱硫装置采用的固体碱、水解剂、脱硫剂的物化性能见表 3-2。

表 3-2 丙烯精制试剂物化性能

项目	固体碱	水解剂	脱硫剂
外观	块状	白色球状	蓝灰色球状
粒径/mm	ϕ25	ϕ3～5	ϕ4.0(±0.5)
堆密度/(kg/L)	约 2.05	0.7～1.0	0.9～1.1
比表面积/(m^2/g)	—	120	50
孔容/(mL/g)	—	0.4	0.32
压碎强度/(N/粒)	—	≥50	≥40
磨耗率/%	—	≤3	≤6
COS 转化率/%	—	≥98	—
穿透硫容/%	—	—	≥10
NaOH 含量/%	≥99	—	—
使用寿命/a	—	≥1	≥1

原料丙烯组成如表 3-3 所示。

表 3-3 丙烯组成

项目	数值
丙烯(质量分数)/%	≥95
丙烷(质量分数)/%	≥0.5
总硫含量/(μg/g)	≤60
COS 含量/(μg/g)	≤58
H_2S 含量/(μg/g)	≤2
甲硫醇含量/(μg/g)	≤1
乙硫醇含量/(μg/g)	≤1
甲硫醚含量/(μg/g)	≤1
乙硫醚含量/(μg/g)	≤1

3. 常温液态丙烯精脱硫工艺流程及操作条件

丙烯精脱硫工艺流程见图 3-2。

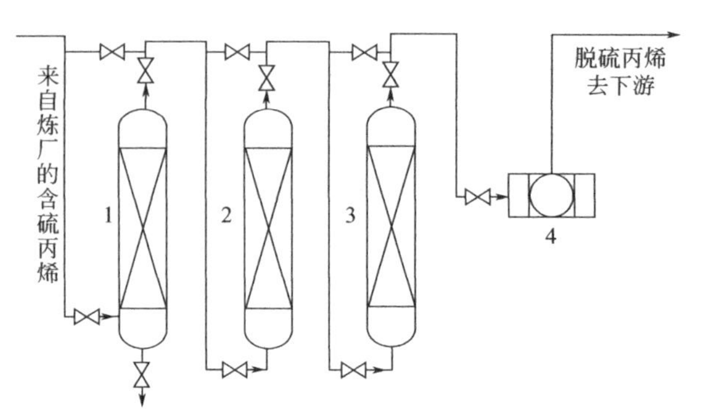

1—固体碱塔; 2—COS水解塔; 3—精脱硫塔; 4—过滤器

图 3-2　常温液态丙烯精脱硫工艺流程示意图

来自上游的液态丙烯自下部侧面进入固体碱塔，固体碱塔内设有粒碱组成床层。丙烯中含有的微量水分被床层吸收，丙烯自塔顶排出进入 COS 水解塔。固体碱床层不断吸收水分后形成液体，并在塔底部积累。塔底部设有液面计，当碱水液面超过液面计量程一半时需排放废水，通过手动阀调节液面，将塔底部形成的含碱水层排放至桶外送。固体碱塔内固体碱也可吸收部分硫化氢和二氧化碳，形成的硫化钠等物质进入水层随水排出。但要注意的是氢氧化钠会溶于水，有废碱液排出，脱水效果将降低。根据固体碱塔下游丙烯中水分的定期分析结果，并根据固体碱床层消耗情况补充固体碱。来自固体碱塔顶部的液态丙烯自底部进入 COS 水解塔，COS 水解塔内装有水解催化剂。丙烯中的 COS 经过该床层后被转化为 H_2S。丙烯自塔顶部排出，送入精脱硫塔。来自 COS 水解塔的丙烯自塔底部进入精脱硫塔，脱除其中的 H_2S 等杂质。净化后丙烯自塔顶部排出，送入过滤器。液态丙烯经过滤器脱除微量催化剂固体颗粒，防止带入下游。设置 2 台过滤器，一开一备。脱硫净化后的丙烯输送至下游装置。

工艺操作参数：压力 1.0～1.5MPa（G），温度 0～30℃，连续操作。

精脱硫装置硫化物含量标定结果如表 3-4 所示。

表 3-4　精脱硫装置硫化物含量标定结果

脱硫前/(μg/g)	2.1	2.0	1.1	1.4	1.5	2.1	1.0	1.7
脱硫后/(μg/g)	0.0	0.0	0.0	0.0	0.0	0.0	0.0	0.0

经精脱硫工艺流程后，其出口的硫化物含量均小于 1μg/g，可以满足后续工艺的要求。

4. 干法常温精脱硫特点

干法脱硫采用固体脱硫剂，硫化物在脱硫剂上被吸附并发生反应，其硫容量大，脱硫精度高，一般采用三塔或两塔串并联工艺。适用于丙烯处理量较小，含硫量在 50μg/g 以下，且脱硫精度要求在 1.0μg/g 范围的物料。

三、混合丁烷精脱硫技术

丁烷是重要的化工原料。正丁烷异构生产异丁烷，还可以作为生产顺酐的原料。异丁烷可以生产烷基化油，脱氢生产异丁烯。目前丁烷主要来自油田气、炼油工业催化裂化装置副产液化石油气，含有微量的硫化物。正丁烷异构生产异丁烷，异丁烷脱氢生产异丁烯，这些工艺过程的催化剂对原料混合丁烷质量要求严格，要求总硫含量小于1μg/g。混合丁烷原料中的硫、氮等杂质容易使贵金属催化剂中毒失活，降低催化活性和缩短使用寿命，也会产生副反应，对产品质量和产量造成影响。传统的加氢脱硫技术尽管能有效地脱除低碳烃中的硫醇、硫醚等化合物，从而达到脱除硫的目的，但是脱硫效果差，若要进一步降低低碳烃中硫的含量，达到1μg/g的水平，必须在更为苛刻的条件下进行，如进一步提高系统的温度、压力，以及提高氢分压等，会带来设备投资和操作成本大大提高以及氢耗增加等一系列问题。因此，采用吸附脱硫、氧化脱硫、生物脱硫等非加氢脱硫技术已成为人们研究的热点。其中，吸附脱硫技术由于具有反应条件温和、不临氢、操作条件简单等优势，引起学术界广泛的关注。

1. 常温液态混合丁烷精脱硫原理

（1）脱水

混合丁烷中水含量为600～800μg/g，为了保持COS脱除剂和常温吸附剂活性并延长其寿命，在常温和一定压力条件下，采用固体碱脱除丁烷中的水，同时也可吸收部分COS、硫醇和CO_2，形成的硫化物等物质进入水层排出。固体碱可使丁烷中水含量降至小于100μg/g，满足脱硫剂吸附要求。

（2）脱除COS

COS脱除剂以活性氧化铝为载体，浸渍碱金属和碱土金属，脱除COS主要通过吸附作用、催化氧化作用和催化转化作用实现。吸附作用是借助活性氧化铝表面的自由力场，通过活性氧化铝与COS之间的分子力而产生的一种物理吸附；催化氧化作用是在氧存在下，COS在活性氧化铝表面进行氧化反应；催化转化作用是通过在活性氧化铝中加入碱金属和碱土金属，加速COS水解转化为硫化氢后被活性氧化铝吸附。

（3）脱硫

精脱硫塔内使用铜改性分子筛和高效脱硫剂脱除丁烷中硫醇、二硫化物和硫醚，常温脱硫吸附剂以分子筛为主，经铜改性制成，具有较大的比表面积和规整的孔结构，脱硫活性很高，脱硫后混合丁烷中总硫含量小于1μg/g。

COS脱除剂和常温吸附剂均具有一定的硫容量，硫容量约2%（质量分数）时，脱硫能力开始下降，此时应更换脱除剂和吸附剂。

2. 试剂性质及原料组成

精脱硫装置采用的固体碱、COS脱除剂、常温脱硫吸附剂的物化性能如表3-5所示。

表 3-5　混合丁烷精脱硫吸附剂物化性能

项目	固体碱	COS 脱除剂	吸附剂
外观	白色块状	白色球状	灰色球状
粒径/mm	ϕ50～100	ϕ3～5	ϕ2～3
堆密度/(kg/L)	约 2.10	0.7～0.8	0.6～0.7
比表面积/(m^2/g)	—	60	50.7
孔容/(mL/g)	—	0.4	0.32
压碎强度/(N/粒)	—	≥40	≥30
NaOH 含量/%	≥99	—	—
使用寿命/a	—	≥1	≥1

原料混合丁烷组成如表 3-6 所示。

表 3-6　混合丁烷组成

组分	丙烯	丙烷	异丁烷	正丁烷	反-2-丁烯	1-丁烯	异丁烯	顺-2-丁烯	异戊烷
数值(质量分数)/%	0.03	0.19	33.74	63.18	0.19	0.19	0.07	0.2	2.2

3. 常温液态混合丁烷精脱硫工艺流程及操作条件

常温液态混合丁烷精脱硫工艺流程见图 3-3。

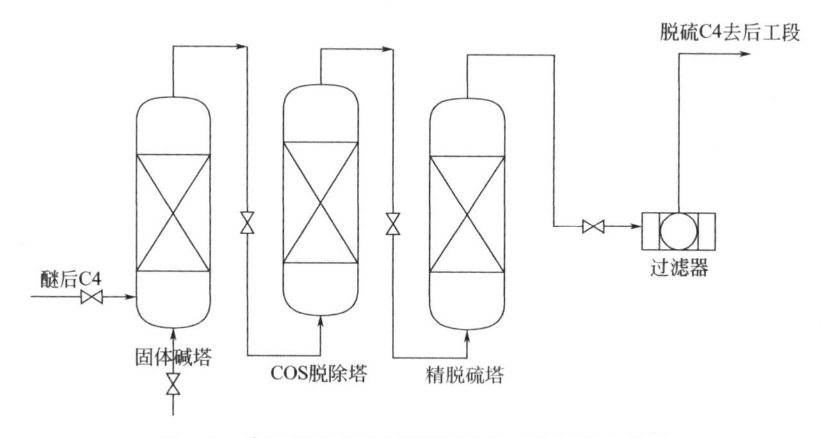

图 3-3　常温液态混合丁烷精脱硫工艺流程示意图

液态混合丁烷自下部侧面进入固体碱塔，混合丁烷中含有的微量水分被固体碱吸收。固体碱床层不断吸收水分后形成液体碱，并在固体碱塔底部积累。当积累的碱水液面超过塔底液面计量程一半时，将塔底部的含碱水排放至储罐中外送。

固体碱也可吸收部分 COS 和 CO_2，生成的硫化钠等物质进入水层随水排出。为保证脱水效果，根据固体碱塔下游混合丁烷中水含量的定期分析结果及固体碱床层消耗情况补充固体碱。

来自固体碱塔顶部的液态混合丁烷自底部进入 COS 脱除塔，COS 脱除塔内装填 COS 脱除剂。在催化剂作用下，吸附混合丁烷中的 COS 和硫醇。混合丁烷自塔顶部排出，送入精脱硫塔。

来自COS脱除塔的混合丁烷自塔底部进入精脱硫塔，脱除其中二硫化物、硫醚、硫醇等含硫化合物后自塔顶部排出，送入过滤器。

液态混合丁烷经过滤器脱除微量吸附剂固体颗粒，防止带入下游。设置2台篮式过滤器，一开一备。精脱硫后的混合丁烷输送至下游装置。

常温液态混合丁烷精脱硫工艺操作条件：压力1.0～1.5MPa(G)，温度40℃，连续操作。

精脱硫装置硫化物含量标定结果如表3-7所示。

表3-7 精脱硫装置硫化物含量标定结果

脱硫前/(μg/g)	12.80	13.60	8.16	16.84	15.84	27.08	17.64	13.60
脱硫后/(μg/g)	0.32	0.12	0.32	0.24	0.20	0.28	0.20	0.28

采用中国石油大学（北京）开发的常温液态混合丁烷精脱硫工艺技术建成的工业装置，在最佳工艺条件下，可以使混合丁烷总硫含量降至1μg/g以下，能够满足后续异丁烷脱氢生产原料对硫含量的要求，使得异丁烷脱氢催化剂的转化率高，使用寿命长。

第四节 硫化物的检测分析及计算

一、硫化物的检测方法

硫化物的检测采用中国泰州市启航石油分析仪器有限公司QH-2000SN型紫外荧光定硫仪，装置实物如图3-4所示，主要由高温裂解炉、裂解管、锌灯、进样器等部分组成。仪器采用紫外荧光法测定原理，当样品被引入高温裂解炉后，样品发生裂解氧化反应，其中的硫化物定量地转化为二氧化硫，由载气携带，通过膜式干燥器脱去其中的水分，进入反应室。二氧化硫受到特定波长的紫外线照射，使一些电子转向高能轨道，当电子退回到原轨道时，释放出能量，并由光电倍增管接收，再经微电流放大器放大、计算机数据处理，即可转换为与光强度成正比的电信号，通过测量其大小即可计算出相应样品的硫含量。仪器具有灵敏度高、噪声低、线性范围宽、分析精度高、重复性好等特点。

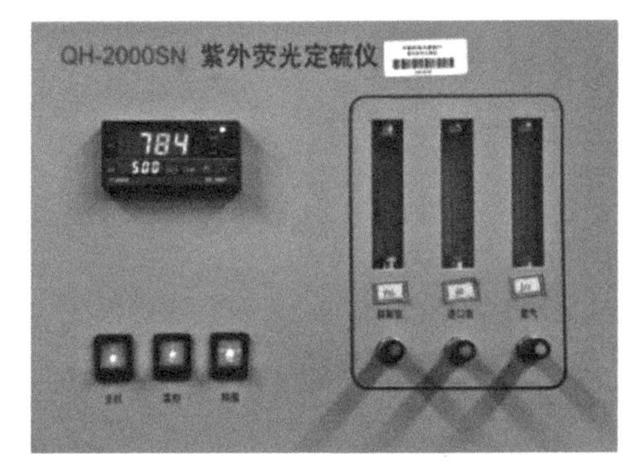

图3-4 QH-2000SN型紫外荧光定硫仪实物图

二、硫容量的计算方法

吸附剂的吸附硫容量（Sc）作为吸附剂性能的评价指标，其计算公式如下

$$Sc=\frac{Q(C_{in}-C_{out})t\times 10^{-6}}{m}\times 100 \tag{3-3}$$

式中　Sc——吸附剂硫容量（质量分数），%；

Q——原料质量流量，g/h；

C_{in}——原料中硫含量，μg/g；

C_{out}——产品中硫含量，μg/g；

t——穿透时间，h；

m——吸附剂的质量，g。

思考题

1. 低碳烃中主要存在哪几种硫化物？
2. 为什么要对低碳烃中的硫化物进行脱除（硫化物的危害）？
3. 醇胺法脱硫的工艺原理是什么？
4. 请概括国内外加氢脱硫技术及特点。
5. 请结合目前已有的脱硫方法和技术，谈谈你对未来脱硫技术发展趋势的看法。
6. 吸附脱硫技术的工艺原理及其优势是什么？

第四章
低碳烃含氧化合物的净化技术

随着石油化工催化剂活性的不断提高，对低碳烃如乙烯、丙烯、丁烯等原料的纯度要求也不断提高。由于低碳烃原料的来源和工艺不同，低碳烃中除了碳氢化合物之外，还含有种类繁多的痕量含氧化合物，杂质中典型的含氧化合物包括醛类（如乙醛）、酮类（如丙酮）、醇类（如甲醇、乙醇、叔丁醇）、醚类（如二甲醚、异丙基叔丁基醚），含氧化合物杂质的含量和种类与处理的原料以及处理的技术过程有关，低碳烃中氧化物会导致催化剂中毒失活，不仅影响了下游工艺的经济性，而且限制了低碳烃加工工艺的推广应用。因此，脱除这些含氧化合物显得尤为重要。

有机含氧化合物的含量一般要求为 μg/g 级水平才能保证后续加工催化剂的高活性。目前，脱除低碳烃中含氧化合物的方法主要有加氢、精馏、吸附三种方法。加氢法要用专有催化剂，由于含氧化合物加氢后生成水，还需要脱除水，工艺复杂，能耗高。通过精馏工艺过程深度净化低碳烃的成本较高，不易实现，因此如何在混合产物中低成本净化低碳烃成为了目前普遍关注的热点。吸附法因具备深度脱除杂质的能力、吸附剂可再生和不污染低碳烃等优势，成为低碳烃精制处理的首选方法。

第一节　低碳烃含氧化合物

一、有机含氧化合物的来源

目前低碳烃中有机含氧化合物主要有 5 个来源。

（1）天然存在的有机含氧化合物

在页岩气中有机含氧化合物主要以甲醇形式天然存在，主要浓缩在丙烷中。

（2）醚后 C4

C4 中含有的异丁烯与甲醇发生醚化反应生成 MTBE（甲基叔丁基醚），醚化反应后过剩的甲醇被回收使用，醚化反应后的混合 C4 被称为醚后 C4。

以异丁烯和甲醇为原料合成 MTBE 的反应式为

$$CH_3-\underset{}{\overset{CH_3}{\overset{|}{C}}}=CH_2 + CH_3OH \rightleftharpoons H_3C-\underset{\underset{CH_3}{|}}{\overset{CH_3}{\overset{|}{C}}}-O-CH_3 \tag{4-1}$$

在合成 MTBE 的过程中，还同时发生少量的下列副反应

$$2CH_3-\overset{CH_3}{\overset{|}{C}}=CH_2 \longrightarrow CH_3-\underset{\underset{CH_3}{|}}{\overset{CH_3}{\overset{|}{C}}}-CH_2-\underset{\underset{CH_3}{|}}{C}=CH_2 \tag{4-2}$$

$$CH_3-\overset{\displaystyle CH_3}{\overset{|}{C}}=CH_2 + H_2O \longrightarrow CH_3-\underset{\displaystyle CH_3}{\underset{|}{\overset{\displaystyle CH_3}{\overset{|}{C}}}}-OH \tag{4-3}$$

$$2CH_3OH \longrightarrow CH_3-O-CH_3+H_2O \tag{4-4}$$

上述反应产物中主要有MTBE、异丁烯、甲醇以及少量的副产物叔丁醇、二甲醚等杂质。经过分离之后，剩余醚后C4中不可避免地含有MTBE、甲醇、叔丁醇、二甲醚等有机含氧化合物。

（3）煤化工

煤化工是指以煤为原料，经化学加工，使煤转化为气体、液体和固体燃料以及化学品的过程。煤制烯烃是由煤制得甲醇，再由甲醇经二甲醚继续脱水生成包括乙烯和丙烯在内的低碳烯烃。其中会有乙醛、一氧化碳、二氧化碳、水等物质生成，还有未反应完全的二甲醚和甲醇。由此可见，与传统的石油裂解制烯烃相比，煤基甲醇制烯烃的主要杂质为含氧有机化合物和二氧化碳。深冷分离时，二氧化碳不仅在低温条件下结成干冰从而堵塞设备和管道，还会破坏聚合催化剂的活性，影响聚合速度和聚乙烯的分子量。现有聚烯烃催化剂对烯烃中的酸性杂质含量要求越来越高，现有工艺一般要求烯烃在聚合前，甲醇、二甲醚、二氧化碳等杂质含量需脱除至0.1μg/g左右，以满足聚烯烃催化剂的高聚合催化活性。

MTO的反应历程可分为两个阶段：脱水阶段、裂解反应阶段。

① 脱水阶段。

$$2CH_3OH \longrightarrow CH_3-O-CH_3+H_2O \tag{4-4}$$

② 裂解反应阶段。

主反应（生成烯烃）

$$nCH_3OH \longrightarrow C_nH_{2n}+nH_2O \tag{4-5}$$

$$nCH_3OCH_3 \longrightarrow 2C_nH_{2n}+nH_2O \tag{4-6}$$

n=2和3（主要），4、5和6（次要），以上各种烯烃产物均为气态。

副反应（生成烷烃、芳烃、碳氧化物并结焦）

$$(n+1)CH_3OH \longrightarrow C_nH_{2n+2}+C+(n+1)H_2O \tag{4-7}$$

$$(2n+1)CH_3OH \longrightarrow 2C_nH_{2n+2}+CO+2nH_2O \tag{4-8}$$

$$(3n+1)CH_3OH \longrightarrow 3C_nH_{2n+2}+CO_2+(3n-1)H_2O \tag{4-9}$$

其中，n=1、2、3、4、5、…。

$$nCH_3OCH_3 \longrightarrow 2C_nH_{2n-6}+6H_2+nH_2O \tag{4-10}$$

其中，n=6、7、8、9、…。

以上产物有气态（CO，H_2O，CO_2，CH_4等烷烃、芳烃）和固态（大分子量烃和焦炭）之分。

（4）MTBE裂解制高纯度异丁烯

异丁烯是精细化工的重要原料，高纯度异丁烯被广泛用作生产丁基橡胶及聚异丁烯的单体或中间体。

MTBE裂解制异丁烯的反应过程是合成MTBE的逆反应。在催化剂存在下，MTBE发生裂解生成异丁烯和甲醇。通过水洗，可以从反应产物中除去甲醇，然后经蒸馏得到高纯的异丁烯，即

$$CH_3-O-C(CH_3)_2-CH_3 \longrightarrow CH_2=C(CH_3)_2 + CH_3OH \quad \Delta H=66.88kJ/mol\ [200℃, 0.5MPa(表压), 气相]$$

(4-11)

该反应为吸热反应，提高反应温度有利于裂解过程。同时，该反应又是体积增大的反应，增加反应压力不利于主反应的进行。另外，在该反应进行的同时，还发生一些副反应，如异丁烯齐聚为二异丁烯、异丁烯水合生成叔丁醇以及甲醇脱水生成二甲醚等[见式（4-2）～式（4-4）]。

以甲基叔丁基醚（MTBE）为原料裂解制取异丁烯的化工厂，其制备的异丁烯一般采用萃取或精密精馏手段进行处理。MTBE裂解反应产物中主要有水、异丁烯、甲醇、未反应的MTBE以及少量的叔丁醇（TBA）、二甲醚（DME）等杂质，经过脱轻、脱重得到高纯度异丁烯，其中异丁烯中还有微量的甲醇、二甲醚、MTBE和叔丁醇等杂质。

（5）MTO副产丙烷

在含氧化合物制烯烃（OTO）、甲醇制烯烃（MTO）和含氧化合物制汽油等多种工业过程中，所产生的反应流出物中通常会包含丙烷和二甲醚。

MTO副反应见式（4-7）～式（4-9）。

由于二甲醚的沸点（常压下为－24.8℃）与丙烷的沸点（常压下为－42.0℃）相差不大，在这些反应流出物的后续精馏分离过程中，二者一般存在于同一物流中，即通过普通的精馏过程很难将二者分开。因此，需要进一步处理包含丙烷和二甲醚的物流来精制丙烷。

二、有机含氧化合物的分布

（1）醚后C4

醚后C4的主要组分为异丁烷、正丁烷、1-丁烯、顺-2-丁烯、反-2-丁烯及少量丁二烯，含有甲醇、叔丁醇、MTBE、二甲醚等含氧杂质。醚后C4产品组成如表4-1所示。

表4-1　醚后C4产品组成

组分	含量	组分	含量
乙烯和乙烷	0.02%(质量分数)	顺-2-丁烯	13.41%(质量分数)
丙烷	0.87%(质量分数)	异丁烯	0.73%(质量分数)
丙烯	0.73%(质量分数)	$C5^+$	0.20%(质量分数)
异丁烷	31.61%(质量分数)	丁二烯	0.30%(质量分数)
正丁烷	11.31%(质量分数)	二甲醚	1000μg/g
1-丁烯	10.29%(质量分数)	甲醇	800μg/g
反-2-丁烯	30.56%(质量分数)	MTBE	100μg/g

(2)煤化工

煤制烯烃过程会有乙醛、一氧化碳、二氧化碳、水等物质生成，还有未反应完全的二甲醚和甲醇。表 4-2 为煤制烯烃产品组分及含量。

表 4-2 煤制烯烃产品组分及含量

序号	组分	含量
1	永久性气体	5.16%
2	甲烷	4.57%
3	乙烯	45.80%
4	乙烷	0.78%
5	丙烯	31.38%
6	二甲醚	172μg/g
7	甲醇	288μg/g
8	C4	7.41%
9	$C5^+$	2.55%
10	乙醛	2219μg/g
11	乙炔	4μg/g

(3) MTBE 裂解制高纯度异丁烯

MTBE 裂解制高纯度异丁烯产品组成见表 4-3。

表 4-3 MTBE 裂解制高纯度异丁烯产品组成

序号	组分	含量
1	异丁烯	≥99.63%
2	丙烷	≤0.05%
3	丙烯	≤0.005%
4	丁烷	余量
5	2-丁烯	≤0.03%
6	1-丁烯	≤0.02%
7	丁二烯	≤50μg/g
8	甲醇	0.11%
9	二甲醚	0.25%
10	叔丁醇	≤10μg/g
11	MTBE	≤5μg/g
12	水	≤50μg/g

(4) MTO 副产丙烷

MTO 副产丙烷中含有丙烯及二甲醚杂质。具体含量见表 4 4。

表 4-4　MTO 副产丙烷的成分及含量

序号	组分	含量(质量分数)/%
1	丙烷	96.00
2	丙烯	0.30
3	二甲醚	2.00

三、有机含氧化合物的危害

（1）影响产品质量

含氧化合物的存在会直接影响低碳烃产品的质量。费托合成生成的 1-己烯净化时需要将沸点接近的同分异构体 2-甲基-1-戊烯和 2-乙基-1-丁烯脱除。脱除的方法是通过双键异构或与甲醇醚化，但当原料中含有醇、醚、羰基化合物等含氧化合物时，异构和醚化反应都受到抑制。这些含氧化合物破坏了醚化过程的平衡，降低了醚化反应的选择性。当原料中存在 11%（质量分数）的含氧化合物时，醚化选择性为 56%，当不加含氧化合物时，醚化选择性为 65%。酮和醇在低温下会发生反应，醛和烯烃在酸性催化剂和水作用下会发生普林斯反应生成环状缩醛。C4 烯烃中含氧化合物杂质如二甲醚、水、甲醇、CO_x 等，不仅会降低反应主产物的收率，而且还会给后续产物分离提纯工段带来直接影响。因此，脱除 C4 烯烃中的含氧化合物对提高 C4 烯烃的化工利用率具有重要现实意义。

（2）造成催化剂中毒失活

在低碳烃炼制的各种催化加工过程中，含氧化合物是某些催化剂的毒物，会造成催化剂中毒丧失活性。

在使用 8%WO_3/SiO_2 催化剂催化 1-辛烯歧化反应时，原料气中的含氧化合物（如 2-戊酮、己醛、乙酸、丁醇、水等）会对催化剂造成很大的影响。当含氧化合物的总量超过 500μg/g 时反应会变得很不稳定，同时会导致产物的颜色变浅。当换回纯净的原料气时，催化剂可以再生，且再生后的催化剂比以前具有更高的歧化活性和选择性。这是因为，对于 Lewis 碱（2-戊酮、己醛、乙酸、乙酸乙酯等）而言，羰基中的氧原子上含有孤对电子，它可以与具有空轨道（d^* 轨道）的金属中心反应，从而形成金属氧化物。而当向失活的催化剂中通入纯净的原料气时，金属又可以与烯烃反应生成配合物，从而恢复活性。对于 Brønsted 酸（水、丁醇和乙酸）来说，其 H^+ 可以与活性金属中心发生水解反应，占据催化剂的活性位点从而使其失活。WO_3/SiO_2 催化剂对含氧化合物的失活研究见图 4-1。

四、不同工艺的质量要求

（1）混合丙烷/异丁烷脱氢

丙烷/异丁烷脱氢作为合理利用丰富低碳烷烃资源、制备高附加值低碳烯烃的一条重要途径，日益受到人们的重视。目前已工业化的脱氢技术均采用催化脱氢，所用催化剂为铂基催化剂，此催化剂对硫、氧化物毒物十分敏感，丙烷/异丁烷原料中氧化物含量超标会导致

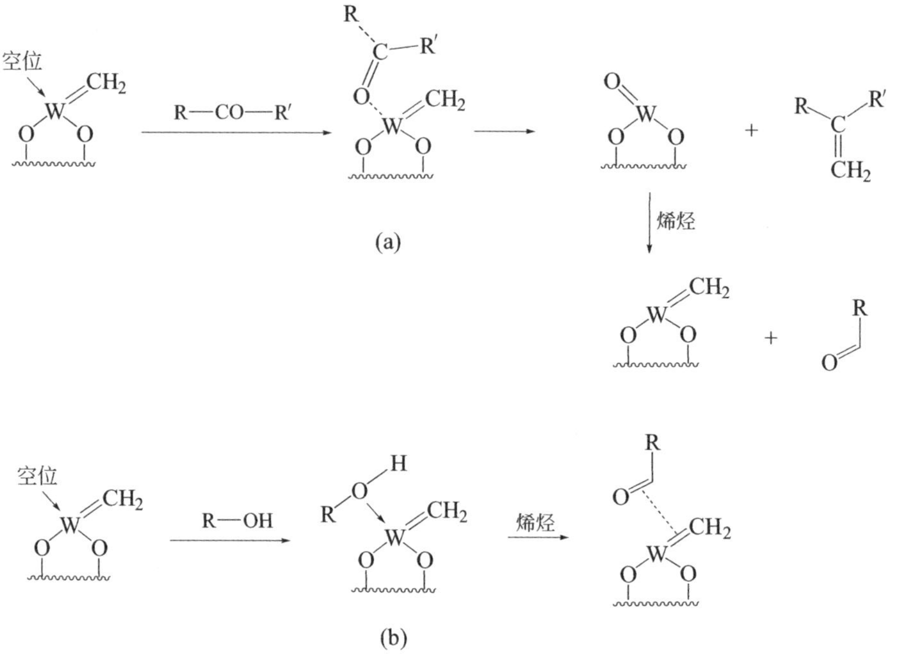

图 4-1 WO_3/SiO_2 催化剂对含氧化合物的失活研究

铂基脱氢催化剂架桥现象，影响脱氢催化剂的活性。因此，使用该催化剂时对原料中的杂质含量要求非常高。UOP 公司的技术要求丙烷/异丁烷原料中氧化物含量≤10μg/g。

（2）正丁烯异构

正丁烯异构既能解决直链烯烃过剩问题，又能为醚化合成装置提供大量原料，已成为目前最具发展潜力的增产异构烯烃的方法。正丁烯异构催化剂的活性组分为分子筛，国内正丁烯原料主要来自醚后 C4 烯烃，醚后 C4 烯烃中含有微量的甲醇等含氧有机化合物，过高的甲醇含量会加剧催化体系中碳池的形成，导致催化剂酸中心结焦加快，催化活性降低。因此，为保证异丁烯的选择性和收率，在正丁烯骨架异构反应中，对原料 C4 烯烃的甲醇含量要求为不超过 50μg/g。

（3）正丁烷异构

正丁烷异构，即将低附加值的正丁烷转变为高附加值的异丁烷，为解决正丁烷过剩和异丁烷可能出现的供不应求问题提供了一条切实可行的技术路线。正丁烷原料主要来自醚后 C4，其中含有微量的甲醇、二甲醚、MTBE 等有机含氧化合物。催化剂为负载氯的 Pt 系贵金属催化剂，此催化剂对进料质量要求十分苛刻，原料中氧化物超标，会使 Pt 系贵金属催化剂床层发生层推式失效，导致催化剂永久性失活。因此，含氧有机化合物含量不高于 10μg/g，方能满足催化剂设计要求。

（4）歧化反应

烯烃歧化反应是在钨基催化剂作用下乙烯与 2-丁烯歧化制丙烯的工艺。该工艺不仅可以合理调节乙烯与丙烯的产出比，还可以对我国目前未能实现高值利用的 C4 资源进行有效的利用。目前已工业化的歧化工艺，以 WO_3/SiO_2 为催化剂，原料 2-丁烯主要来自醚后 C4，醚后 C4 中存在微量的甲醇、丁醇、二甲醚等含氧有机化合物，这些杂质一旦进入歧化反应器，其 H^+ 可以与活性金属中心发生水解反应，占据催化剂的活性位点，从而使其失活。因此，使用该催化剂对原料中含氧化合物的含量要求非常高，理论上要求有机含氧化合物含量在 1μg/g 以下。

（5）固体酸催化 C4 烷基化

C4 烷基化是在固体酸催化剂作用下，混合 C4 中异丁烷与丁烯（含 1-丁烯、顺-2-丁烯、反-2-丁烯）反应生成烷基化油，同时副产不含烯烃的正丁烷。烷基化油具有辛烷值高，不含烯烃、芳烃、硫等特点，广泛应用于汽油油品调和。固体酸催化剂的活性组分为分子筛，醚后 C4 中含有的微量甲醇、二甲醚、MTBE 等有机含氧化合物杂质一旦进入 C4 烷基化反应器，将吸附在分子筛表面，加速反应物在分子筛中的结焦，降低反应物的选择性，同时还会造成固体酸催化剂失活，缩短催化剂的再生周期，从而提高了烷基化油处理成本。因此，要求混合 C4 中含氧有机化合物含量≤1μg/g。

第二节　固定床吸附技术

目前我国对 C4 烃的综合利用率约为 16%，远低于国外，像美国、西欧、日本等国家及地区 C4 烃的利用率分别为 80%～90%、60%、64%。我国 60%～70%的 C4 烃都作为液化气燃料烧掉，但随着民用天然气的普及，原来用于民用的液化气市场逐渐萎缩，C4 烃的综合利用成为迫切需要解决的问题。C4 烃后续加工过程如醚化、异构、热裂解、聚合等技术为 C4 烃的综合利用开辟了广阔空间。但这些加工过程中所使用的催化剂对含氧化合物含量有严格的限制，当 C4 原料或加工过程产生的副产物中含有一定量甲醇、二甲醚、甲乙酮、MTBE 等含氧化合物杂质时，醚化、异构、热裂解、聚合催化剂会中毒，催化剂结焦堵塞孔道，甚至结焦失活，严重阻碍了 C4 烃的发展利用。因此，净化低碳烃中的含氧化合物显得十分必要。

一、国内外研究现状与发展趋势

国内外现已开发出了多种脱氧化物技术，工业生产中，C4 烃中含氧化合物的脱除工艺主要有液相萃取法、蒸馏法、催化加氢法、吸附法等。其中液相萃取法有较好的化学稳定性、选择性、热稳定性，但是能耗大、成本高、脱除效率低。蒸馏法工艺流程简单，操作容易，但能耗大，脱除精度也达不到要求。催化加氢法工艺成熟，但技术难度大，催化剂昂贵，成本高。吸附法由于能耗低、投资少、工艺简单、脱除精度高、环境友好，是一种具有广阔应用前景的脱氧新工艺。

1. 国内外研究现状

（1）液相萃取法

液相萃取法是利用化合物在两种互不相溶（或微溶）的溶剂中溶解度或分配系数的不

同，使化合物从一种溶剂中转移到另外一种溶剂中。经过反复多次萃取，将绝大部分的化合物提取出来。萃取时如果各成分在两相溶剂中分配系数相差越大，则分离效率越高。

醚后 C4 中约含 2%（质量分数）的甲醇，很难被充分利用。分离的原理是：依据甲醇和 C4 溶解于水的能力不同，用水作萃取剂，采用液相萃取法来分离 C4 中的甲醇。甲醇与 C4 组分分离的工艺流程如图 4-2 所示。从图 4-2 中可以看出，含甲醇的 C4 从萃取塔底部进入，与来自塔顶的水结合，C4 中的甲醇逐渐溶入水中，不含甲醇的 C4 从塔顶出来进入后续单元加工利用。塔底的水因含有部分甲醇，进入精馏塔常压精馏，精馏塔顶部蒸馏出的合格甲醇可作生产 MTBE 的原料，塔底水还可循环使用，经萃取后甲醇含量可脱至 0.0317%（质量分数）。但是甲醇与水分离耗能大，不能达到精脱的目的。

John J. Senetar 用甲醇作萃取剂，利用二甲醚和乙烯、丙烯等低碳烯烃在甲醇溶液中的溶解度不同萃取二甲醚，大量低碳烯烃溶解到甲醇溶液中，同时部分甲醇也进入烯烃物流，需要处理烯烃物流中携带的甲醇并回收乙烯、丙烯。该方法耗能大，工艺复杂，且易造成烯烃损失。

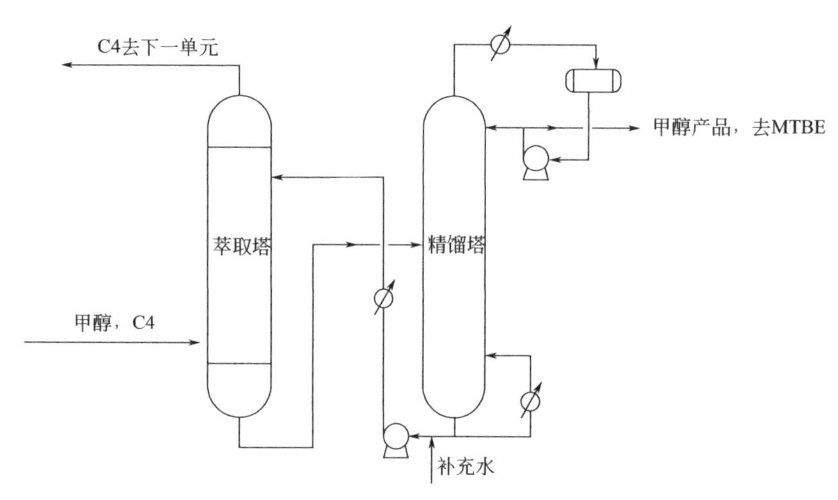

图 4-2　甲醇与 C4 组分分离的工艺流程

（2）蒸馏法

蒸馏是分离液体混合物最常用的单元操作。它利用了混合液体或固-液体系各组分间的沸点不同，使低沸点组分先蒸发后冷凝，从而分离出不同组分，联合了蒸发和冷凝两种单元。与其他分离方法如吸附、液相萃取相比，它的优势是不需要加入系统组分外的其他溶剂，因此保证系统组分中不会引入新杂质。

Lionel 公开了二甲醚对某些低碳烃的聚合作用有不利影响，介绍了一种蒸馏法从 C4/C5 烯烃物流中除去二甲醚。杂质主要是二甲醚和水，二甲醚和水的比例小于 5∶1。将所述物流蒸馏分离成塔顶物流和塔底物流，塔顶物流包含二甲醚和水，塔底物流包含纯化的 C4/C5 烯烃。操作适宜的回流比是 0.4～0.7，压力为 0.32～1.58MPa。当回流比是 0.5 时，压力为 0.63MPa。C4 馏分中含 800μg/g 水和 500μg/g 二甲醚，在塔有效高度的 30%位置进料时，水脱除率可达 99.5%，二甲醚脱除率达 98%。

（3）催化加氢法

加氢处理是指在加氢反应过程中只有≤10%的原料油分子变小的加氢技术，包括原料处理和产品精制，如催化重整、催化裂化、渣油加氢等原料的加氢处理，石脑油、汽油、喷气燃料、柴油、润滑油、石蜡和凡士林加氢精制等。加氢处理的目的在于脱除油品中的硫、氮、氧及金属等杂质，同时还使烯烃、二烯烃、芳烃和稠环芳烃选择加氢饱和，从而改善原料的品质和产品的使用性能。加氢处理具有原料范围宽、产品灵活性大、液体产品收率高、产品质量高、对环境友好、劳动强度小等优点，因此广泛用于原料预处理和产品精制。加氢裂化依据压力可分为高压加氢裂化和中压加氢裂化技术，依照其所加工的原料油不同，可分为馏分油加氢裂化、渣油加氢裂化。加氢裂化的目的在于将大分子裂化为小分子以提高轻质油收率，同时除去一些杂质。其特点是轻质油收率高，产品饱和度高，杂质含量少。

（4）吸附法

吸附法与液相萃取法和蒸馏法相比，具有操作条件缓和、工艺简单、能耗低、投资少、环境友好等优点，在烃类净化中得到广泛应用。在常温和一定压力下，吸附剂对液化石油气中甲醇、二甲醚、MTBE 等杂质的吸附作用较强，而对 C4 烃类吸附作用较弱，可以将 MTBE、甲醇、二甲醚从 C4 中分离出来，从而达到净化 C4 的目的。同时，利用吸附剂在较高温度下对二甲醚、MTBE、甲醇的吸附作用减弱的特点，以及 MTBE、甲醇、二甲醚在 180～220℃汽化的物理特性，对已吸附饱和的吸附剂进行加热，使杂质汽化脱附，吸附剂从而得以再生，恢复其吸附能力，重新使用。

EP 0229994 介绍了一种从 C3～C5 烃中脱除二甲醚的吸附方法，原料中二甲醚的含量为 5000μg/g，所用的吸附剂是八面沸石大孔结构的分子筛 X 或 Y。该分子筛具有良好的抗结焦和抗失活能力，在 0～60℃、1.0～3448.3kPa 条件下，可将二甲醚脱除至 1000μg/g。

UOP 开发了一种脱除 C4 烯烃中氧化物的吸附方法，两塔串联使用，第一吸附塔用硅胶选择性吸附甲醇，第二吸附塔用含钠的 13X 分子筛作吸附剂吸附二甲醚；也可以使用单个混合吸附塔，塔上段放硅胶，下段放 13X 分子筛。吸附剂的量取决于 C4 中甲醇和二甲醚的浓度，原料中至少含 50μg/g 甲醇、3000μg/g 二甲醚，液相进料，在低于 60℃下可将甲醇和二甲醚脱至 10μg/g 以下。

Exxon Mobil 从含 C3 的烯烃物流中分离二甲醚，原料是丙烷、丙烯和二甲醚，其中二甲醚是在一定条件下与分子筛催化剂接触得到的。采用固定床吸附工艺，吸附剂采用非酸性、八元环晶体微孔材料。材料为菱沸石型骨架，分子式为 $X_2O_3:(n)YO_2$。X 是三价元素，可以是铝、铁、硼、铟、镓，优选铝；Y 是硅、锡、锗，优选硅。在常温、2.66kPa 条件下，以菱沸石为吸附剂，二甲醚的吸收量可达 2980μmol/g。

Doron Levin 公开了一种从烯烃物流中除去醛、酮等氧化物的方法，该方法是在有乙醇存在的条件下，将含氧烯烃物流［原料中至少含有 95%（质量分数）的乙烯或丙烯、0.025%（质量分数）的乙醛或酮］与金属氧化物催化剂接触［金属氧化物催化剂包括元素周期表中第 2 主族，第 3、4 副族金属（镧系、锕系也包括在内）］，这些醛酮类氧化物将被转化成高沸点化合物，转化率至少为 90%，然后将高沸点化合物从烯烃物流中除去。

国内外脱除含氧化合物技术及特点见表 4-5。

表 4-5　国内外脱除含氧化合物的技术及特点

脱除含氧化合物技术	特点
液相萃取法	分离速度快，周期短。但是萃取剂污染严重，回收复杂
蒸馏法	对单一含氧化合物的脱除精度高。但是工艺复杂，能耗较大，成本较高，不易实现
催化加氢法	产品灵活性大，液体产品收率高，产品质量高，对环境友好。但是操作复杂，能耗较高
吸附法	具有操作条件缓和、工艺简单、能耗低、投资少、环境友好等优点

2. 发展趋势

在国家政策的大力扶持下，吸附法脱含氧化合物技术在近几年飞快发展，国内已掌握液相萃取法、蒸馏法、催化加氢法、吸附法等多种工艺，脱含氧化合物的技术及装备国产化比例大大提高。随着国家对环境治理的日益重视和低碳烃产量的不断增加，今后吸附法脱含氧化合物技术将向成熟及先进、运行可靠、操作简单、脱氧效率高、脱氧剂利用率高、投资和运行费用少、污染小、无二次污染的趋势发展。

近年来，现行蒸馏工艺虽然也能部分达到处理要求，但存在能耗高、产品质量不稳定等缺陷。液相萃取法因具有分离速度快、周期短的特点，未来具有一定的发展潜力，但萃取剂污染严重、回收过程复杂限制了其工业发展。催化加氢法产品灵活性大，液体产品收率高，产品质量高，对环境友好，但是操作复杂，能耗较高。随着高活性、高吸附量、长寿命的吸附剂的成功研制，吸附法在未来工业应用中将显示出强大的竞争力，值得进一步研究开发。

吸附法脱含氧化合物工艺是脱氧技术的突出代表，是以活性炭、氧化铝、分子筛等材料为吸附剂脱除低碳烃中的含氧化合物的绿色环保脱氧技术。吸附法脱含氧化合物符合未来低碳烃脱氧技术的发展方向，将会发挥更大的作用。

二、固定床吸附法二甲醚脱除技术

丙烷/异丁烷混合烷烃脱氢技术催化剂为 Pt 系催化剂，Pt 系催化剂对原料丙烷中杂质含量要求严格。为了降低丙烷的采购成本，以炼厂气体分馏装置所得的丙烷为原料，丙烷中的甲醇、二甲醚等含氧化合物均为有害物质，这些物质会使 Pt 系催化剂中毒，活性降低。若丙烷中的含氧化合物含量偏高将加速 Pt 系催化剂结炭，催化剂再生周期缩短。因此，作为混合烷烃脱氢反应的原料，丙烷需经过严格的脱含氧化合物等杂质的预处理过程，使各种杂质含量达到混合烷烃脱氢工艺的要求。

1. 吸附剂脱除二甲醚原理

二甲醚脱除技术采用的固定床反应器至少为两个，丙烷原料下进上出通过装填有吸附剂的固定床反应器。吸附剂由载体和活性组分两部分组成，吸附剂载体中丰富的微孔和活性组分对丙烷中二甲醚、甲醇有极强的吸附能力，将丙烷中二甲醚、甲醇等含氧化合物选择性吸附在吸附剂的表面或内部，固定在吸附剂上，从而达到脱含氧化合物的目的。吸附饱和后将丙烷切换至另一反应器继续吸附含氧化合物，并向吸附饱和的固定床反应器内通入过热蒸汽，使负载吸附活性组分的吸附剂得到再生。

NaY 分子筛典型的特征是比表面积大、孔径均匀、孔道结构呈周期性排列。入口孔径限制了能够吸附在分子筛内部表面的分子几何大小，分子直径小于分子筛晶体孔道直径的物质可以进入分子筛内部而被吸附。NaY 分子筛入口孔径为 0.8nm，二甲醚与 C4 均能进入孔道，两组分在吸附剂活性中心竞争吸附，但在可吸附前提下，分子筛具有选择性。通过对 NaY 分子筛进行改性，使分子筛的表面酸性、孔道弯曲度及孔口直径得到适当的调节，限制了二甲醚在吸附剂表面反应结焦所导致的孔道堵塞，增强了分子筛的形状选择吸附性能，因而在一定程度上提高了分子筛选择吸附 C4 中二甲醚的性能。由电子受体-电子供体的相互作用关系可以推出，二甲醚具有孤对电子，是电子供体，而经过改性后的分子筛增强了分子筛吸附中心附近的电荷分布，提高了孔道静电场强度，同时分子筛表面羟基的酸性在一定程度上得以提高，对二甲醚的吸附过程有利。

2. 吸附剂性质

SQ112 烃类专用含氧化合物吸附剂以 NaY 分子筛为载体。通过浸渍适量的活性组分和助剂，可以提高脱含氧化合物容量、净化深度和压碎强度，成为可在室温下使用的低能耗含氧化合物吸附剂。SQ112 吸附剂的物理性质见表 4-6。

表 4-6 SQ112 吸附剂的物理性质

项目	内容
外观	白色球状
规格/mm	直径 2～3
强度/(N/颗)	≥20
堆积密度/(kg/L)	0.60～0.70
比表面积/(m^2/g)	280
孔容/(mL/g)	0.38
穿透容量(二甲醚)/%	≥3

3. 原料丙烷吸附含氧化合物固定床工艺流程

丙烷脱除含氧化合物的吸附工艺流程如图 4-3 所示。自气体分馏装置送来的原料丙烷暂存于原料储罐中，经丙烷净化泵加压后，依次经过固体碱塔、脱二氧化碳塔、净化塔。由于吸附剂具有丰富的微孔，对丙烷中的水有极强的吸附能力，当水吸附饱和后，含氧化合物吸附剂的性能将受到明显的影响。因此在脱含氧化合物工艺中增设了固体碱塔和脱二氧化碳塔。两个串联的脱二氧化碳塔，同时脱除丙烷中微量的水、硫等杂质。含氧化合物吸附剂具有脱除二甲醚、甲醇等含氧化合物的活性，同时具有脱除二氧化碳的活性。若丙烷中二氧化碳含量较高，含氧化合物吸附剂的有效吸附容量将较多地被二氧化碳所占有，势必影响脱含氧化合物试剂的效果。因此丙烷进脱含氧化合物塔（净化塔）前，二氧化碳含量应小于 10μg/g。脱含氧化合物塔安装在脱二氧化碳塔之后。装置设 3 个吸附塔，其中 2 台吸附，1 台再生。再生介质用过热蒸汽，出吸附塔的废热蒸汽经冷凝进入吸收塔，吸收蒸汽中的二甲醚和甲醇，二甲醚和甲醇被集中回收，再生后的吸附剂冷却后循环使用。

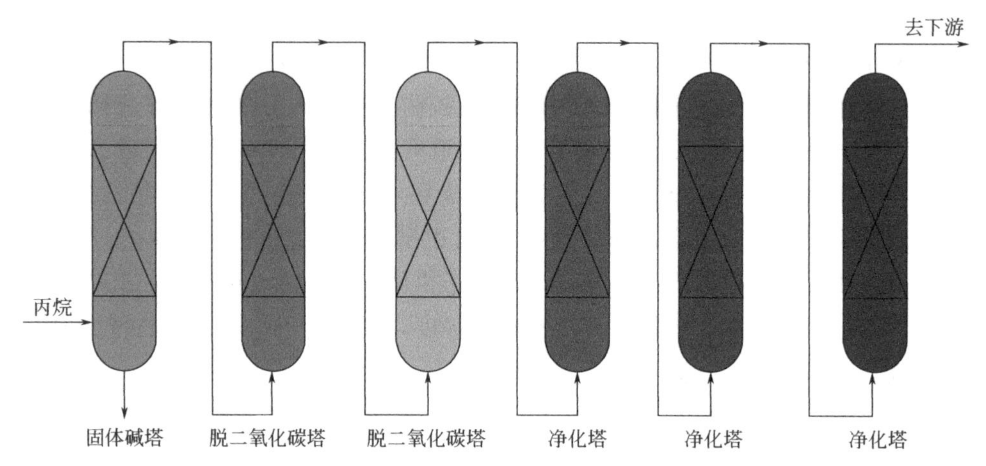

图 4-3 丙烷脱含氧化合物单元流程示意

丙烷脱含氧化合物单元中，丙烷原料依次流经固体碱塔、脱二氧化碳塔、净化塔，最后得到合格的丙烷。

（1）固体碱塔

原料丙烷中含有水、硫等杂质，会严重影响后续脱含氧化合物试剂的性能，因此需要在固体碱塔中将其脱除。工艺条件：体积空速 $0.5\sim1.0h^{-1}$，操作压力 2.6～2.8MPa，操作温度 30～42℃。固体碱塔可以将原料中的水、硫等杂质脱除，保障后续脱含氧化合物过程持续稳定进行。

（2）脱二氧化碳塔

丙烷脱含氧化合物单元中增设了脱二氧化碳塔，两个串联的脱二氧化碳塔，在体积空速 $0.5\sim1.0h^{-1}$、操作压力 2.6～2.8MPa、操作温度 30～42℃的操作条件下，同时脱除丙烷中微量的二氧化碳、水、硫等杂质，可将丙烷中二氧化碳含量降至 10μg/g。

（3）净化塔

丙烷脱含氧化合物单元在脱二氧化碳塔之后设置了净化塔，目的是脱除丙烷中的二甲醚和甲醇，此工艺设置三个净化塔，可以达到多级净化的目的。净化塔在体积空速 $0.5\sim1.0h^{-1}$、操作压力 2.6～2.8MPa、操作温度 30～42℃的条件下，将丙烷中二甲醚的含量由 30μg/g 降至小于 1μg/g、甲醇的含量由 100μg/g 降至小于 1μg/g，丙烷纯度完全符合丙烷/异丁烷脱氢催化剂的要求，使炼厂副产的丙烷得以利用。

4. 工艺操作过程影响因素分析

丙烷中含氧化合物的脱除，在工艺条件上主要受吸附温度、液空速、不同氧化物、再生等因素的影响。通过考察不同影响因素对吸附剂吸附丙烷中含氧化合物性能的影响，确定吸附剂脱丙烷中含氧化合物的最佳工艺条件。

（1）吸附温度

吸附温度是吸附工艺条件中一个重要的参数，对吸附剂的穿透容量和吸附速度有明显影响。升高吸附温度，可提高吸附速度，但穿透容量下降，温度过高时还易使 C4 烯烃聚合。图 4-4 给出了吸附温度对吸附剂吸附二甲醚性能的影响。

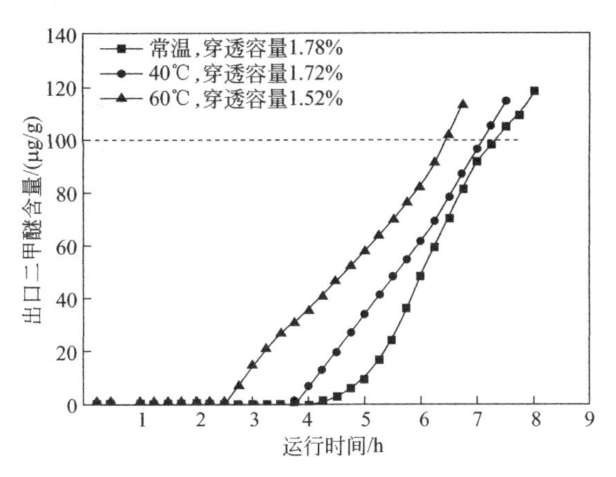

图 4-4 吸附温度对吸附剂吸附二甲醚的影响

从图 4-4 可以看出，随着吸附温度的升高，改性 NaY 分子筛吸附剂的穿透时间逐渐变短。当吸附温度为 60℃时，吸附剂对二甲醚的穿透容量为 1.52%（质量分数），与常温下吸附效果相比下降了 14.6%。当吸附温度为 40℃时，吸附剂对二甲醚的穿透容量为 1.72%（质量分数），穿透时间为 7.1h，与常温吸附相比吸附剂对二甲醚的脱除效果略有下降。这说明升高温度不利于吸附。改性吸附剂吸附二甲醚时，既有物理吸附，也有靠 O—M 键的化学吸附。物理吸附是放热过程，化学吸附也多是放热过程，因此降低吸附温度有利于吸附的进行。

（2）液空速

适当提高液空速可提高企业的经济效益，但液空速一般受反应速度的限制。图 4-5 表示液空速对吸附二甲醚性能的影响。

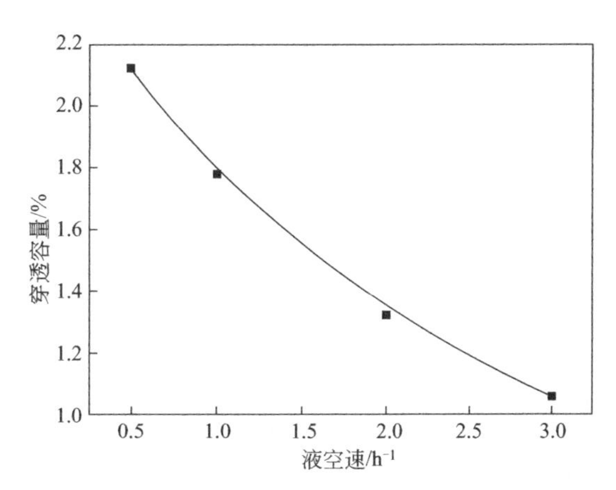

图 4-5 液空速对吸附剂吸附二甲醚的影响

从图 4-5 可以看出，在 0.5～3.0h^{-1} 范围内，随着液空速的增大，吸附剂对二甲醚的穿透容量明显降低。当液空速为 1h^{-1} 时，吸附剂对二甲醚的穿透容量为 1.78%（质量分数），但当液空速增加到 3.0h^{-1} 时，吸附剂对二甲醚的穿透容量仅为 1.06%（质量分数）。这是因为液空速增大，丙烷处理量增大，二甲醚在吸附床层内的停留时间变短。降低液空速可以增加吸附剂对二甲醚的穿透容量，但也会降低丙烷的处理量。因此，应根据实际生产需要选择一个适当的液空速。

（3）不同氧化物影响

低碳烃原料中不同氧化物对吸附剂的穿透容量和吸附速度有明显影响。图 4-6 表示吸附剂对不同类型含氧化合物的吸附性能。

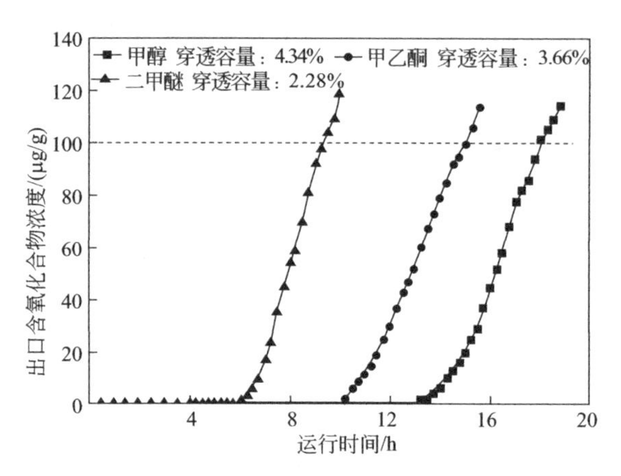

图 4-6 含氧化合物类型对吸附剂脱含氧化合物性能的影响

从图 4-6 中可以看出，吸附剂对甲醇的吸附量最大，当吸附塔出口甲醇含量达到 100μg/g 时，对甲醇的穿透时间为 18h，穿透容量为 4.34%（质量分数）；对甲乙酮来说，穿透剂所用的穿透时间为 15h，穿透容量为 3.66%（质量分数）；而二甲醚的穿透时间为 9.4h，穿透容量为 2.28%（质量分数）。因此，吸附剂对不同类型的含氧化合物都有较好的脱除效果。吸附剂对不同类型含氧化合物的穿透容量的大小顺序为甲醇＞甲乙酮＞二甲醚，说明吸附剂对极性含氧化合物表现出优越的吸附性能。

（4）再生

选择合适的再生条件，延缓吸附剂的失活，可以更大限度地发挥吸附剂的作用。

吸附剂使用一定时间后，吸附塔出口丙烷中二甲醚、甲醇含量超标，表明吸附剂需要进行再生处理。吸附剂再生方法：先把需要再生的吸附塔从装置中切出来；用氮气置换吹扫吸附塔中的丙烷；从吸附塔上部通入 120～160℃的过热蒸汽，流量大约 1500～2000kg/h，使吸附塔床层温度达到 120～160℃，时间 24～30h；停止通入过热蒸汽，通入热氮气干燥，采用闭路氮气循环干燥系统，氮气干燥压力 0.4～0.6MPa。控制床层升温、恒温及冷却方法。将再生后的吸附剂循环使用。经过吸附后的丙烷中二甲醚、甲醇含量仍小于 1μg/g，穿透容量稳定，吸附剂可以使用 3～5 年。

5. 注意事项

（1）吸附剂的装填方式

在装填吸附剂前，吸附塔应清扫干净并干燥，用喷砂或钢刷将罐壁浮锈清理干净，底部用格栅支撑。不锈钢丝网上装填 0.3m 高的 ϕ10mm 的瓷球。吸附剂装填至预定高度后，用木条工具将吸附剂刮平，安装支撑板，并在支撑板上先后各铺 1 层 4 目及 2 层 20 目的不锈钢丝网，用压圈和压条压好。吸附塔的尺寸 ϕ2600mm×13100mm，装填容积 $51m^3$。

（2）吸附剂活化

吸附剂投入运行前须在氮气氛围中、320℃下预先处理 4～12h，冷却至室温，进行脱水活化。采用闭路氮气循环活化系统，氮气活化压力 0.4～0.6MPa。床层升温速率控制在约 50℃/h，吸附剂床层温度升至 320℃时，保持此温度 12h。在此期间，氮气空速保持在

$200h^{-1}$，以使吸附剂充分活化。同时每1～2h，需要排放出体积分数为8%～13%的氮气，以确保活化效果，直到排气中水含量不大于100μg/g时恒温结束，停止氮气加热，以低于50℃/h的冷却速率使床层降至室温。活化结束后，引低碳烃进入吸附塔。

第三节　含氧化合物的分析与计算

一、含氧化合物的分析方法

利用GC-2000Ⅱ气相色谱仪分析进入脱含氧化合物塔的原料丙烷中的二甲醚含量以及产品中的二甲醚含量，采用FID检测器。色谱条件为：Avot-1毛细管色谱柱，柱长60m，内径0.25mm，膜厚1.0μm。程序升温过程：初温为40℃，停留12min，后以6.5℃/min升至200℃，停留20min，汽化室温度250℃。空气压力0.1MPa，氢气压力0.07MPa，氮气压力0.1MPa左右。

二、穿透容量的计算方法

采用动态吸附法评价吸附剂的吸附性能，吸附管为不锈钢反应器，内径20mm、外径26mm、长14cm。吸附压力0.6～3.0MPa，吸附温度20～60℃，体积空速$0.5～2.0h^{-1}$，吸附剂装填量30mL。吸附剂装入吸附管中，采用流量为100mL/min的N_2吹扫30min，置换出系统中的空气，然后升温，以5℃/min速率升至350℃，进行吸附剂活化，活化时间2h。吸附剂活化结束后，降温至设定值，启动进料泵，开始吸附脱除反应。每隔1h取样，分析吸附管出口气体样品中氧化物含量。当吸附管出口样品氧化物含量高于1μg/g时，认为吸附剂穿透。从初始吸附时间到出口样品氧化物含量高于1μg/g的时间记为穿透时间。在穿透时间内，吸附剂上吸附的氧化物的质量分数记为吸附剂的穿透容量。吸附剂脱除含氧化合物的穿透容量计算公式为

$$Sc=\frac{Q(C_{in}-C_{out})t\times10^{-6}}{m}\times100 \tag{4-12}$$

式中　Sc——吸附剂穿透容量（质量分数），%；

Q——原料质量流量，g/h；

C_{in}——进口气中含氧化合物含量，μg/g；

C_{out}——出口气中含氧化合物含量，μg/g；

t——穿透时间，h；

m——吸附剂的质量，g。

思考题

1.低碳烃中的有机氧化物有哪些来源？

2. 醚后C4中有机氧化物的来源有哪些？

3. 醚后C4中有机氧化物的分布是什么？

4. 醚后C4中有机氧化物的危害是什么？

5. 不同工艺对含氧化合物有什么要求？

6. 简述醚后C4脱含氧化合物的原理及相关工艺流程。

7. 简述国内外深度脱除含氧化合物的技术以及优缺点。

8. 简述二甲醚脱除技术中工艺条件的影响。

9. 简述丙烷脱除含氧化合物的吸附工艺流程。

10. 简述含氧化合物的分析方法。

11. 请写出穿透容量的计算公式，以及各物理量表示什么。

第五章

低碳烃深度脱氯的吸附材料及应用

随着新技术的不断发展，低碳烃物料的应用范围不断拓宽，同时在异构、脱氢、歧化、聚合等反应中新的工艺及催化剂不断出现，市场对物料中杂质的要求也越来越高。在低碳烃原料中除含有烃外，还含有微量氯化物杂质，其中有机氯化物含量 2～10mg/m^3。微量的氯化物（主要是氯甲烷、氯乙烷、氯丁烷等）会导致下游催化剂中毒，不仅影响了下游工艺的经济性，而且限制了新工艺的推广应用。因此，脱除低碳烃原料中的有机氯化物显得尤为重要。

目前，脱除低碳烃中有机氯化物的方法主要有催化加氢脱氯、溶剂萃取脱氯、生物脱氯、吸附脱氯、膜脱氯以及光催化脱氯等。其中吸附脱氯是通过将低碳烃中的氯甲烷、氯苯等含氯化合物吸附在吸附剂上，实现降低低碳烃中氯含量的目的，具有脱除深度高、吸附剂可再生循环使用和精制过程不会引入新杂质等特点，越来越受到行业的重视。

第一节　低碳烃有机氯化物的产生及危害

一、氯化物的产生及含量

石脑油中的大部分氯以有机化合物的形式存在。有机氯在加氢前的反应过程中生成 HCl，气态 HCl 与水接触生成盐酸，将导致设备和管道的严重腐蚀。HCl 与铁反应生成 $FeCl_2$，在低温部位沉淀，堵塞管道。石脑油中的有机氮在预加氢条件下会形成氨气，HCl 和氨气形成 NH_4Cl，NH_4Cl 可以在低温下预沉淀，堵塞加氢装置的空冷器、换热器及压缩机入口等部位，结果会导致反应系统中的压降增加。严重时会堵塞管道，使设备关闭。石脑油中的有机氯化物被氢化后，部分氯气仍随精炼油进入再生反应系统，这导致再生催化剂的酸性过强，会破坏再生催化剂中的水氯平衡。这对于正常的催化剂再生工作来说是非常糟糕的，不利于催化剂的长期运行。严重时会导致设备被迫停机维护，给企业造成重大经济损失。此外，氯对于催化剂是一种毒物。它具有高亲和力和电子迁移率，容易与金属离子发生反应。它通常通过工艺气体向下游移动，常造成全床层性的永久性催化剂中毒（见图 5-1 与图 5-2）。

石油开采中常使用各种采油助剂，如清蜡剂、破乳剂、酸化剂，其中的有机氯化物在炼制过程中大部分富集在副产的低碳烃中。例如，催化重整是炼油中的关键工艺，其主要反应是烃石油馏分或石脑油范围物质在双功能催化剂下转化为芳烃的过程。目前催化重整装置均选用含氯酸性组分的催化剂，在实际生产操作中，由于重整原料带水或为适应原料或调整产品指标而不断调整水氯平衡，重整催化剂上的氯会不断流失。为保证催化剂活性，达到最佳

图 5-1　管道腐蚀图片

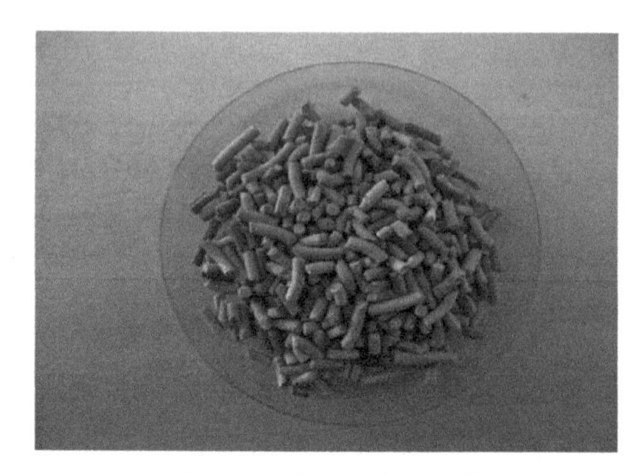

图 5-2　吸附剂中毒图片

水氯平衡，需要不断地注水和注有机氯化物，在此过程中流失的水、氯就会积聚于重整反应产物中。近些年，副产低碳烃中也有有机氯存在，因为副产低碳烃中含有 C2～C4 不饱和烃，这些不饱和烃会和 HCl 反应生成氯代烃，比如氯乙烷、1-氯丙烷、1-氯丁烷、氯乙烯，其含量一般在 $1\sim10mg/m^3$ 之间。这些有机氯的存在虽然不如无机氯具有强烈的腐蚀性，但在低温条件下会分解生成无机氯和相应的烃类化合物，从而成为后续物流中的腐蚀隐患。

在低碳烷烃制低碳烯烃过程中，产物低碳烃中也会出现微量的有机氯化物。该现象是脱氢催化过程中流失的氯在低碳烃中富集造成的。有机氯不仅会导致后续选择加氢催化剂中毒，还会在遇到冷凝水时给管道和容器带来腐蚀，引起应力腐蚀开裂。烷基化油与重整油是石油炼制过程中常见的含低碳烷烃类的产品。由离子液体作为催化剂生产的烷基化油中可能含有少量的有机氯化物（以 2-氯丁烷、2-氯-2-甲基丙烷、1-氯-2-甲基丙烷、三氯甲烷和三氯乙烷等为主），有时可达到数千毫克每升。

二、氯化物的危害

原油中的氯会对后续石油炼化产生显著的危害，主要原因是有机氯在原油处理过程中较难脱除，在炼化过程中会生成氯化氢、氯化铵等，氯化物进而导致腐蚀、堵塞及催化剂中毒。研究表明：在原油电脱盐工艺中，无机氯脱除率在 98%以上，无机氯几乎可全部除去，而有机氯脱除率仅为 4.7%。有机氯在富氢炼制环境条件下会生成氯化氢，少量的无机氯也会发生水解生成氯化氢。人们研究了原油中主要无机氯化物的水解反应，结果表明：在原油电脱盐及蒸馏过程中，氯化镁和氯化钙均会通过水解反应生成氯化氢，而氯化钠较难水解，氯化氢在露点下遇水会造成较严重的露点腐蚀，且各种物质的水解率随着反应温度的升高、时间的延长而升高。原油二次炼化过程中存在微量的氯也会对催化剂产生毒害作用。氯化氢会影响加氢催化剂的加氢-酸性功能之间的平衡，进而影响其选择性。

此外，氯化氢还会加速硫化氢对金属的腐蚀。若系统中只存在硫化氢，其与设备管道中的铁反应的产物 FeS 能牢固地附着在金属表面上，形成一层保护膜，能避免铁与硫化氢的进一步接触，进而减轻腐蚀；若系统中还存在氯化氢，则氯化氢可以溶解 FeS 形成的保护膜，使新的金属面再次暴露，设备管道将继续被腐蚀。

除了氯化氢腐蚀危害外，结盐也是影响炼油装置平稳运行的重要危害因素之一。炼油装置普遍会发生结盐问题，主要原因是原油中存在氯化物和有机氮化物，有机氮化物在常减压过程中基本不分解，但是在高温或催化剂的作用下会分解生成氨，在加氢装置中也会与氢气反应生成氨。这些氨与氯化氢反应生成氯化铵盐，形成垢。虽然氯化铵结晶固定了大部分氯，可减轻后续加工的氯腐蚀，但铵盐聚集却造成了“垢下腐蚀”。当炼厂处理高氮、高氯原油时“垢下腐蚀”的影响更严重。由此可见，原油中氯的存在不仅影响炼油装置的长周期安全运行，还严重影响装置的经济性。

三、不同工艺的质量要求

（1）丙烷/异丁烷脱氢

近年来，低碳烯烃需求量不断增加。丙烷脱氢制丙烯是在催化剂的作用下丙烷脱去氢气生成丙烯的过程。与热裂解反应相比，脱氢催化剂的使用降低了丙烷脱氢反应的活化能，使脱氢反应可以在较低温度下发生。Pt 是优良的烷烃脱氢催化剂，具有很好的烷烃脱氢活性和选择性。以氧化铝为载体，为 Pt 提供适宜的孔结构和反应表面。为了提高 Pt 在催化剂上的分散度，往往会在催化剂表面添加 Sn、卤素、碱金属及碱土金属等调节催化剂表面性质。

氯元素的引入，会帮助增强金属与氧化铝载体之间的相互作用，从而增强氧化铝表面 Pt 晶粒的稳定性。Cl^- 会使催化剂载体的酸性中心增加，酸性的提高会促进脱氢反应的进行，导致异丁烷的转化率提高。但是 Cl^- 含量过高，会加速裂解反应的进行，使异丁烯的选择性降低。所以在工业应用中，对原料中的氯含量有一定要求，避免催化剂由于异构化和裂化等副反应加剧缩短使用寿命。因此要把原料中氯含量降到 $1mg/m^3$ 以下。

（2）正丁烯异构

异丁烯是一种宝贵的化工资源，在我国化工、能源及材料行业中应用广泛，需求量巨大。近年来大量醚后 C4 烃过剩，如何提高其利用率是当前的重中之重。醚后 C4 中主要含正丁烯、丁烷和极少量的丁二烯等，因此以醚后混合 C4 为原料，通过正丁烯骨架异构反应制异丁烯的技术受到国内外研究者的青睐。正丁烯异构化反应的核心技术在于催化剂的研制，需要在中等强度酸中心反应。改性的传统氧化物型催化剂多为含有氟或者氯的三氧化铝等，催化剂对正丁烯骨架异构反应展现了良好的活性，然而选择性较低，而且过量的氯元素会导致催化剂失活，所以要求原料中的氯含量低于 $1mg/m^3$。

（3）歧化反应

歧化反应是化学反应的一种，反应中某个元素的化合价既有上升又有下降。烯烃歧化，又称烯烃异位反应或烯烃复分解反应，是轻微的放热反应，除主反应外，还可能发生异构化、二次歧化以及低聚反应等副反应。基于歧化反应的工艺流程来看，在反应中一定量 H_2 的存在可以抑制催化剂上焦炭的生成，从而有助于延长催化剂寿命。然而 H_2 作为一种还原性气体也不应在原料中含量过高，这是因为过量 H_2 有可能会引起活性组分被过度还原，还会与氯化物反应生成氯化氢，造成催化剂中毒失活。所以要求原料中的氯含量低于 $1mg/m^3$，才可以满足催化剂高活性的使用条件。

（4）混合 C4 烷基化

烷基化油装置是在强酸催化剂的作用下混合 C4 中的烯烃与异丁烷反应，生成烷基化油的气体加工装置。烷基化油生产是以混合 C4 中的异丁烷和 2-丁烯为原料，在催化剂的作用下反应生成 C8 烷烃的过程。炼厂生产过程中会大量使用含氯助剂，如脱盐剂、杀菌剂、破乳剂等，这些含氯助剂是烷基化油中氯化物的主要来源。助剂中的氯化物也可能通过某些途径混入二次加工的原料。原料中混进的氯助剂通常以二氯甲烷、三氯甲烷、氯代叔丁烷等有机氯化物的形式存在。为了避免催化剂失活和对环境的二次污染，通常要求烷基化反应原料中的杂质氯化物含量低于 $1mg/m^3$。

第二节　目前的脱氯技术

目前，氯化物的脱除主要采用吸附法。各种脱氯方法的优缺点见表 5-1。其中吸附脱氯是通过将低碳烃中的氯化物吸附在吸附剂上，实现降低低碳烃中氯含量的目的，具有简单、方便、快速的优点，是目前人们比较关注的脱氯技术之一。

表 5-1　脱氯方法比较

脱氯方法	特点	原理	优点	缺点
催化加氢脱氯		H_2 与氯代烃发生催化反应，转化为无机氯脱除	原料适应性广，脱氯效率高	反应生成氯化氢，仍有腐蚀设备的问题，工艺复杂
电化学脱氯	适用于水相中有机氯的脱除	电化学反应（即把有机氯转化为 Cl^- 脱除）	简单、有效、廉价	电化学脱氯催化剂目前以铁为主，且在应用中需考虑铁的钝化性
生物脱氯	土壤和地下水的脱氯	厌氧微生物的还原脱氯作用	反应条件比较温和，能耗低	从生物菌种的选择到培养，以及菌种的驯化均需要较长的时间
吸附脱氯	以分子筛、活性炭为主的吸附剂	利用活性炭与分子筛独特的孔道结构	反应条件温和，生产成本低，工艺流程简单，脱氯效果好	使用寿命短，吸附容量较小

一、催化加氢脱氯

催化加氢脱氯的反应条件较温和，除氯后产生其他有价值的物质，无温室气体等有害气体产生，能耗低，选择性高，产品收率高，应用范围广，因此是一种绿色健康、使用最广泛的脱氯技术，常用于去除有机氯化物。其技术原理是氢气吸附在催化剂的活性中心上，并转化为氢原子，形成 B 酸中心 H^+。同时，有机氯物质吸附在催化剂载体表面后，由于极强的吸电子效应，其中所含的氯原子转化为 Cl^-。H^+ 与 Cl^- 结合形成 HCl 并被除去，产生其他不含氯的烃。这可以概括为通过催化加氢催化剂 Co-Mo 或 Ni-Mo 将有机氯转化为无机氯的过程。

$$R—Cl + H_2 = R—H + HCl \tag{5-1}$$

$$CCl_4 + 4H_2 = CH_4 + 4HCl \tag{5-2}$$

加氢脱氯催化剂主要包括非均相催化剂（镍基催化剂、碳基催化剂和贵金属催化剂）和均相催化剂。镍基和碳基催化剂容易结焦且失活快，而均相催化剂则难以回收。为此，近年来对基于贵金属催化剂的研究有所增加。负载型贵金属催化剂常选择 Pt、Pd、Ir、Ru、Os 和 Rh 作为活性催化剂组分。

二、催化氢转移脱氯

氢转移也是一种有效的脱氯技术。其原理是催化剂先与氯代烃形成配合物，然后供氢体与配合物发生氢转移反应，释放氯原子，再将其除去。它主要用于去除多氯联苯，与催化加氢脱氯技术的不同之处在于所使用的氢源不同。催化加氢通常在高压釜中以氢气为氢源进行，而催化氢转移以各种氢源在常压下进行。氢转移以丙酸、甲酸等作为氢源，将相应的异丙醇转化为丙酮。氢转移的优点是不需要高压氢气并且安全性较好，同时，对设备要求不高，所用的氢源便宜易得。

氢转移技术一般以二元金属体系作脱氯催化剂。通常，铁、镉、镍等金属及其自身的阳离子用作主催化剂，钯等贵金属用作辅助催化剂。载体通常根据所选的氢源而变化。在一项具有代表性的研究中，甲酸钠用作氢源，聚乙烯吡咯烷酮（PVP）用作制备双金属负载催化剂的载体，以研究有机卤化物的脱卤。与负载型单一金属催化剂 PVP-$PdCl_2$ 相比，PVP-$PdCl_2$-$CdCl_2$ 和 PVP-$PdCl_2$-$HgCl_2$ 对含氯芳烃的脱氯具有更高的催化活性和选择性，且副产物显著减少，TEM（透射电子显微镜）表明双金属具有更小的粒径和更大的比表面积。作为这一研究思路的一部分，一些研究人员改变了活性金属的中心，研究了其他氯化物的去除，并进一步扩大了双金属催化剂的使用。

三、电化学脱氯

近年来，电化学还原脱氯因其反应速度快、设备成本低、反应条件温和、无二次污染等独特优势而受到广泛关注，主要用于有机氯的液相脱氯。其原理涉及以下步骤

$$\begin{aligned}
&① \ 2H_2O + 2e^- \longrightarrow H_2 + 2OH^- \\
&② \ H_2 + 2M \longrightarrow 2\ [H]_{ads}M \\
&③ \ R^-Cl + AS \rightleftharpoons (R—Cl)_{ads}AS \\
&④ \ [H]_{ads}M + (R—Cl)_{ads}AS + e^- \longrightarrow (R—H)_{ads}AS + Cl^- + M
\end{aligned} \tag{5-3}$$

式中，M 为催化金属；AS 为反应物的吸附位；$[H]_{ads}$ 为化学吸附活性氢。由于贵金属纳米颗粒催化剂成本高、稀缺性强、功能单一等，其广泛应用受到限制。非贵金属单原子催化剂具有高的催化活性和高的原子利用率，是结合多相催化和均相催化的新兴催化剂，载体常选用碳基材料、MOF 等。有人通过电化学还原 H_2O 和电解氢产生的原子氢，使用单原子钴负载的硫化石墨烯（Co-SG）催化剂进行电化学脱氯。Co-SG 电催化剂的半波电位为

0.70V（*vs*.RHE），选择性超过90%，对2,4-二氯苯甲酸降解效果较好，有效降低了氯化物浓度。与贵金属电催化剂相比，双功能电催化剂具有更小的过电位、更快的动力学速度和更高的循环稳定性等优异的电化学性能。原子分散镍锚定在氮化石墨烯（A-Ni-NG）上为一种高效的脱氯催化剂，研究者以氯乙酸（CAA）为模型研究了其性能。结果表明，A-Ni-NG催化剂的催化活性高于目前最先进的Pd和Ag催化剂。以A-Ni-NG为催化剂，CAA在pH值为3、7、11时可完全脱氯生成乙酸。CAA中的氯原子通过直接脱氯机制依次被去除。

四、生物脱氯

在去除土壤和地下水中的有机氯时，常采用生物脱氯技术，其原理主要是通过葡萄糖、醋酸等电子供体提供电子，使有机氯在厌氧条件下被还原脱氯。在厌氧条件下，主要方法是还原脱氯，即氯代烃作为电子受体，被还原而得以降解。目前的研究表明，氯代芳香族化合物可以通过厌氧微生物的还原脱氯作用分解为低氯代化合物，甚至矿化为CO_2与CH_4。然而生物脱氯的发展尚不成熟，离工业化还有一段时间。生物脱氯的反应条件较为温和，一般在常温常压下即可进行，所以能耗更低。但生物法中用到的脱氯菌的培养与驯化会耗费大量的时间，这在无形中增加了应用成本。此外，由于生物脱氯的特殊性，需要在仪器和设备的选用方面更为注意。

五、亲核取代脱氯

相转移过程是去除油溶性污染物非常有效的过程。通过化学方法将可溶性杂质从油相化学转移到水相，然后通过油水分离去除这些杂质。重油橡胶和沥青质中含有多种形态的有机氯化物，常规方法无法有效去除这些油溶性污染物。它们可以通过化学反应转化为无机相，而无机相可以通过电脱盐工艺有效去除。反应发生在非均相体系中，两种试剂的分子非常缓慢地接近。通过添加相转移催化剂，可以克服相间的阻力，加速反应。使用相转移催化剂进行有机氯转化大大降低了去除氯化物的难度。有机氯化物最常用的相转移催化剂主要是盐和聚乙二醇。

盐类相转移催化剂是目前应用最广泛的催化剂，以通式Q^+X^-表示，主要包括季铵盐和季鏻盐两大类。最常用的是季铵盐类催化剂，通过相转移亲核取代反应实现脱氯，即相转移催化剂将反应物离子基团带入有机相中，使其与油中的有机氯发生亲核取代反应，使有机氯转化为无机氯进入水相，之后对油中的水分进行脱除，从而达到脱氯的目的。反应过程中，在相转移催化剂的作用下，水溶性的亲核试剂（M^+Nu^-）由水相转移到油相，与油相中的氯代烃发生接触。亲核基团Nu^-能有效地进攻氯代烃发生亲核取代反应，生成R^+Nu^-留在油相中，而生成的氯离子从油相进入水相中，在油、水两相中催化剂可以不断循环，将油相中有机氯化物转移到水相生成无机氯离子，从而达到脱除油相中有机氯化物的目的。其作用机理如下。

正离子反应

$$Q^+Nu^- + R^+Cl^- \rightleftharpoons R^+Nu^- + Q^+Cl^-（油相） \tag{5-4}$$

相转移

$$Q^+Cl^-（油相）\rightleftharpoons Q^+Cl^-（水相） \tag{5-5}$$

负离子反应

$$Q^+Cl^- + M^+Nu^- \rightleftharpoons M^+Cl^- + Q^+Nu^-（水相） \tag{5-6}$$

相转移

$$Q^+Nu^-（水相）\rightleftharpoons Q^+Nu^-（油相） \tag{5-7}$$

聚乙二醇类相转移催化剂通过自身分子链的折叠或旋转等构象变化实现相转移。在反应基团（Nu）的诱导下，柔性长链分子本身通过折叠和弯曲形成螺旋构象，可以自由滑动成合适的链状结构，与不同的反应物协同作用。这类催化剂的催化活性会受到分子量、聚乙二醇醚的R值（羟基数）、温度、溶剂、碱浓度等因素的影响。其作用机理见图5-3。

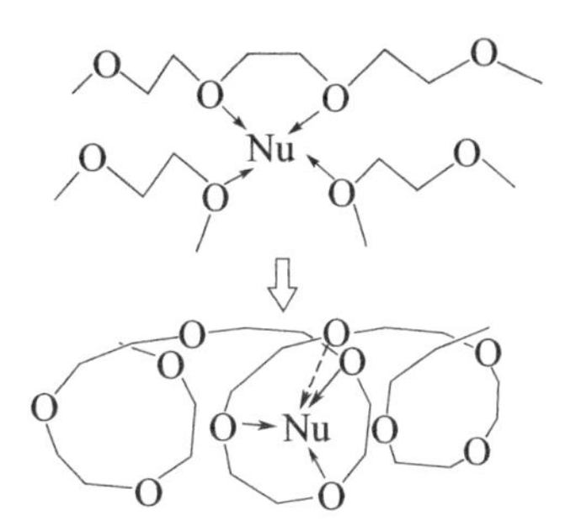

图5-3 聚乙二醇类相转移催化剂催化机理

六、吸附脱氯

吸附脱氯主要是将自然界存在的铝土以及沸石等作为吸附剂，用来进行吸附的方法。吸附脱氯的优点是反应迅速，程序简单。吸附分为两种：一种是物理吸附，利用范德华力对物质进行吸附脱除，它需要的反应热很少，容易发生；另一种是化学吸附，依据化学键力对物质进行吸附脱除，所需的吸附热较高，活化能大。根据热效应的不同可以进行区分。常见的脱氯吸附剂有活性炭、分子筛、金属氧化物以及金属有机骨架。由于吸附脱氯存在氯容小、寿命短等缺点，一般需要对其进行酸碱改性或负载金属改性处理，目前吸附法脱除有机氯的应用研究越来越多。

活性炭是用生物有机物质（包括煤、石油和沥青等）经过炭化、活化等过程制成的一种无定形炭。它具有多孔结构、高比表面积、吸附容量大、速度快和可再生等特点，是较早研究的脱氯吸附剂。但活性炭对有机氯吸附效果较差，为了改善吸附效果，常需要对活性炭进行改性。改性方法包括酸碱处理、氧化还原处理、高温处理、金属改性等。采用酸、双氧水对活性炭进行氧化，可增加活性炭表面酸性含氧官能团，从而促进它对有机氯的吸附。

分子筛是一种水合结晶型硅酸盐，具有孔径可调、表面易于改性等特点，是非常有应用前景的脱氯吸附剂。目前，用于脱氯的分子筛主要有X、Y、SAPO-34型分子筛。研究表明金属改性分子筛可大幅度提高对有机氯的吸附效果，对13X分子筛进行铜负载改性，发现改性后分子筛对1-氯丁烷的穿透吸附容量从1.40%增加到4.91%，且分子筛可采用空气热氧化进行再生，再生循环使用6次后，吸附性能没有明显降低。

通常用于脱氯的金属氧化物包括Na_2O、K_2O、CaO、MgO、Al_2O_3等。氧化铝型吸附剂由于存在酸中心通常伴随化学吸附，作用机理是氯化物吸附在吸附剂的表面或孔上，C—

Cl 键断裂，有机氯转化为无机氯，同时生成相应的烯烃。Total Affinage Distribution 公司使用 Na_2O、CaO、SiO_2、Al_2O_3 等吸附剂在 150℃以上的温度下进行氯化聚异丁烯的脱除。在反应温度为 300～400℃时，有机氯的去除率最高可达 60%，且温度越高，有机氯的去除率越高。有机氯在吸附剂表面分解生成 HCl，然后将 HCl 吸附在金属氧化物上脱除。金属氧化物显示出了良好的吸附脱氯性能，尤其是在高温时可将有机氯转化为无机氯，吸附能力和吸附选择性大大增加。另外，金属氧化物可采用空气热氧化进行再生，是极具应用前景的脱氯剂。

金属-有机骨架材料（MOF）又被称为多孔配位聚合物，是由有机配体与无机金属中心（金属离子或金属簇）通过配位键形成的多孔晶体材料，在过去几十年中取得了巨大的发展。MOF 具有可设计性、可功能化性强，比表面积和孔隙率高以及存在开放金属位点等特点。人们可通过有机配体与无机结构单元的特定组合实现定向的设计；亦可通过前合成或后合成改性的方法在不改变 MOF 材料拓扑结构的情况下，引入更多的官能团以增加其活性位点，实现其功能化，进而提高材料的性能，近年来在很多领域都可见到关于 MOF 吸附的报道。

第三节　C4 离子液体烷基化油有机氯脱除工艺流程

在以复合离子液体为催化剂催化 C4 烷基化反应过程中，离子液体催化烷基化反应遵循碳正离子机理，其催化反应过程中离子液体的 L 酸和 B 酸共同起作用。研究表明，由于复合离子液体催化剂中含有卤化物，离子液体的 B 酸酸性主要由氯化氢提供，在离子液体催化烷基化反应过程中，氯化氢（作为助剂）同 C4 烯烃生成的氯代烃是反应初始碳正离子的中间体。可见该反应生成的氯代烃如不能及时转化，则会进入烷基化油中，所以烷基化油中会溶解少量的氯代烃组分，氯代烃组分主要为 2-氯丁烷、叔丁基氯、2-氯甲烷、2-氯乙烷，以单质氯计的氯含量为 30～400μg/g。烷基化油可以作为车用汽油的调和组分，中间饱和馏分油、润滑剂或石油组分。烷基化油中的氯代烃不仅降低了烷基化油的品质，而且烷基化油直接作为燃料燃烧时，会生成不利的副产物如 HCl，从而引起腐蚀。因此，对用离子液体催化剂生产的烷基化油进行脱氯处理显得尤为重要。

某公司 150kt/a C4 烷基化装置采用了中国石油大学（北京）开发的复合离子液体烷基化工艺。烷基化油吸附脱氯剂物理性质如表 5-2 所示。

表 5-2　烷基化油吸附脱氯剂物理性质

项目	内容
外观	白色条状
规格/mm	$\phi 2$
堆积密度/(g/cm^3)	0.5～0.6
抗压强度/(N/cm)	≥25
比表面积/(m^2/g)	370
孔容/(mL/g)	0.4
穿透容量/%	≥3.8

先利用干燥剂脱除烷基化油中的水，再经过进料泵加压后，进入液相脱氯罐。脱氯罐设置2台，可串可并，一台脱氯罐再生时，另一台投运。烷基化油下进上出，液相通过脱氯剂床层，在脱氯罐中氯代烃和脱氯剂进行接触脱除烷基化油中的氯代烃组分，经过脱氯的烷基化油送往下游。烷基化油液相脱氯工艺流程见图5-4。离子液体烷基化油原料组成见表5-3。

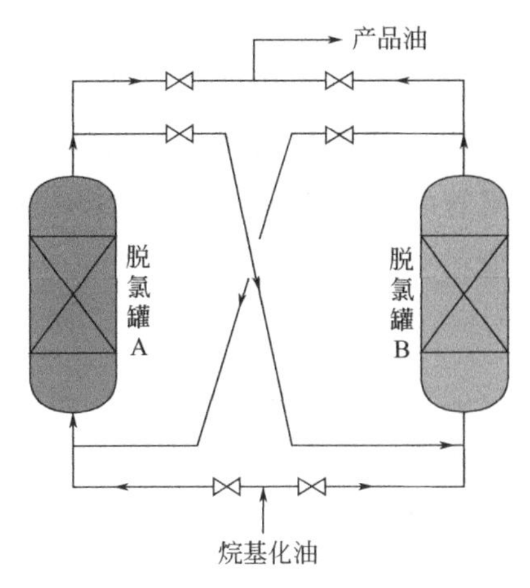

图 5-4 烷基化油液相脱氯工艺流程

工艺操作参数：处理烷基化油17442kg/h，压力0.7MPa（G），温度25～50℃，连续操作。精脱氯装置氯化物含量标定结果如表5-4所示。

表 5-3 离子液体烷基化油组成及性质

项目	数据
密度(20℃)/(kg/m^3)	690
异辛烷体积分数/%	97.0
正丁烷体积分数/%	3.0
有机氯化物含量/(μg/g)	206

表 5-4 精脱氯装置氯化物含量标定结果

脱氯前/(μg/g)	脱氯后/(μg/g)	脱氯前/(μg/g)	脱氯后/(μg/g)
114.9	2.95	44.8	0.20
104.5	2.98	74.6	0.20
39	0.58	79.8	0.20
35.5	0.20		

精脱氯装置投入运行后，在烷基化油中氯含量为114.9μg/g的情况下，脱氯后经检测其出口产品的氯化物含量小于5μg/g，达到工业应用试验的技术指标。

液相脱氯剂可以有效除去烷基化油中的氯代烃，使脱氯罐出口氯含量低于5μg/g，使用寿命达6个月，脱除效率高，强度高，能够满足离子液体烷基化装置生成油脱氯需要，可以提高烷基化油的质量。

第四节 氯化物的分析与计算

一、氯化物的分析方法

对于烷基化油中的氯化物，采用TCS-200D型微库仑分析仪测定样品中的氯含量。装置实物图如图5-5所示，主要由进样器、石英管、高温裂解炉、裂解管、搅拌器、电解池等部分组成。仪器采用微库仑滴定原理，样品中的被测组分在裂解管中反应转化为可滴定组分，由载气带入滴定池与滴定剂发生反应，使滴定剂浓度发生变化。样品被载气带入裂解管中和氧气充分燃烧，其中的氯被定量地转化为HCl。HCl被电解液吸收并发生如下反应：

$$HCl+Ag^{+}=\!=\!=AgCl\downarrow+H^{+}$$

反应消耗电解液中的Ag^{+}，引起电解池测量电极电位的变化，仪器检测出这一变化并给电解池电解电极一个相应的电解电压，在电极上电解出Ag^{+}，直至电解池中Ag^{+}恢复至原先的浓度，仪器检测出这一电解过程所消耗的电量，推算出反应消耗的Ag^{+}的量，从而得到样品中氯的浓度。仪器具有灵敏度高、噪声低、分析精度高、重复性好等特点。

图5-5 TCS-200D型微库仑分析仪

二、穿透容量的计算方法

当反应器出口烷基化油中的氯元素含量大于1μg/g时，认为吸附剂穿透。吸附剂的性能以吸附剂的穿透容量表示，其计算式如下

$$Sc=\frac{Q(C_{in}-C_{out})t\times10^{-6}}{m}\times100 \tag{5-8}$$

式中 Sc——穿透容量（质量分数），%；

Q——原料质量流量，g/h；

C_{in}——进口氯含量，μg/g；

C_{out}——出口氯含量，μg/g；

t——穿透时间，h；

m——吸附剂的质量，g。

思考题

1. 氯化物的危害有哪些？实际的工业生产应用中如何避免其危害？
2. 氯化物的脱除方法有哪些？试对比分析它们之间的优劣。
3. 液化石油气脱氯和烷基化油脱氯方法和原理有何异同？
4. 吸附脱除氯化物有哪些合适的吸附载体？有哪些值得推荐的改性方法？
5. 当吸附剂失活时，有哪些再生方法？原理是否一样？

第六章

低碳烷烃脱氢制烯烃

第一节　概述

一、低碳烷烃脱氢的原料和产品

低碳烷烃脱氢是在接近大气压、560～600℃和催化剂存在的条件下，使低碳烷烃（主要是丙烷、异丁烷）脱氢生成低碳烯烃（丙烯、异丁烯）的过程。低碳烷烃催化脱氢制烯烃是一个重要的石油化工过程，其中丙烷和异丁烷脱氢制丙烯和异丁烯尤其重要。丙烯是生产聚丙烯、丙烯腈、环氧丙烷、异丙醇、苯酚、丙酮、丁醇、辛醇、丙烯酸及其酯类、丙二醇、环氧氯丙烷和甘油等的有机化工原料。近年来，随着聚丙烯等衍生物需求的迅速增长，全世界范围内对丙烯的需求也日益扩大。异丁烯也是一种重要的化工原料，广泛用于合成橡胶、丁基橡胶、聚异丁烯、甲基丙烯腈、抗氧剂、叔丁酚和叔丁基醚等多种有机化工产品和精细化学品。烷烃脱氢过程还会副产大量的 H_2，其应用领域很广，用量最大的是作为一种重要的石油化工原料，可用于生产合成氨、甲醇以及石油炼制过程的加氢反应。此外，在氢燃料电池、电子工业、冶金工业、食品加工、浮法玻璃、精细化工合成、航空航天工业等领域也有应用，我国烷烃脱氢副产的 H_2 主要作为化工合成的中间产品和原料。

C3、C4 烷烃在全球范围内的来源主要有三种：炼厂液化石油气、湿性天然气凝析液和油田伴生气。油田伴生气中含有 5%左右的丙烷和丁烷组分，可利用吸收法分离得到低硫的 C3、C4 烷烃；湿性天然气中乙烷、丙烷和丁烷的总含量在 10%以上，可将湿性天然气凝析液中的 C3、C4 烷烃分离加以利用；炼厂副产的液化石油气产量根据加工深度而不同，一般占原料质量的 5%～10%左右，含有 C1～C5 组分，也可通过分离得到 C3、C4 烷烃。我国有大量的 C3、C4 资源，其主要来源于乙烯装置的副产 C3、C4 馏分，炼厂催化裂化装置液化气和 MTBE 装置醚化反应后剩余混合 C4、富天然气等。而这些资源中的 C3、C4 馏分，尤其是其中所含的异丁烷成分，大多未被充分利用，多是作为燃料烧掉，造成了资源的巨大浪费。炼厂气中 C3、C4 烃类的含量见表 6-1。

我国丙烷资源相对比较匮乏，国内目前每年进口大量液化气，以国外油田伴生气为来源的液化气成为我国依存度很高的能源产品。因此在国内建设丙烷脱氢装置需要进口丙烷纯度高而含硫量很低的高质量液化气。液化气经低温冷冻液化后远洋运输，其丙烷纯度和硫含量可满足丙烷脱氢的要求。天津渤海化工集团开工建设的 600kt/a 的丙烷脱氢装置，采用 Catofin 工艺。该套装置是目前世界规模最大的丙烷脱氢装置，所用原料为自中东进口的丙烷。

表 6-1 炼厂气中 C3、C4 烃类的含量

操作单元		催化裂化	催化裂解	加氢裂化	延迟焦化
原料		减压馏分	重质原料油	减压馏分	减压渣油
反应温度/℃		480～530	500	350～450	500
气体质量分数/%	丙烷	11.0	6.6	0.3	18.1
	丙烯	27.6	37.6	14.1	10.6
	正丁烷	4.4	1.8	—	—
	异丁烷	18.4	4.5	9.3	—
	丁烯	23.8	29.0	—	7.5

相比国外异丁烷脱氢技术的大规模应用，长期以来，国内由于资源分散、技术滞后等原因，异丁烷脱氢制异丁烯项目一直处于空白阶段。近几年，随着烷烃深加工技术的不断发展以及异丁烯的广泛应用，国内企业也开始关注异丁烷脱氢这一应用项目。各企业陆续投建了异丁烷脱氢及配套项目。

低碳烷烃脱氢制低碳烯烃主要方法有无氧脱氢法和有氧脱氢法。无氧脱氢法的转化率较低（一般不超过 50%），但其脱氢效果较好、烯烃选择性高，是目前工业应用的主要方法。而有氧脱氢则是在反应体系中加入氧化剂，低碳烷烃分解后的产物氢气与氧化剂反应生成 H_2O，H_2O 通过冷凝从反应中分离出来，使反应持续地向正反应方向移动。另外，低碳烷烃氧化脱氢反应本身为放热反应，反应温度较低，催化剂不受高温影响而失活，其应用价值较高。但有氧脱氢法存在反应的进程不易被控制等问题，使得该反应对催化剂的选择性要求较高。因此，尽量减少在有氧脱氢过程中副反应的产生，以及制备选择性较高的催化剂，是当前研究低碳烷烃有氧脱氢的焦点。

对于低碳烷烃脱氢催化剂，现有技术多以分子筛、耐热氧化物为载体，以铂等贵金属作为活性组分，通常还添加助剂等以增强其脱氢活性或寿命。本章主要介绍低碳烷烃脱氢的反应机理、工艺发展及其催化剂等。

二、低碳烷烃脱氢技术发展概况

20 世纪 30 年代末，UOP 公司建成了世界第一套烷烃催化脱氢工业装置。当时，脱氢工艺被命名为“Universal”。所用的催化剂为非贵金属的 Cr_2O_3-Al_2O_3 系催化剂，主要生产丁烯及丁二烯，最终目的是合成烷基化汽油及聚丁烯橡胶等。

第二次世界大战以后，由于从蒸汽裂解产物中可得到同样产品，在相当长的时间里，UOP 公司并没有对相关技术进行升级和改进。

20 世纪 60 年代中期，由于合成洗涤剂等工业的迅猛发展，长链正构单烯烃的需求量日益增长。顺应时势，UOP 公司又开始研究、开发长链正构烷烃脱氢新工艺。1968 年，所谓“Pacol”工艺正式在工业上用于 C8～C20 正构烷烃脱氢过程。所用催化剂为 Pt/Al_2O_3 系催化剂。

20 世纪 70 年代初期，世界石油危机期间，虽然油品产量降低，但天然气及油田伴生气产量很大，主要成分丙烷和丁烷等低碳烷烃未得到合理的利用。在此情况下，对低碳烷烃脱氢技术的需求就显得相当突出了。

20 世纪 70 年代末，UOP 公司又研究开发了一种新的工业可行的脱氢工艺。由于其具有使 C2～C5 链烷烃脱氢生产单烯烃的灵活性，因此，该工艺被称为“Oleflex”工艺。此工艺结合了两种已经成熟的工业化技术，即长链烷烃脱氢中的 Pacol 工艺以及铂重整工业中的催化剂连续再生技术。所用催化剂为 Pt/Al_2O_3 系多金属催化剂。

比较成熟的丙烷/异丁烷脱氢制丙烯/异丁烯工艺有：UOP 公司的催化脱氢（Oleflex）连续移动床工艺、Lummus 公司的 Catofin 循环多反应器系统工艺、Phillips 石油公司的 STAR 工艺、Linde-BASF 公司的 PDH 工艺等。国内工业化应用的大多是 Oleflex 工艺和 Catofin 工艺。Oleflex 工艺采用铂催化剂和 4 台串联的绝热式移动床反应器，在压力大于 0.1MPa、温度 550～650℃条件下进行丙烷脱氢反应，经过分离和精馏，得到聚合级丙烯产品。Catofin 工艺采用氧化铬-氧化铝催化剂，反应器为多台并联卧式固定床反应器，在压力 0.05MPa、温度 560～620℃下进行丙烷脱氢反应。

目前来看，对烷烃脱氢过程的研究、开发和利用一直受到社会需求的制约。如何充分利用存在于天然气、油田伴生气及炼厂气中大量的 C3、C4 烷烃组分仍是世界所面临的问题。

三、低碳烷烃脱氢反应工艺流程概述

低碳烷烃脱氢所采用的催化剂不同，各工艺也有很大差异。Oleflex、STAR 和 PDH 2 代工艺采用的是 Pt 贵金属催化剂；Catofin、FBD、PDH 1 代工艺采用的是 Cr-Al 催化剂。

下面以 UOP 公司的 Oleflex 工艺为例，介绍异丁烷脱氢制异丁烯反应过程。

Oleflex 工艺是 UOP 公司的烷烃脱氢专利技术，使用 Pt 基催化剂，利用低碳烷烃作原料在移动床中进行脱氢反应。原料气中包含一定比例的氢气以抑制结焦、抑制热裂解和作载热体维持脱氢反应温度，反应过程保持压力 0.2～0.5MPa。该技术的优点是烯烃收率稳定、催化剂再生方法理想、催化剂使用寿命长、装填量少。但移动床技术复杂，投资和动力消耗较高，对原料杂质要求较苛刻。近年来，使用 Pt-Sn 催化剂的 Oleflex 工艺技术已成为脱氢技术的主导。Oleflex 工艺流程见图 6-1。

Oleflex 工艺脱氢制烯烃技术自 1990 年在泰国实现工业化以来，一直在持续不断地改进。工艺方面，主要是优化设计、降低投资和减少操作费用。通过操作条件和设计的优化来提高工艺收率，重点集中于提高操作空速、减小反应器尺寸、降低待再生催化剂的焦含量。丙烷脱氢装置规模也不断提高，工业化初期的规模为 100kt/a 左右，20 世纪末期达到 250kt/a，到 21 世纪初期进一步提高至 300～350kt/a，从 2004 年开始一些 400kt/a 以上的大型丙烷脱氢装置开始建设。目前，中国公司引进的 UOP 公司的 Oleflex 工艺技术，丙烷脱氢装置生产规模达到了 600kt/a。

催化剂方面，则是不断开发新一代催化剂，主要突破点为调整 Pt/Sn 比、降低 Pt 含量、提高 Pt 的利用率。目前已有 DeH-6、DeH-8、DeH-10、DeH-12、DeH-14、DeH-16 六代催化剂工业化。1996 年开发的第四代催化剂 DeH-12，丙烷单程转化率 35%～40%，生成丙烯的选择性为 89%～91%。2003 年位于西班牙的 350kt/a 装置已使用第五代催化剂 DeH-14。

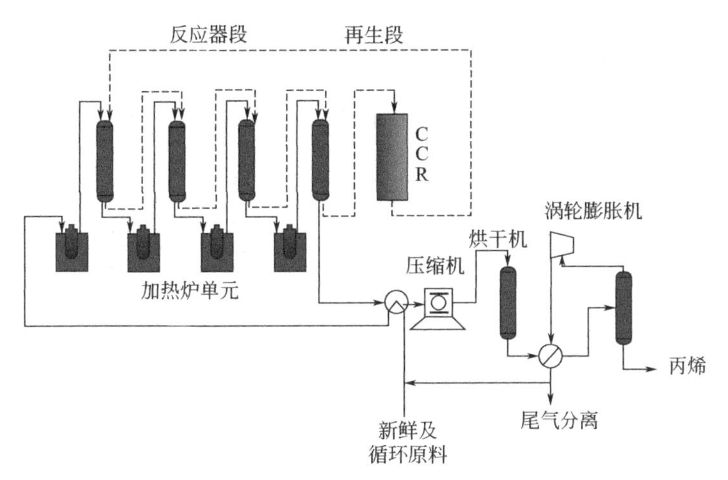

图 6-1 Oleflex 工艺流程（反应和再生）

目前，第六代催化剂 DeH-16 已用在中国投资兴建的福建美德和烟台万华的丙烷脱氢装置上，Pt 质量分数降到 0.3%。

（1）原料预处理

异丁烷脱氢以气体分离炼厂气所得的异丁烷为原料，异丁烷中的硫化物、氧化物、氯化物等杂质均为有害物质，这些物质会使催化剂中毒、丧失活性。异丁烷脱氢制异丁烯过程中，原料异丁烷中乙硫醇含量应小于 20μg/g，总硫含量应小于 1μg/g，二氧化碳含量应小于 10μg/g，甲醇含量应小于 5mg/L，二甲醚体积分数应小于 0.5%，正丁烷体积分数应小于 5%，1-丁烯体积分数应小于 0.2%。若异丁烷中的硫化物、氧化物、氯化物等含量偏高，将加速 Pt 系催化剂结炭，催化剂再生周期缩短。因此，作为脱氢反应的原料异丁烷需经过严格的预处理过程，使各种杂质含量达到脱氢工艺的要求。

以脱除异丁烷中的含氧化合物为例。自气体分馏装置送来的原料异丁烷暂存于原料储罐中，经异丁烷净化泵加压后，依次经过固体碱塔、脱二氧化碳（干燥）塔、净化塔。由于吸附剂具有丰富的微孔，对异丁烷中的水有极强的吸附能力，当水吸附饱和后，脱含氧化合物剂的性能将受到明显的影响。因此在脱含氧化合物工艺中增设了固体碱塔和脱二氧化碳塔。装置设 3 个吸附塔，其中 2 塔吸附，1 塔再生。再生介质采用过热蒸汽，出吸附塔的废热蒸汽经冷凝进入分液罐，冷凝蒸汽中的二甲醚和甲醇，二甲醚和甲醇被集中回收，再生后的吸附剂冷却后循环使用。

（2）脱氢反应部分

异丁烷、正丁烷按质量比 2∶1 混合，经过脱 C3 塔脱除 C3 轻组分后，可与醚化单元来的未反应的丁烷混合，进入氧化物脱除单元，脱除原料及未反应异丁烷中的甲醇、二甲醚、MTBE 等残留氧化物。然后进入烯烃饱和加氢单元，通过全饱和加氢脱除混合丁烷中的不饱和烃类。经过精制后的混合丁烷，进入脱异丁烷塔，塔顶分离出纯度大于 97%（摩尔分数）的高纯异丁烷送往异丁烷脱氢单元，下侧线抽出富正丁烷组分进入正丁烷异构单元，经异构化反应后的富异丁烷组分由上侧线返回脱异丁烷塔。高纯异丁烷在异丁烷脱氢单元进行脱氢反应，将异丁烷转换成异丁烯，同时在冷箱低温条件下分离出氢气。富异丁烯组

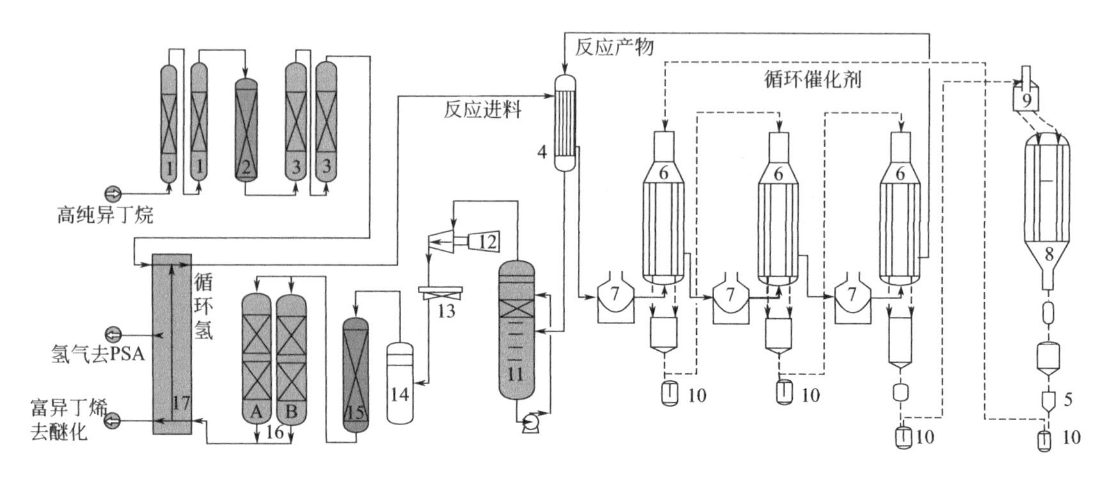

图 6-2　异丁烷脱氢反应-再生系统简图

1—树脂保护床；2—脱汞保护床；3—进料干燥器；4—进出料换热器；5—闭锁料斗；6—脱氢反应器；7—加热炉；8—再生器；9—分离料斗；10—提升罐；11—接触冷却器；12—反应产物压缩机；13—反应产物空冷器；14—压缩机出口缓冲罐；15—脱氯罐；16—反应产物干燥器（A、B，其中一个在线使用，一个再生，两者可互切换相）；17—冷箱

分送入醚化单元，甲醇与异丁烯组分反应生成 MTBE 产品，未反应的异丁烷则返回上游，重新进行净化反应。

图 6-2 为异丁烷脱氢反应和再生单元工艺流程简图。异丁烷脱氢单元是装置的核心单元，主要设备有反应器、再生器、产物压缩机、冷箱、干燥器等。高纯异丁烷经过脱金属、脱汞、干燥等流程后进入冷箱，通过焦耳-汤姆逊效应节流膨胀，为冷箱提供冷量，与分离出的循环氢混合后进入换热器与反应产物换热。混合进料依次经过 3 台加热炉和 3 台并列式反应器完成脱氢反应。反应产物经换热后先经脱氯罐脱除可能夹带的氯，经反应产物干燥器后进入冷箱，进行氢气和富异丁烯 C4 分离。分离出的氢气一部分与进料混合循环回反应器，一部分进行 PSA 提纯，富异丁烯 C4 送往醚化单元。催化剂再生系统类似于并列式反应器的连续重整装置再生系统，催化剂在各设备内靠重力下落，通过提升罐提升至下一个设备。待生催化剂在再生系统内完成除尘、烧焦、氯化、还原等步骤，循环回反应器系统。

第二节　丙烷/异丁烷的催化脱氢反应

一、丙烷脱氢反应

丙烷脱氢制丙烯反应过程中所涉及的反应方程式如下，式（6-1）为主反应。

$$C_3H_8 \rightleftharpoons C_3H_6 + H_2 \qquad \Delta H_{R,25℃} = 129.4\text{kJ/mol} \qquad (6\text{-}1)$$

$$C_3H_8 \rightleftharpoons CH_4 + C_2H_4 \qquad \Delta H_{R,25℃} = 81.3\text{kJ/mol} \qquad (6\text{-}2)$$

$$C_2H_4 + H_2 \rightleftharpoons C_2H_6 \qquad \Delta H_{R,25℃} = -136.94\text{kJ/mol} \qquad (6\text{-}3)$$

$$C_3H_8 + H_2 \rightleftharpoons CH_4 + C_2H_6 \qquad \Delta H_{R,25℃} = -55.64\text{kJ/mol} \qquad (6\text{-}4)$$

丙烷脱氢制丙烯反应在热力学上是强吸热、分子数增加的可逆反应，其转化率取决于热力学平衡。根据反应热力学数据（见表6-2）及吉布斯函数 ΔG 与反应平衡常数的关系可知，该反应平衡常数随着温度的升高而增加，即便在高温下平衡常数仍很小，当反应温度高于650℃时 ΔG 为负值。

表6-2 不同反应温度下丙烷脱氢制丙烯过程热力学数据

T/℃	$\Delta_r G_m^{\ominus}$/(kJ/mol)	T/℃	$\Delta_r G_m^{\ominus}$/(kJ/mol)
25	86.190	600	9.565
300	49.955	700	−3.884
400	36.514	800	−17.293
500	23.039	900	−30.651

为使反应向脱氢方向进行，需在高温低压条件下进行，但温度过高时C—C键较C—H键更易断裂，导致丙烷的深度裂解和深度脱氢，副反应加剧，副产物增多，且高温会加速催化剂表面结焦，导致催化剂失活。

二、异丁烷脱氢反应

异丁烷脱氢反应产物中，除目的产物异丁烯外，主要副产物为丙烯和甲烷，异丁烷脱氢过程主要化学反应方程式如下所示，式(6-5)为主反应。

$$CH_3CH(CH_3)CH_3 \rightleftharpoons CH_3C(CH_3){=}CH_2 + H_2 \qquad \Delta H_{R,25℃} = 117.6\text{kJ/mol} \qquad (6\text{-}5)$$

$$CH_3CH(CH_3)CH_3 \rightleftharpoons CH_2{=}CHCH_3 + CH_4 \qquad \Delta H_{R,25℃} = 80.1\text{kJ/mol} \qquad (6\text{-}6)$$

$$CH_3CH(CH_3)CH_3 \rightleftharpoons 2CH_2{=}CH_2 + H_2 \qquad \Delta H_{R,25℃} = 239.0\text{kJ/mol} \qquad (6\text{-}7)$$

异丁烷直接脱氢反应吸热、可逆，高温对脱氢反应的进行比较有利，但是高温会对反应器的要求更苛刻，且更易引发裂解、烯烃聚合等副反应，生成更多的焦炭致使催化剂活性下降，需要循环再生催化剂，导致能耗大。因此，需要选取合适的反应温度，大部分研究者选取550～580℃。由式(6-5)可知，该反应是分子数增加的反应，低压有利于该反应脱氢活性的增加，但由于减压会增加投资成本，所以大部分研究者采用的压力为常压。目前，直接脱氢法已工业化，该方法的优点是操作简单、所需费用低和异丁烯选择性极高，缺点是催化剂易结焦、需要频繁再生。

三、脱氢反应机理

1. 无氧脱氢

（1）铂系催化剂脱氢机理

Pt是Ⅷ族金属的典型代表，虽然贵金属价格较高，但由于Pt具有较高的C—H活化能力与相对低的C—C断键能力，具有较高的催化活性和选择性，因此被广泛应用于加氢、脱氢以及氢解等领域。商业化的 Oleflex、STAR 与 PDH 丙烷脱氢工艺都采用了 Pt 系催化剂。

一般认为金属态的 Pt 位点是丙烷脱氢反应的活性位点，因此对 Pt 系催化剂反应前的预还原是必不可少的步骤。Pt 上脱氢通常按照 Horiuti-Polanyi 机理进行，如图 6-3 所示，丙烷首先在 Pt 上解离吸附生成 Pt—C_3H_7，然后继续脱掉第二个 H，最后是生成的丙烯与氢气从 Pt 上脱附。一般认为在 Pt 上进行的低碳烷烃脱氢反应是结构不敏感反应，因此该反应的历程与 Pt 颗粒的大小或者暴露的 Pt 的晶面无关。丙烷脱氢活性只与暴露的活性位点数量有关，因此更小的 Pt 颗粒更有利于得到更高的活性。另外，在反应过程中发生的副反应（氢解、异构化以及结焦反应）是结构敏感反应，与 Pt 颗粒的表面结构相关。一些研究表明，氢解反应活性与 Pt 颗粒的粒径呈负相关，也就是说小的 Pt 颗粒更容易结焦。

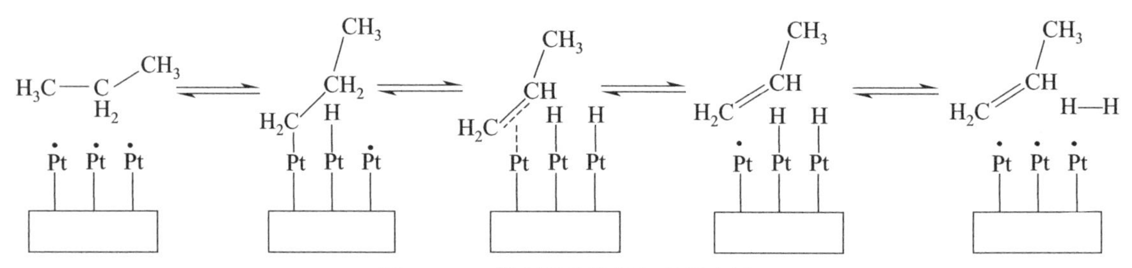

图 6-3　Pt 催化丙烷脱氢机理示意图

（2）铬系催化剂脱氢机理

氧化铬催化剂是一种常用的高脱氢活性的催化剂。工业上 Catofin 和 FBD 工艺都使用 Cr 系的催化剂。由于在氧化铬上丙烷的吸附是发生在 Cr—O 位点上，理解脱氢条件下氧化铬表面物种的状态就显得尤其重要。在新鲜制备的氧化铬催化剂上存在多种价态的 Cr 物种，包括 Cr^{6+}、Cr^{5+}、Cr^{3+} 和 Cr^{2+}。同时，多种表征技术证明，表面氧化铬还存在铬酸盐、聚合态铬酸盐、晶态的 α-Cr_2O_3 以及无定型的氧化铬。通过 XANES 和 UV-vis 光谱，研究人员发现，在还原性的反应气氛下，反应初期 Cr^{6+} 会被还原为 Cr^{3+}，同时聚合态的氧化铬比单体的氧化铬更容易还原。因此，Cr^{3+}、配位不饱和的 Cr^{2+} 或是这两种价态的混合状态是丙烷脱氢反应的活性位点。尽管 Cr^{6+}、Cr^{5+} 是 Cr^{3+} 的前驱体，但是一般认为它们不具有丙烷脱氢的活性。在丙烷脱氢过程中，如图 6-4 所示，丙烷在氧化铬上解离吸附形成 Cr—C_3H_7 与 O—H，接着脱去第二个 H，最后形成氢气和丙烯脱附。研究表明，尽管丙烯的选择性与 Cr 的负载量无关，但是却与反应时间密切相关。在反应初期，丙烯的选择性相对较低，因为在这一阶段氧化铬中高活性的氧会将碳氢化合物深度氧化成 CO_2。随着氧化铬被还原，催化剂的选择性将提升至 93.6%。

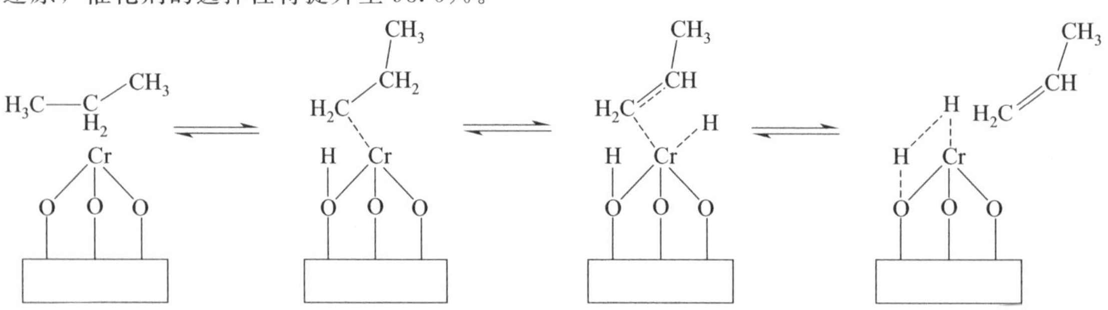

图 6-4　CrO_x 催化丙烷脱氢机理示意图

由于结焦速率较快，氧化铬催化剂在反应过程中会迅速失活，因此需要频繁循环再生。再生过程中，高温会使氧化铬进入氧化铝的骨架，导致一定的失活，因此循环再生过程会导致一部分活性不可恢复。另外，在高温反应过程中，通常使用的 γ-Al_2O_3 载体在反复循环过程中，会逐渐向 θ-Al_2O_3 或 α-Al_2O_3 转变，比表面积减小，从而导致氧化铬发生聚集，活性减小。

2. 有氧脱氢

氧化还原机理又称 Mars van Krevelen 机理，在 V、Mo 等过渡金属氧化物催化剂上进行的低碳烷烃氧化脱氢反应被广泛认为遵循此机理。反应物在催化剂表面上进行一系列的反应，最主要的反应为烷烃的氧化脱氢和催化剂的还原两部分。在氧化还原机理中，催化剂表面上的晶格氧参与反应，烷烃分子被催化剂表面吸附后，会被催化剂表面高价态金属氧化物中的晶格氧活化，形成活性中间体，活性中间体会进一步转化生成水和烯烃，同时催化剂被还原。而气相中的氧可以很快被催化剂吸附，进而将被还原的金属氧化物氧化，补充催化剂表面的晶格氧，进行下一个氧化还原反应循环。该机理可表示如下

$$C_nH_{2n+2}+MO \longrightarrow C_nH_{2n}+H_2O+M \quad (6\text{-}8)$$

$$M+O_2 \longrightarrow MO_2 \quad (6\text{-}9)$$

$$MO_2+M \longrightarrow 2MO \quad (6\text{-}10)$$

$$C_nH_{2n+2}+MO_2+[O] \longrightarrow (X) \longrightarrow CO_x+H_2O+M \quad (6\text{-}11)$$

式中，MO 代表氧化态的催化剂；M 代表反应后被还原的催化剂。烷烃在 MO 催化剂上被氧化为烯烃和水，同时 MO 催化剂被还原到 M 状态。而被氧化后的 M 催化剂有两种不同的氧化态 MO 和 MO_2，MO 和 MO_2 可以催化不同的反应。丙烷发生反应的第一步是 C—H 键断裂形成丙基的过程，这也是反应的速率控制步骤。此时如果催化剂 MO 中的晶格氧插入丙基中，丙基中的另一个 C—H 键会断裂生成丙烯，同时将氢氧化成水。而如果催化剂 MO_2 中的氧物种插入丙基中，则会形成中间体 X，X 很容易被催化剂表面的吸附氧或气相氧深度氧化为碳氧化物和水。这可能是 MO 表面晶格氧插入位较少或者 MO_2 中金属氧键与 MO 中金属氧键的差异所导致的，因此在选择氧化脱氢催化剂时必须考虑活性组分的氧化还原性。

氧化还原反应机理是低碳烷烃氧化脱氢反应的常见机理，目前被广泛接受，也有许多实验现象证明了这一机理。用 $^{18}O_2$ 作为氧化剂在 V-Mg-O 催化剂上进行丙烷的氧化脱氢实验，最初获得的产物仅为未标记的含氧产物。此机理也可用图 6-5 表示。

以 $^{18}O_2/C_3H_8$ 混合物为原料，在负载了 $V_2{}^{16}O_5/ZrO_2$ 的催化剂上反应，应用示踪原子法确定催化剂上氧化还原反应的基元步骤和可逆性，发现所有含氧元素产物中的 O 都是晶格氧 ^{16}O，可以得出晶格氧是活化 C—H 键的氧物种。而且在 C_3H_8-C_3D_8-O_2 的实验中，没有生成 $C_3H_{8-x}D_x$ 混合示踪剂，说明 C—H 键活化是不可逆的。所以认为，丙烷脱氢氧化制丙烯的历程也主要经历了 3 个步骤：①丙烷首先

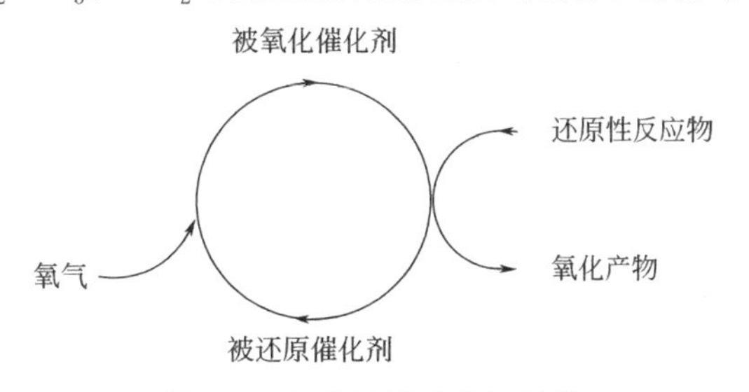

图 6-5　氧化还原反应机理图

与氧源接触，吸附在氧源表面；② $C_3H_8O^*$ 中的 C—H 键断裂，与氧源的氧接触；③ $C_3H_7O^*$ 中的 C—H 键继续断裂，解吸生成丙烯。其具体反应历程如下。

$$C_3H_8 + O^* \longrightarrow C_3H_8O^* \quad (6\text{-}12)$$

$$C_3H_8O^* + O^* \longrightarrow C_3H_7O^* + OH^* \quad (6\text{-}13)$$

$$C_3H_7O^* \longrightarrow C_3H_6 + OH^* \quad (6\text{-}14)$$

$$OH^* + OH^* \longrightarrow H_2O + O^* + ^* \quad (6\text{-}15)$$

$$O_2 + ^* + ^* \longrightarrow O^* + O^* \quad (6\text{-}16)$$

对负载型钒基催化剂的研究主要集中在钒的分散度和载体性质的研究。一般认为，钒物种在分散性良好的前提下，尽可能提高其负载量，使更多的氧化脱氢活性位暴露，催化效果会更好。对于载体性质的考察主要包括载体的结构（比表面积、孔结构等）、酸碱性等。一般认为，催化剂表面的酸性位点会使反应更倾向于深度氧化，不利于烯烃的选择性，但酸性位点利于烷烃的活化，而碱性位点则利于烯烃的选择性，因此通过载体酸碱性选择、设计复合载体来合理调控催化剂表面的酸碱性、寻求最佳的反应效果非常关键。载体的孔道结构和比表面积则与钒的分散性密切相关，一般丰富孔道结构和大比表面积载体的催化效果较好。

V 在载体上的形态一般有单体和多聚体，单体 V 和多聚体 V 表现出来的丙烷氧化脱氢活性有一定差异。在钒硅体系上可能的氧化脱氢途径，如图 6-6 所示。主要步骤：丙烷上第一个 H 被 O═V 位点夺取形成丙基自由基并结合在 HOV^{IV} 位点上，第二个 H 则在相同位点或其他位点夺取最终形成丙烯，V 的价态则在五价和四价之间循环，第一步丙基自由基的形成是整个途径的决速步。

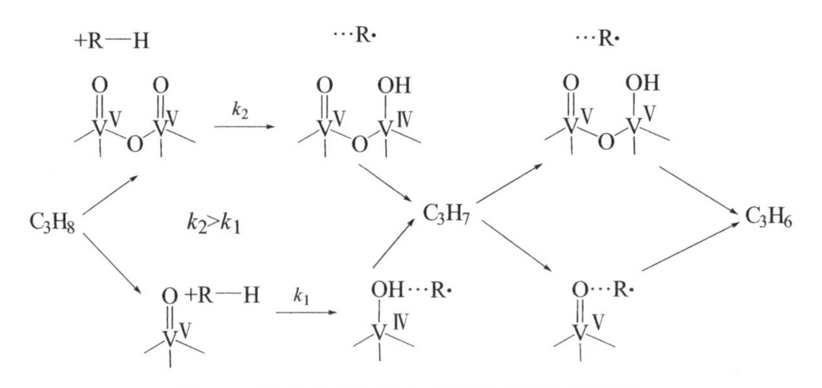

图 6-6　丙烷在氧化钒上氧化脱氢机理示意图

此外，催化剂表面的晶格氧也可以直接插入丙烷的 C—H 键形成吸附态的异丙醇，同时催化剂被还原。随后异丙醇脱水生成丙烯，催化剂也会被进一步氧化。

$$C_3H_8 + MO \longrightarrow CH_3CHOHCH_3 + M \quad (6\text{-}17)$$

$$CH_3CHOHCH_3 \longrightarrow C_3H_6 + H_2O \quad (6\text{-}18)$$

$$M + O_2 \longrightarrow MO_2 \quad (6\text{-}19)$$

$$MO_2 + M \longrightarrow 2MO \quad (6\text{-}20)$$

自由基机理与氧化还原机理存在的条件不同。一般认为在催化剂表面进行的反应主要遵循的是氧化还原机理，而气相反应一般遵循自由基机理。在温度较低时自由基反应较少，而较高的温度会促使自由基反应的发生。

四、影响脱氢反应的主要操作因素

低碳烷烃脱氢反应是分子数增加的吸热反应，从热力学角度来说，高温有利于脱氢反应的进行，且低压有利于分子数增大方向反应的进行。工业上烷烃脱氢反应一般是在500～630℃的高温下进行的，高温虽然有利于脱氢反应的进行，但是同时会引发副反应，特别是生焦。由于减压操作会增加成本，目前工业化的烷烃脱氢工艺多采用常压，易于操作，生产成本较低。本节主要介绍操作因素对低碳烷烃脱氢性能的影响。

（1）还原温度

氧化态的Pt还原为单质Pt，才能发挥其活性。通常在一定的温度下通入氢气作为还原气体。但是，在还原过程中，还原温度会影响催化剂的活性，还原温度过高时，除了氧化态的Pt被还原，氧化态的助剂Sn也会被不同程度地还原。当氧化态的Sn被还原为Sn^0时，会降低催化剂的活性。合适的还原温度有助于提高催化剂的性能，还原温度过高反而会降低催化剂的性能，这可能是因为还原温度过高时，催化剂中有更多氧化态Sn被还原为0价，0价Sn会对催化剂产生毒害作用，导致催化剂性能下降。

（2）反应温度

低碳烷烃脱氢制烯烃反应在热力学上是吸热的，反应温度对反应的进行影响较大。温度过低不利于反应向正向进行，低碳烷烃转化率低；温度过高，虽然低碳烷烃的转化率提高，但副反应加剧，副产物和焦炭增多，烯烃的选择性降低。随着反应温度的升高，催化剂的稳定性下降。这是因为提高反应温度，催化剂上的副反应随之加剧，会生成更多焦炭，覆盖在活性位上，导致催化剂失活。另外，过高的反应温度会使活性组分易于团聚，也会加快催化剂的失活。

（3）空速

空速是指单位体积催化剂能够处理的反应物的量，它反映了物料在催化剂床层的停留时间长短。提高空速会增强处理能力，反应物料经过催化剂床层时，停留时间缩短，反应深度较低；降低空速会减弱处理能力，反应物料经过催化剂床层时，停留时间延长，反应深度较高。空速的选择依赖于催化剂的性质和对反应深度的要求等多个方面。在实验条件下，提高低碳烷烃进料空速，会降低烯烃选择性，催化剂稳定性变差，这是因为实验条件下，低碳烷烃进料空速增加，会加深反应的程度，加速副反应的发生，导致更多焦炭覆盖在催化剂的活性位，降低催化剂的稳定性。

（4）氢烃比

在原料气中通入氢气可以延缓催化剂因结焦失活的速率。但是，通入氢气不利于低碳烷烃脱氢反应朝着正反应方向进行。氢烃比过低，低碳烷烃转化率高，但催化剂易结焦失活；氢烃比过高，虽然催化剂失活速率变慢，但低碳烃转化率低，因此，需要确定反应中合适的氢烃比。随着氢烃比的增大，低碳烷烃的转化率逐渐降低。这是由于氢气含量增加，会抑制低碳烷烃脱氢反应向正向进行，从而降低低碳烷烃的转化率。烯烃的选择性呈现逐渐降低的趋势。这是因为进料中较高的氢气浓度会加剧氢解副反应的发生，导致烯烃选择性下降。

第三节　脱氢催化剂

低碳烷烃脱氢生产烯烃虽然已实现了工业化，但烷烃转化率受平衡限制而难以提高，且催化剂失活很快、再生频繁、能耗较高。低碳烷烃脱氢催化剂的发展趋势是开发高活性、高稳定性、长寿命的催化剂，以提高工业过程的经济性，实现节能降耗。烷烃脱氢作为一种合理利用低价值饱和烷烃生产高附加值相应烯烃的有效途径，早在几十年前已得到工业化应用，采用的催化剂为负载型的贵金属 Pt 催化剂或 Cr_2O_3 催化剂。Cr 系催化剂的价格虽然便宜，对原料要求也不高，但由于 Cr 属于重金属元素，会在极大程度上污染周围环境，因此，其使用受到了相关部门的严格限制。

贵金属 Pt 系催化剂则主要指 Pt-Sn 催化剂，其脱氢性能较好，但价格昂贵，同时该催化剂容易受到反应高温的影响而失去活性。因此，Pt 系催化剂化学稳定性和活性的改进仍是当前相关研究人员重点关注的内容。Pt 基催化剂的制备及操作成本高；而 Cr_2O_3 催化剂在其制备及使用过程中产生的 Cr^{6+} 具有致癌性，对人体及环境均会造成不利影响。除此之外，这两类催化剂在反应过程中易结焦失活，催化剂再生周期短，需频繁进行反应、再生的切换。

为了抑制催化剂表面结焦及金属烧结，延长催化剂的再生周期，研究者们进行了大量的研究工作，多集中在催化剂制备方法的改进及活性金属与助剂协同效应的调节等方面，比如将 Sn 引入 Pt 基催化剂中，可以有效抑制 Pt 颗粒的聚集长大，而且大量 Sn 元素的加入对加强催化剂的催化效果有着较大影响，Sn 和 Pt 能够发生相关反应而形成各式各样的合金，进而大幅度加强催化剂表面的吸附能力，延长反应物在催化剂表面的接触时间以提升化学反应原材料的转化效率。同时，形成的合金能够降低对产物的吸附，提升低碳烷烃脱氢产物的选择性。

工业上用于丙烷直接脱氢反应的传统催化剂为贵金属 Pt 催化剂和金属氧化物 Cr_2O_3 催化剂。为了提高催化性能，对传统催化剂的设计仍在不断改进中。

一、铂系催化剂

（1）活性组分的作用

Pt 被广泛用于商业低碳烷烃脱氢工艺中，UOP 工业体系中利用的就是 Pt-Sn 催化剂。Pt 粒子的结构对低碳烷烃脱氢活性影响不大，即 Pt 粒子的尺寸以及暴露的晶面不影响低碳烷烃脱氢活性，但 Pt 粒子的大小对副反应的影响较为明显。

Pt 催化剂的活性组分是金属 Pt 的原子簇或纳米晶。新制备的催化剂，Pt 以氧化物的形式存在；烧焦再生后的催化剂，部分 Pt 也以氧化物的形式存在。氧化态的 Pt，可能是＋2 价的，也可能是＋4 价的。氧化态的 Pt 在 140℃ 即可被 H_2 还原成金属 Pt。负载型 Pt 脱氢催化剂，Pt 的负载量低，因而负载量不会影响其分散度。Pt 的颗粒粒径一般需要在 10nm

以下，这种尺度的 Pt 颗粒基本上无孔。采用浸渍或离子交换制备的催化剂，Pt 镶嵌在载体的表面，因此，在相同负载量的情况下，Pt 颗粒越小，分散度越高。

Pt 系催化剂属于贵金属催化剂，其优点是对环境友好，有系统的回收手段；缺点是价格昂贵，原料气需通入氢气等进行稀释且对含硫化合物的含量要求苛刻，再生时需要用氯化物进行处理才能具有较好的活性。诸多研究结果表明，在 Pt 系催化剂中添加助剂可以提高目标产物的选择性等，常用助剂有碱金属和碱土金属元素等。助剂能够改善活性组分分散度、调节催化剂表面酸性以及减少催化剂焦化反应等。

（2）载体的作用

载体对 Pt 催化剂的性能起重要作用，主要包括分散 Pt、减缓 Pt 的烧结、容纳焦炭、保证催化剂具有较高的机械强度和足够长的寿命。对载体的具体要求，主要有以下 4 个方面。

① 较大的比表面积，便于 Pt 的高分散。实际上，Pt 的负载量即使达到 1%（质量分数），几平方米的表面积就足以实现 Pt 的单原子分散，更何况 Pt 是以原子簇或纳米晶的形式分散的；但是，较大的比表面积仍然是必要的，主要目的是增大 Pt 颗粒之间的空间距离，以减缓 Pt 的烧结和为反应生成的焦炭提供容纳的空间。载体较大的比表面积不是催化剂活性的需要，而是为了提高催化剂的稳定性和再生周期。

② 粗糙的表面和丰富的孔道。利用粗糙表面与 Pt 颗粒较强的相互作用和孔道对 Pt 颗粒的阻隔作用，来减缓 Pt 烧结，丰富的孔道也有利于容纳焦炭。

③ 较高的热和水热稳定性。脱氢反应温度在 600℃左右，再生温度为 600～700℃，烧焦再生必然有水蒸气产生，因而载体必须具有良好的热和水热稳定性，避免载体本身烧结导致催化剂性能下降。

④ 不能有酸性。在脱氢的高温条件下，载体微弱的酸性即可催化烷烃直接发生裂解反应。载体的酸性还可以催化烯烃发生异构、聚合和缩合生焦等反应。副反应不仅影响烷烃脱氢的选择性，增大产物分离的成本，而且还会缩短催化剂烧焦再生周期。如果载体本身具有一定的酸性，则需要添加碱性助剂来中和。

γ-Al_2O_3、$MgAl_2O_4$ 尖晶石和 $ZnAl_2O_4$ 尖晶石等比较适宜作 Pt 脱氢催化剂的载体。γ-Al_2O_3 是最常用的 Pt 脱氢催化剂的载体，但其酸性需要添加 K［一般 0.1%（质量分数）左右］等碱性助剂中和。按计量比制备的 $MgAl_2O_4$ 尖晶石，比表面积都比较小，一般只有 $40m^2/g$ 左右。先制备出 MgO 过量的 $MgAl_2O_4$ 尖晶石，然后用稀酸溶掉过量的 MgO，这样比表面积可高达 $200m^2/g$ 以上。$ZnAl_2O_4$ 尖晶石的比表面积也较小，一般在 $40m^2/g$ 以下，并且浸渍 Sn 后比表面积还会进一步减小。不过，可先制备镁铝水滑石，浸渍的 Pt 处于这种层状材料的层间。高温焙烧，层状结构坍塌，Al_2O_3 和 MgO 形成尖晶石。这样制备的催化剂有以下优势：比表面积可达 $150\sim200m^2/g$，有利于 Pt 的高分散；金属与载体间作用力强，焙烧后金属分散在坍塌的水滑石骨架的层间空隙中，有利于延缓 Pt 的烧结；载体表面呈碱性，有利于减少芳构化和缩合反应，脱氢选择性提高，烧焦再生周期延长。

（3）助剂的作用

在催化剂中加入助剂可以显著改善催化剂效能，包括活性、选择性、稳定性和寿命等。

它是通过改变催化剂的化学组成、化学结构、离子价态、酸碱性、晶格结构、表面结构、孔结构、分散状态、机械强度等来提高催化剂的性能。

Sn 是目前应用最多的 Pt 催化剂的助剂，适量 Sn 有利于催化剂表面“$Pt\text{-}SnO_x\text{-}Al_2O_3$”结构的生成，提高了催化剂的选择性。研究发现 Sn 掺杂进入 SBA-15 骨架能够促进 Sn 与载体的相互作用，保持 Sn 的氧化态。助剂 Sn 的主要作用：①通过几何效应使催化剂表面 Pt 颗粒度减小从而促进 Pt 的分散；②通过电子效应使催化剂表面 Pt 电荷富集从而促进焦炭前驱物的脱附；③有利于催化剂表面结焦由金属位迁移至载体位；④改变金属和载体之间的相互作用；⑤促进氢溢流的发生，以维持催化剂活性和提高催化剂消炭能力；⑥调变催化剂表面酸性；⑦有助于 Pt 锚定在 SnO_x 上并形成 $Pt\text{-}SnO_x\text{-}Al_2O_3$ “夹心”结构。

碱金属助剂能够调变载体表面酸性，提高低碳烷烃脱氢的催化性能，改善活性组分与载体的相互作用。助剂和活性组分之间存在强烈的相互作用，降低了结焦对催化剂 Pt 金属表面的覆盖度，提高了低碳烷烃脱氢催化活性。稀土金属的引入能提高催化剂的热稳定性并显著增强金属与氧化态稀土之间的作用力，从而提高 Pt-Sn 催化剂的性能。过渡金属通常具有优良的催化加氢活性，少量的 Fe_2O_3 可有效减少 Al_2O_3 表面的强酸中心数目，同时形成 Pt-Fe 双金属粒子，从而促使 Pt 原子的电子密度增加，显著提高催化剂的低碳烷烃脱氢稳定性和相应烯烃的选择性。

二、铬系催化剂

（1）活性组分的作用

FBD-4 工艺、Catofin 工艺和 Linde 工艺采用的催化剂活性组分是 Cr_2O_3。Cr 系催化剂对脱氢性能的影响主要体现在离子键之间的相互作用以及金属氧化物催化剂表面的酸碱性等。Cr 系催化剂优点是脱氢活性高，选择性好，收率高；对原料气纯度要求低；价格低廉，成本低；工业应用较多。Cr 系催化剂缺点是结焦较快需频繁再生，并存在环境污染。研究表明，可以加入助剂对 Cr 系催化剂进行改性以提高催化剂的稳定性和选择性，减少结焦。

CrO_x 基催化剂的催化活性高，价格低廉，而且原料来源广泛，相比 Pt 基催化剂具有很大优势。Frey 和 Huppke 在 1933 年首次报道 CrO_x 对轻质烷烃脱氢反应有催化活性，随后发现 CrO_x 可应用于丙烷直接脱氢反应中。该过程在高于 550℃ 的温度下进行，压力为 $(3\sim5)\times10^4$ Pa，单程转化率为 48%～65%，反应周期为 15～30min。

将 SiO_2 负载 CrO_x 用于丙烷脱氢制丙烯反应，Cr 在 SiO_2 载体表面的主要形式是 Cr^{2+}，同时也存在少量 Cr^{3+} 物种。Cr^{3+} 物种、配位不饱和的 Cr^{2+} 物种、Cr^{3+} 和 Cr^{2+} 的混合物种都被认为是催化脱氢的活性位。目前最被认可的脱氢活性位是 Cr^{3+}，但 Cr^{3+} 物种一般分为两类：一直以 Cr^{3+} 形式稳定存在的 Cr^{3+} 和由高价态的 Cr^{6+} 还原得到的 Cr^{3+}。Cr^{6+} 和 Cr^{5+} 是产生部分 Cr^{3+} 物种的前驱体，本身并不具有脱氢活性。配位不饱和的 Cr^{3+} 物种从气相中吸附烷烃分子以获得稳定，能够活化烷烃分子中的 C—H 键，而有着完美八面体配位的大块 Cr^{3+} 并不具有催化活性。

（2）载体的作用

CrO_x 催化剂载体的作用与 Pt 催化剂相同，对载体性质的具体要求，二者有一定的差别。CrO_x 的负载量高，同样要求高分散度，载体必须具有大的比表面积，最好在 $100m^2/g$ 以上，以分散 Cr、减少 Cr_2O_3 晶体的形成；Pt 的负载量很低，载体比表面积太大也没有必要。载体不能在高温条件下与 CrO_x 发生反应，或者能够在避免两者发生反应的条件下操作，以免影响催化剂的活性和稳定性；Pt 与常用的载体基本不存在这方面的问题，也就没有这方面的要求。

Al_2O_3 的比表面积大，热稳定性好，CrO_x 与 Al_2O_3 表面的相互作用较强，不仅有利于其分散，还可减缓其烧结。Al_2O_3 作为载体的主要问题有两个：①Al_2O_3 的酸性可催化裂解、异构化、聚合和缩合生焦等反应，降低了烯烃的选择性，并导致催化剂结焦失活；②在 650℃以上再生，Cr 会镶嵌到 Al_2O_3 的骨架中，CrO_x 与 Al_2O_3 形成不具有脱氢活性的固溶体，致使催化剂永久性失活。Al_2O_3 的酸性可以在催化剂中添加 K 等碱性助剂来中和。至于高温条件下 Cr 向 Al_2O_3 体相迁移和发生固相反应的问题，可以选择在 650℃以下再生来减缓催化剂的永久性失活。

（3）助剂的作用

在 CrO_x/Al_2O_3 催化剂中添加助剂，主要解决了 Al_2O_3 载体的酸性对脱氢选择性影响的问题。添加碱金属离子，尤其是较大的碱金属离子，如 K^+、Rb^+ 和 Cs^+ 等，可降低 Al_2O_3 表面的酸性，改善催化剂的脱氢选择性。此外，少量的碱金属离子，在催化剂再生时可促进 Cr^{6+} 的生成，提高了 Cr 的分散度，从而增加了在反应过程中 Cr^{3+} 活性位的数量，提高了催化剂的脱氢活性。目前，使用最多的碱金属离子是 K^+。CrO_x/Al_2O_3 催化剂的性能与 Cr 和 K 的负载量有关，Cr 负载量低，K 的负载量也必须低，否则催化剂的活性会下降。例如，Cr 的负载量为 8%（质量分数）时，添加 0.8%（质量分数）的 K_2O 脱氢活性升高；而 Cr 负载量为 5%（质量分数）时，添加同样多的 K_2O 脱氢活性下降。一般情况下，即使 Cr 的负载量很高，K^+ 负载量也最好不要超过 1%（质量分数）。在催化剂中引入少量的 Ca^{2+}，同样可以改善催化剂的性能。Ca^{2+} 改善催化剂性能的原理与碱金属离子相同。Ca^{2+} 的添加量同样不能太多，否则会生成活性低的铬酸盐，导致催化剂活性下降。稀土金属助剂能够明显改善低碳烷烃脱氢反应的稳定性并且减少反应产物在催化剂表面的结焦现象。助剂的引入使催化剂的活性中心高度分散，调节了催化剂表面的酸碱性，增强了 Cr_2O_3/Al_2O_3 催化剂的抗结焦能力和活性。

第四节　催化剂的失活与再生

在低碳烷烃脱氢生产烯烃过程中，催化剂的活性下降有许多方面的原因，例如催化剂结焦，活性组分的流失，长时间处于高温下引起活性组分的晶粒聚集使分散度减小，以及催化剂中毒等。一般来说，在正常生产中，脱氢催化剂活性下降的主要原因是结焦。

催化剂金属上的结焦机理如下。金属 Pt 上结焦反应的表观反应级数为 1.7，表明有两个 C3 物种参与了焦炭的生成。此外，在级数 1.7～2.0 范围内，元素分析结果显示焦炭的氢含量也较高。根据这些信息，可以认为两个 $C_3H_6^*$ 生成 $C_6H_{12}{}^*$ 的步骤是速率控制步骤。

在此机理中：第一步与第二步基元反应［式（6-21）、式（6-22）］是不可逆的并远未达到平衡；第三步基元反应［式（6-23）］也是不可逆的；第四步基元反应［式（6-24）］是速率控制步骤，其反应速率远小于第二步和第三步基元反应。

$$C_3H_8(g)+2^* \longrightarrow C_3H_7^*+H^* \tag{6-21}$$

$$C_3H_7^*+{}^* \longrightarrow C_3H_6^*+H^* \tag{6-22}$$

$$C_3H_6^* \longrightarrow C_3H_6(g)+{}^* \tag{6-23}$$

$$2C_3H_6^* \longrightarrow C_6H_{12}^*+{}^* \tag{6-24}$$

$$H^*+{}^* \longrightarrow H_2+2^* \tag{6-25}$$

低碳烷烃脱氢主要结炭方程式如下

$$C_3H_8 \longrightarrow 2CH_4+C \tag{6-26}$$

$$CH_4 \longrightarrow C+2H_2 \tag{6-27}$$

$$C_3H_8 \longrightarrow C_2H_6+H_2+C \tag{6-28}$$

$$C_3H_8 \longrightarrow C_2H_4+2H_2+C \tag{6-29}$$

$$C_4H_8 \longrightarrow C_3H_4+2H_2+C \tag{6-30}$$

一、铂系催化剂的失活

1. 结焦引起的失活

催化剂结焦又称积炭，是催化反应过程中非常普遍的现象。低碳烷烃催化脱氢的同时发生了副反应，在催化剂表面生成焦炭，覆盖了活性位，造成活性中心数目减少，催化活性降低。铂系催化剂的焦炭可以在金属上生成，也可在载体上生成，在高温条件下，丙烷的脱氢、裂解以及聚合、环化等过程会使催化剂产生焦炭。

Pt/Al_2O_3 和 $Pt\text{-}Sn/Al_2O_3$ 作为丙烷/异丁烷脱氢催化剂时，产生了类石墨前体的焦炭，而且随着 Sn 含量的增加，TPO 曲线中焦炭的氧化峰向高温方向移动，意味着更多的焦炭转移到了载体表面。采用 TPO 技术分析了 $Pt\text{-}Sn/Al_2O_3$ 催化丙烷/异丁烷脱氢反应时生成焦炭的种类，它们分别是位于金属及金属附近的焦炭、位于载体表面的焦炭以及位于载体表面的石墨状焦炭。焦炭的生成会覆盖催化剂表面的铂颗粒，同时堵塞孔道，直接导致催化剂失活。研究发现，烷烃在铂系催化剂表面焦炭是一个结构敏感的反应，通常至少需要三个相邻的 Pt 原子才能形成焦炭。

催化剂的结构性质、反应条件等，都是影响结焦的重要因素。对 Pt 晶粒表面结焦的研究发现，炭在催化剂不同部位上的堆积是有选择性的。对于高配位数的 Pt 原子，其焦炭量较多，而位于低配位数的 Pt 原子上的焦炭量则较少。丙烯在 HZSM-5 催化剂上的结焦，当温度为 120℃时，主要为 C12～C35 的脂肪烃，并且大部分焦炭分布在催化剂孔道内部。而在 450℃时，丙烯生成的焦炭主要成分为 C6～C8 的芳香烃，而脂肪烃的含量却很少。可见在不同温度下，反应物或许会遵循不同的结焦路径，导致最终生成不同类型的焦炭。

在丙烷/异丁烷脱氢原料中加入适量 H_2 可以提高催化剂的活性，并降低结焦量，而且改变了丙烷/异丁烷脱氢过程中焦炭的本质。当原料中 H_2 分压增加时，拉曼光谱结果显示，焦炭中出现了缺陷较少、较小的石墨晶体。在催化剂中引入适量的某些元素有助于减缓催化剂的结焦失活，如在催化剂中引入适量的 Sn、In、Ga 或 TiO_2 等，可提高 Pt 的电子云密度，从而促进烯烃的脱附和富电子焦炭前驱物向载体的迁移，进而减少焦炭前驱物的形成，减缓 Pt 颗粒被焦炭覆盖的程度。

2. 烧结引起的失活

Pt 粒子的烧结主要是小颗粒 Pt 在高温条件下具有较高的自由能，表面晶格质点热振动产生位移，若干个小晶粒 Pt 聚集成为大颗粒 Pt，造成 Pt 的活性表面减少，从而降低了催化剂的活性和选择性。针对金属颗粒的烧结过程，有研究表明金属原子从一个晶粒转移到另一个晶粒上需要经历三个步骤。第一步是金属原子从晶粒表面脱落到载体表面；第二步是金属原子在载体表面发生迁移；第三步是金属原子被另一个晶粒俘获。

催化剂的焙烧温度和反应温度对 Pt 颗粒的烧结影响较为严重（图 6-7）。金属催化剂烧结时，若温度低于 550℃，Pt 晶粒表面部分 Pt 原子被氧化成 PtO_2，PtO_2 在载体表面迁移时容易被载体表面的高能位置捕获，团聚的机会较小，故氧化能够使 Pt 再分散；若温度超过 550℃，迁移物种容易相互聚集，形成较大的晶粒，导致 Pt 颗粒的烧结。对于 Pt-Sn-Na/ZSM-5 催化剂，当焙烧温度为 500℃时，Pt 与 Sn 的相互作用较强，催化剂活性较好。当焙烧温度继续升高时，催化剂的活性则不断下降。通过 TEM 观察，当焙烧温度为 400℃时，催化剂表面的 Pt 粒子没有发生团聚；当焙烧温度为 500℃时，催化剂形貌无明显改变；600℃下焙烧后，有少量 Pt 粒子出现团聚；当焙烧温度升高到 800℃，催化剂表面 Pt 粒子烧结严重。由此可见，随着焙烧温度的升高，Pt 粒子的烧结加剧，导致催化剂活性降低。

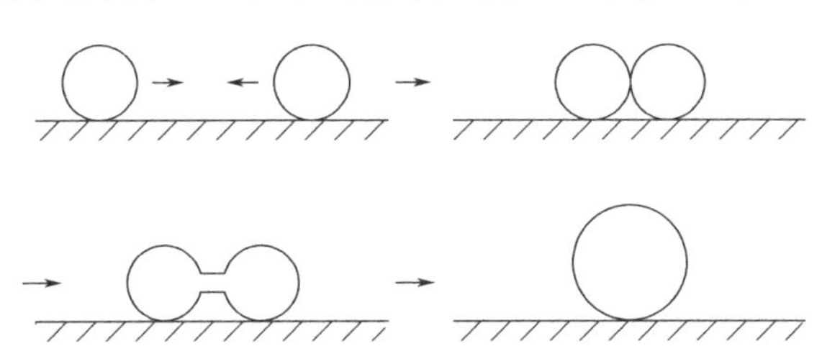

图 6-7　Pt 颗粒烧结过程图示

3. 中毒

（1）永久性毒物

Pt 催化剂对砷、磷等重金属非常敏感，毒性介质占据催化剂活性中心，造成活性中心的减少，从而降低了催化剂的整体活性。而且这种催化剂活性的丧失是不可恢复和逆转的，严重时会使催化剂完全丧失活性，失去催化作用。极少量的毒物就可导致催化剂完全失活，因而脱氢原料必须深度净化。净化后的原料再进行脱氢，催化剂的失活就是由结焦和 Pt 烧结导致的。

（2）非永久性毒物

丙烷/异丁烷脱氢以气体分离炼厂气所得的异丁烷为原料，但其中的水、硫化物、氮化物和含氧化合物等均为有害物质，这些物质会使 Pt 系催化剂中毒、活性降低。若丙烷/异丁烷中的含氧化合物偏高将加速 Pt 系催化剂结炭，催化剂再生周期缩短。因此，丙烷/异丁烷脱氢反应的原料需经过严格的脱含氧化合物、脱氮、脱水等杂质的预处理过程，使各种杂质含量达到脱氢工艺的要求。

以硫化物为例，硫化物致使催化剂中毒进而影响催化剂的活性，主要是通过以下两个途径：①阻挡反应物分子接近活性位（即位阻效应）；②通过形成金属-硫键，从而改变金属位所具有的电子特性（即电子效应）。除噻吩以外，其他几种硫化物导致催化剂中毒主要是通过电子效应，即硫化物先在金属的表面发生吸附活化，之后硫键断裂，再与金属中心结合形成没有脱氢活性的 PtS，因而通入硫化物之后催化剂的活性下降迅速。对于噻吩，反应的前期主导的是位阻效应，抑制活性位上噻吩的吸附活化，因此催化剂的脱氢活性下降较为缓慢；随着反应的进行，形成的 PtS 越来越多，电子效应开始占据主导地位，直到 Pt 硫化与还原达到平衡。

以 $Pt\text{-}Sn\text{-}K/Al_2O_3$ 催化剂为例，硫化物致使催化剂中毒的机理为：硫化物同时会吸附在金属活性中心以及载体的 L 酸中心上，其吸附的强度遵循电子给体-受体机理。在一定条件下，硫化物发生硫化学键断裂并与活性中心金属 Pt 形成 Pt—S 键，生成无脱氢活性的 PtS，使催化剂的活性中心中毒，从而使催化剂的脱氢活性降低。在高温、氢气氛围中，形成的 PtS 还存在还原的可逆反应，重新生成具有脱氢活性的金属态 Pt。所以通入硫化物后，催化剂的脱氢活性在经过短时间的急剧下降之后趋于平稳。在切断硫源之后，此前形成的 PtS 逐渐被还原成金属态的 Pt，催化剂的脱氢活性得以恢复。具体反应过程如式（6-31）和式（6-32）所示。

$$S + H_2 \longrightarrow H_2S \tag{6-31}$$

$$H_2S + Pt \longrightarrow PtS + H_2 \tag{6-32}$$

载体的 L 酸中心上吸附硫化物后，减少了裂解和异构等副反应，使产物中的 C1～C3 烃、正丁烷、反丁烯、正丁烯和顺丁烯含量下降，从而增大了异丁烯的选择性。

二、铬系催化剂的失活

（1）结焦引起的失活

催化剂表面结焦的生成对催化剂的活性影响非常大，虽然可以利用氧化再生过程将其除去，恢复催化剂的活性，但频繁的再生对催化剂的结构也有很大的影响，最终导致催化剂失活。Hakuli 等发现新鲜的 Cr_2O_3/Al_2O_3 催化剂中 Cr^{6+} 含量为 Cr 总负载量的 15%，在循环利用 25 次后，Cr^{6+} 的含量降至 12.7%。Rossi 等也发现随着催化剂 Cr_2O_3/Al_2O_3 反应-再生循环次数的增加，还原过程的耗氢量减少，这可能是因为还原态的 Cr^{3+} 不能被全部重新氧化成 Cr^{6+}。

脱氢循环过程中引起催化剂活性改变的原因包括 Cr^{6+} 还原为 Cr^{3+} 和催化剂结

焦。CrO_x 基催化剂的脱氢活性与还原得到的拟八面体的 Cr^{3+} 数目有关。反应过程中表面 Cr^{6+} 物种易被还原为 Cr^{3+} 物种，即表面 Cr^{6+} 物种是 Cr^{3+} 物种的前驱体，因此表面 Cr^{6+} 的数目随着反应-再生循环次数的增加而减小。Cr^{3+} 与 Al^{3+} 具有相近的离子半径和电荷，因此经高温灼烧再生后的 CrO_x 基催化剂因焦炭燃烧释放的热量促使活性铬物种进入 Al_2O_3 载体的八面体结构空隙中，形成一种 Cr_2O_3-Al_2O_3 尖晶石，稳定地存在于 Al_2O_3 载体中。但是，Cr_2O_3-Al_2O_3 尖晶石无脱氢活性，大量 Cr_2O_3-Al_2O_3 尖晶石会造成催化剂失活。同时，催化剂表面可接触的活性中心随着反应的进行可能发生团聚、被焦炭覆盖，造成催化剂比表面积不断减小。

焦炭的形成过程一般比较复杂。Nijhuis 等利用紫外-可见/拉曼光谱法研究了催化剂 Cr_2O_3/Al_2O_3 表面结焦的原因。结果表明，焦炭的形成主要是因为丙烯而不是丙烷，另外，焦炭是聚芳香类物质，且随着时间的延长不断石墨化，当结焦量超过一定值时，催化剂活性开始下降。Gascón 等研究发现，焦炭只作用于脱氢反应，而对裂解反应无影响。焦炭在反应器顶部和底部的沉积速率随催化剂床层的局部温度升高而增加，而催化剂上焦炭的化学性质与反应时间和催化剂在反应器中的位置无关。

丙烷脱氢过程中发生结焦反应的机理如图 6-8 所示，反应初期存在大量的副反应的活性中心，随着反应的进行，焦炭逐渐覆盖催化剂表面中心，促使副产物甲烷选择性降低。乙烷的选择性先上升后降低，是由于乙烷是通过副产物乙烯加氢而得，反应起始时丙烷发生裂解产生乙烯，随着反应的进行，裂解反应的活性中心减少，乙烯量也减少，致使乙烷的选择性降低。

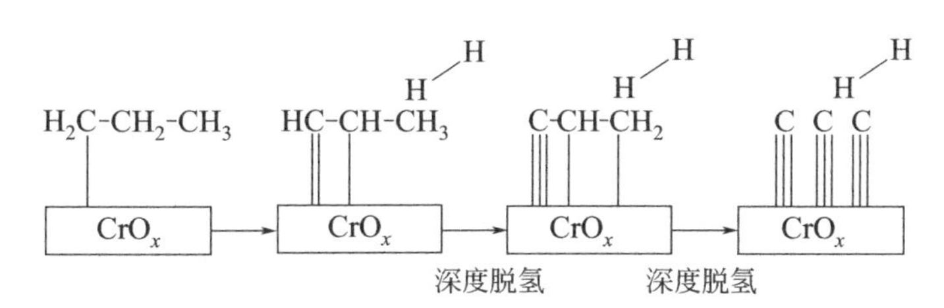

图 6-8　丙烷脱氢过程中发生结焦反应机理示意图

（2）烧结引起的失活

在脱氢反应和烧焦再生循环中，CrO_x/Al_2O_3 催化剂的比表面积随着运行时间的延长、反应温度的提高和催化剂反应-再生次数的增加而降低，即催化剂的载体会逐渐被烧结，导致催化剂不可逆失活。

不仅载体存在烧结现象，活性组分也同样存在烧结现象。随着反应-再生循环次数的增多，α-Cr_2O_3 晶体的量会增加，意味着 Cr 的分散度下降，具有活性表面 Cr^{3+} 的量减少，也就是活性组分烧结。虽然催化剂烧结再生还可以使部分 α-Cr_2O_3 晶体被氧化成高价态而重新分散，但难以改变催化剂随使用时间的延长而使活性组分烧结越来越严重这种趋势。

此外，随着反应-再生循环次数的增多，再生后催化剂表面 Cr^{6+} 的量会减少，催化剂的可还原度下降，部分 Cr^{6+} 被不可逆还原到了低价态。造成这种现象的主要原因是 Cr^{3+} 与 Al^{3+} 所带的电荷数相同，具有相近的离子半径，部分 Cr^{3+} 镶嵌到了 Al_2O_3 晶格中，形成固溶体，导致催化剂不可逆失活。

三、催化剂的再生

在正常运行过程中，随着时间的延长，脱氢催化剂表面上的焦炭增多，导致催化剂的活性下降。因此，当催化剂的活性降低至一定程度后就须进行再生以恢复其活性。固定床铬-钾催化剂采用原位再生，工艺条件不同，再生周期不同，移动床连续脱氢装置的催化剂一般是3～7天再生一遍。虽然反应器的型式不同，再生时催化剂上的焦炭量也有差别，但是两者在再生的原理和方法上是相同的。

固定床铬-钾催化剂的再生过程包括烧焦、还原工序。铂系催化剂的再生过程包括烧焦、还原、硫化、氯化等工序。一般来说，经再生后，脱氢催化剂的活性基本上可以完全恢复。

（1）再生反应和再生反应热

结焦催化剂可通过氧化再生，它是形成的焦与氧反应，使焦以CO_2、CO、蒸汽等形式从催化剂表面驱出。催化剂上焦的氧化会伴随有多种氧-碳配合物的分解与形成，即反应是按串联反应机理进行的。

催化剂表面上沉积的焦中主要成分是碳，烧焦的温度范围是450～700℃。烧焦过程的主要反应是：

碳的燃烧

$$C+O_2 \longrightarrow CO_2 \qquad \Delta H^{\ominus}_{298K}=-395.4kJ/mol \tag{6-33}$$

$$C+0.5O_2 \longrightarrow CO \qquad \Delta H^{\ominus}_{298K}=-110.4kJ/mol \tag{6-34}$$

生成氧化物进一步转化

$$CO+0.5O_2 \longrightarrow CO_2 \qquad \Delta H^{\ominus}_{298K}=-285.0kJ/mol \tag{6-35}$$

$$C+CO_2 \longrightarrow 2CO \qquad \Delta H^{\ominus}_{298K}=+172.2kJ/mol \tag{6-36}$$

碳与水蒸气相互作用

$$C+H_2O \longrightarrow CO+H_2 \qquad \Delta H^{\ominus}_{298K}=+41.0kJ/mol \tag{6-37}$$

但在小于700℃时，式(6-36) 和式(6-37) 反应可忽略不计。

在烧焦开始阶段，烧焦是以焦自身氧化脱氢形式进行的，烧焦速度与焦组成有关，焦中H/C（比值）随烧焦过程的进行而下降，即易燃碳是无定型富含氢部分组成，而难燃碳则为类石墨结构的高缩聚合物。

（2）铂系催化剂再生

结焦失活的催化剂，可以通过空气烧焦进行再生。不同的脱氢工艺，催化剂再生方式也不同。美国Phillips石油公司开发的STAR过程，采用固定床反应器，以Pt-Sn/$ZnAl_2O_4$为催化剂，每反应6h就需依次进行吹扫、空气烧焦、吹扫、氢气还原操作，然后进行脱氢反应。整个再生过程约2h。STAR过程是等温反应，只有当催化剂上的焦炭含量积累到很高时才进行烧焦再生，此时催化剂的活性已经非常低。UOP公司的Oleflex工艺采用多段绝热移动床反应器，以Pt-Sn/Al_2O_3为催化剂，可实现连续反应-再生，催化剂的1个反应-再生周期为2～7d。

烧焦再生可以将Pt-Sn颗粒分散到亚纳米级，因为以原子形式分散的Sn为Pt形成亚纳米级的颗粒提供了成核位。然而，单纯的烧焦再生却难以将形成大颗粒的Pt-Sn合金重新分散。若要实现烧结Pt-Sn合金的再分散，必须在烧焦再生过程中引入卤素元素，一般选择氯气。UOP公司的Oleflex工艺脱氢过程，就是采用氯气和空气的混合物对催化剂进行氧氯化再生，从而实现催化剂的烧焦和Pt的重新分散。氧氯化再生是先将Pt颗粒氧化，氧化后的Pt物种含有氧和氯，该物种具有移动性，在表面迁移的过程中重新分散，经还原后形成小的Pt颗粒。Galisteo等的研究表明，对不同Pt颗粒聚集程度的Pt/γ-Al_2O_3催化剂进行氧氯化处理后，Pt颗粒的平均粒径由9.50nm降低到5.10nm。由此可见，氧氯化处理确实可以实现Pt物种的再分散，减小Pt颗粒粒径。

（3）铬系催化剂再生

CrO_x/Al_2O_3催化剂目前在采用固定床和流化床反应器的工业装置上均有应用。用于固定床反应器时，脱氢反应和催化剂烧焦再生间歇进行，一般是脱氢反应、吹扫、空气烧焦、吹扫、还原，再进行脱氢反应这样往复循环。采用绝热操作，催化剂再生周期很短，往往反应十几分钟就需要进行再生，因此需要在再生过程中提高催化剂的温度。如果采用顶烧炉技术，反应器接近等温操作，则可以反应几小时再进行再生。用于循环流化床反应器时，反应和催化剂再生可连续高效进行，高温再生剂进入反应器，可直接为反应提供热量。高温再生剂在进入反应器之前，必须进行预还原。用H_2、CH_4进行预还原，催化剂的性能没有明显差别。实际操作中，可选择脱氢干气作为预还原的介质。

第五节　脱氢反应器

工业烷烃脱氢过程利用的都是气固相催化作用，即烷烃气体在固体催化剂的作用下发生脱氢反应转化成烯烃和氢气，应用的反应器为固定床、移动床和流化床。

一、固定床

采用固定床反应器的典型技术包括Lummus公司的Catofin、Linde公司的Linde和Phillips石油公司的STAR。前两个技术用的是CrO_x/Al_2O_3催化剂，STAR技术用的是Pt-Sn/$ZnAl_2O_4$催化剂。

Catofin技术为了减小反应器的压降，采用浅催化剂床层；为了提高烷烃的单程转化率，反应在负压下进行，一般绝压在0.05MPa；为了减少副产物，反应器入口温度在590℃左右，原料预热到约600℃，原料中添加硫化物钝化炉管以减少预热过程中的副反应。该技术脱氢反应所需要吸收的热量由催化剂再生烧焦、再生过程中用高温空气加热催化剂床层和在反应过程中将原料预热到高温来提供，并通过再生时调整空气的温度来控制催化剂床层进料前的温度和脱氢反应时原料的预热温度。为了减少热反应，原料的预热温度不能太高，当提高原料预热温度来维持反应温度导致脱氢选择性下降到不可接受的程度时，就必须进行催化剂再生。由此可见，再生的目的，不仅是为了烧焦，更重要的是给催化剂床层加热。也正是这方面的原因，该技术一个反应器的一个反应-再生周期只有20多分钟。为保证整个脱氢过程连续进行，一般需要五个反应器，每个反应器的一个反应-再生周期包括脱氢反应、蒸汽吹扫、通入经加热炉加热到高温的空气烧焦并加热床层、用蒸汽喷射泵抽空反应器脱氧和用干气还原五个步骤，并且总是有两个反应器在同时进行脱氢反应，两个反应器同时再生。

Catofin 技术在负压下进行脱氢反应，烷烃的单程转化率比在正压下高，但对从反应器到气压机入口的密封要求也高，要避免内漏吸入空气带来的安全风险。此外，多个反应器频繁进行反应、吹扫、再生、抽空和还原切换，对高温切换阀的可靠性要求非常高。

Linde 技术同样用的是 CrO_x/Al_2O_3 催化剂和固定床反应器，但与 Catofin 的固定床反应器不同，该技术的固定床采用的是顶烧炉供热的多管式反应器，反应管内装有催化剂，反应管置于加热炉内，由加热炉燃烧燃料为反应供热。反应器在脱氢反应过程中接近等温操作，连续反应 6h 左右进行催化剂烧焦再生，一个反应-再生周期为 9h。Linde 技术反应在正压下进行，避免了 Catofin 技术负压操作带来的安全隐患。Linde 技术一般采用三台反应器，其中两台反应、一台再生，保证连续生产。

STAR 技术与 Linde 技术的反应器类似，采用的也是顶烧炉供热的多管式反应器，但催化剂用的是 $Pt\text{-}Sn/ZnAl_2O_4$。该技术也是在正压下操作，但采用了水蒸气稀释来降低烃的分压，以提高单程转化率。水蒸气的另一个作用是减缓结焦失活，将烧焦再生周期由分钟级延长到小时级。该技术的一个反应-再生周期是 8h，其中反应 7h、再生 1h。为保证整个脱氢过程连续，一般采用八台反应器，其中七台反应、一台再生。

二、移动床

采用移动床反应器的脱氢技术只有 UOP 的 Oleflex。该技术采用 $Pt\text{-}Sn/Al_2O_3$ 催化剂，脱氢反应和催化剂再生可以连续进行。

Oleflex 技术采用三段或四段径向流动绝热反应器串联，每段反应器配一台加热炉为其进料加热，反应所需要的热量完全依靠加热进料来提供。采用三段绝热反应器，进料的温度比采用四段绝热的要高一些。为了减少进料预热过程中的副反应，需要在原料中加入一定量的硫化物。

移动床在传质、传热和流体的流动，以及流体与催化剂的接触等方面，与固定床反应器没有本质差别；与固定床的不同之处在于催化剂在反应器与再生器间缓慢移动，从而实现连续反应和催化剂的再生。

Oleflex 技术受催化剂移动速度的限制，催化剂的再生周期必须足够长，为了保证催化剂的反应-再生周期达到 2～7d，反应需要在临氢条件下进行。临氢反应降低了烷烃的单程转化率，在新鲜原料处理量相同的情况下，单程转化率降低，总进料量增加，加工每吨新鲜原料的能耗增大。Pt 催化剂对 S、As 和 Pb 等敏感，原料必须进行净化处理。Pt 催化剂在反应过程中不仅容易结焦失活，还会烧结，因而催化剂需要氧氯化再生，烧除焦炭的同时，使 Pt 重新分散。催化剂回反应器之前，需要还原。再生烟气中含氯，需要处理后才能排放。

三、流化床

烷烃的催化脱氢是较强的吸热反应，循环流化床是理想的烷烃脱氢反应器。

Pt 催化剂不能用于循环流化床，主要原因是循环流化床反应器催化剂存在明显的磨损现象，需要不断补充新鲜催化剂。如果采用价格昂贵的 Pt 催化剂，则会导致加工每吨原料的催化剂成本太高，使脱氢过程没有经济效益可言。

从 CrO_x/Al_2O_3 催化剂的使用成本角度看，可以将其用于循环流化床反应器，俄罗斯的 FBD-4 技术也证明了上述观点。FBD-4 技术的循环流化床反应器类似于Ⅳ型催化裂化，反应器与再生器的结构相近，两个“U”形管将反应器和再生器连接在一起。再生剂从再生器下部进入再生“U”形管，到达“U”形管的底部后，由输送介质（一般为 N_2 或原料等还原性气体）输送到反应器催化剂床层上部喷出，沉降下来进入催化剂床层。待生剂从反应器下部进入待生“U”形管，到达“U”形管底部后由输送介质（一般为空气）输送到再生器催化剂床层上部。由此实现脱氢反应与催化剂再生连续进行，高温再生剂直接为吸热的脱氢反应高效供热。由于脱氢反应焦炭产率低，仅烧焦不能维持不高于 650℃ 的再生温度，因而再生器必须补燃。

FBD-4 技术的循环流化床反应器结构形式古老，虽不理想，但仍可使用。影响 FBD-4 技术应用的主要问题有：反应器结焦、反应器衬里损坏、反应器内旋分器的焊缝开裂、油气水洗产生污水以及废催化剂难以处理等。这些问题都或多或少与催化剂中的 Cr^{6+} 有关。催化剂烧焦再生会生成 CrO_3，进入反应器后仍然处于熔融状态，如果没有被及时还原，附着到沉降器或沉降器内构件的表面，则会形成结焦的中心。如果此处是滞流区，则焦炭会逐渐生长导致装置结焦，尤其是原料中含有正丁烯或正丁烷时，容易生成不稳定的二烯烃，导致装置结焦速率加快。CrO_3 若渗透进入衬里或焊缝的缝隙，烃类扩散进去脱氢并形成焦炭，焦炭的生长会导致衬里脱落或焊缝开裂。CrO_3 易溶于水，因其剧毒，若进入污水，导致污水难以处理；废催化剂含 CrO_3，废催化剂难以处理。

循环流化床是理想的烷烃脱氢反应器，需匹配合适的催化剂，才能更好地发挥作用。能用于循环流化床反应器的催化剂，必须满足活性高、选择性好、性能稳定、机械强度高、无毒和使用成本可以承受这些要求。

思考题

1. 低碳烷烃脱氢为什么要进行预处理?
2. 写出丙烷、异丁烷脱氢的主要反应以及副反应的方程式。
3. 请简要概述铂系催化剂在丙烷脱氢上的反应机理。
4. 影响低碳烷烃脱氢的因素有哪些?
5. 低碳烷烃脱氢工艺原料中含有哪些硫化物？分别有什么危害?
6. 什么条件下要对低碳烷烃脱氢中失活的催化剂进行再生?
7. 低碳烷烃脱氢中硫化物致使催化剂中毒的机理是什么?
8. 低碳烷烃脱氢有哪些反应器？有什么区别?

第七章

低碳烯烃歧化

歧化反应是指在反应中，氧化作用和还原作用发生在同一分子内部处于同一氧化态的元素上，使该元素的原子（或离子）一部分被氧化，另一部分被还原。这种自身的氧化还原反应称为歧化反应。其中烯烃歧化（olefin metathesis，olefin disproportionation），是通过碳碳双键断裂重新结合生成新产品的过程。该过程的主反应是一个轻微的放热反应，除主反应外，还可能发生异构化、二次歧化以及低聚反应等副反应。

烯烃歧化技术，目前主要有两种，一种是乙烯与丁烯歧化制丙烯技术，另一种是C4烯烃自身歧化制丙烯技术。C4烯烃本身具有双键，性质非常活泼，可进行加成、氧化、取代、聚合等多种化学反应，是现代石油化学工业重要的基础原料。相比发达国家，我国C4烯烃的化工利用率明显偏低。歧化工艺能够将大量过剩、廉价的C4烯烃催化转化为丙烯，是高效利用C4烯烃资源的重要途径，也是丙烯市场供需缺口的有力补充。2-丁烯为烯烃歧化反应的主要反应物，有两种同分异构体，分别为顺-2-丁烯和反-2-丁烯。

目前，国内C4资源主要来源于蒸汽裂解装置和炼厂催化裂化装置。其组成主要包括丁二烯、丁烷（正丁烷、异丁烷）和丁烯（异丁烯、1-丁烯、2-丁烯）等，其典型产物分布如表7-1所示。蒸汽裂解装置的副产物C4，烷烃含量很少，而丁二烯的含量接近50%，催化裂化产物中的烷烃含量却高达44%，且基本不含丁二烯。

表7-1 蒸汽裂解和催化裂化C4馏分典型组成（质量分数）

组分	蒸汽裂解C4/%	催化裂化C4/%
异丁烷	1	34
正丁烷	2	10
异丁烯	22	15
1-丁烯	15	13
2-丁烯	12	28
丁二烯	48	0

歧化工艺所采用的原料C4为醚后C4，为催化裂化装置或蒸汽裂解装置丁二烯抽提和MTBE装置消耗异丁烯后的C4烯烃组分，其中异丁烯已基本消耗完，1-丁烯和2-丁烯的浓度已变得很高，特别是经过1-丁烯的分离工艺后，2-丁烯的纯度可达到95%。醚后C4主要组分是烷烃（正丁烷、异丁烷）和正丁烯（1-丁烯、2-丁烯），其各组分的含量与进料种类相关，典型的醚后C4各组分分布如表7-2所示，歧化反应主要是对醚后C4中的正丁烯尤其是2-丁烯实现高值利用。

表 7-2　醚后 C4 各组分分布

组分名称	丙烷	丙烯	1-丁烯	2-丁烯	正丁烷	异丁烷	异丁烯	丁二烯
质量分数/%	0.5～25	0～4	10～20	15～45	0～10	25～50	<1.5	0.1～0.3

歧化产物中丙烯是一种重要的化工原料，其地位仅次于乙烯。可用于生产的下游化学品有聚丙烯、丙酮、苯酚、丁醇、辛醇、环氧丙烷、丙烯腈、异丙醇以及丙烯酸等。与其他化学品的生产不同，丙烯主要来源于蒸汽裂解制乙烯的副产和炼厂 FCC 装置的副产。目前，在世界范围内，两者所产丙烯分别占丙烯总产量的 61%和 34%，另外还有约 3%的丙烯来源于丙烷脱氢装置，只有 2%来源于烯烃歧化、C4/C5 烃选择性裂解、甲醇制烯烃等其他装置。

目前，国内外对丙烯需求的增长速度均保持在一个较高的水平，且国内远高于世界平均水平。中国丙烯行业已经连续多年产量、消费量全球第一。2018 年，中国丙烯产能保持快速扩张状态，总产能 36.2Mt/a，产量达 31.4Mt/a，分别比 2017 年增长 5.5%、9.2%；消费量为 40.1Mt，比上年增长 7%。2018 年中国丙烯产能、产量、消费量分别占全球的 27.0%、27.2%、35.0%。丙烯供应侧自给率达 78.3%。2019 年上半年，丙烯供需延续近年来持续增长的趋势，新增产能多以新兴工艺为主，截至 2019 年 6 月底，国内丙烯总产能增长至 37.75Mt/a。

第一节　国内外歧化工艺发展

烯烃歧化技术在石油化工中有着重要的研究意义，其中 Phillips 石油公司的 Banks 和 Bailey 在 1964 年首次报道了歧化过程。他们在 857℃丙烯裂解后的产物中发现了乙烯和丁烯，用于以丙烯为原料生产乙烯和丁烯。

经过多年的发展和完善，烯烃歧化制丙烯工艺在各大机构的研究中都有了一定的突破。其中具有代表性的 C4 烯烃歧化工艺是 Lummus 公司的 OCT 工艺，IFP 公司的 Meta-4 工艺，以及 Sasol、BASF、UOP 等公司的 C4 烯烃歧化工艺。但成功实现工业化的只有 Lummus 公司的 OCT 工艺。

一、Lyondell 公司的烯烃歧化工艺

Lyondell 公司于 1985 年在美国得克萨斯州首次利用 OCT 工艺建成了一套 13.6 万吨/年的丙烯生产装置。世界范围内采用 OCT 工艺在建和已经投产的装置已超过十套，其中大部分在亚洲。

Lyondell 公司早期采用 Phillips 石油公司研发的均相镍催化剂，将来自乙烷裂解单元的部分乙烯二聚成 2-丁烯，然后 2-丁烯再与剩余的乙烯反应生成丙烯；后来又以裂解 C4 抽余液为原料，经异丁烯醚化、分子筛吸附、1-丁烯异构化为 2-丁烯，2-丁烯再进行歧化反应。

2004 年，Lyondell 公司公布了一种丙烯生产工艺，该工艺中，以 C4 烯烃为原料，原料经蒸馏分离，其中的 1-丁烯和异丁烯通过异构化反应生成 2-丁烯，并与原料中分离出的 2-丁烯一起进入歧化反应装置中，同乙烯发生歧化反应生成丙烯。其中歧化反应采用的催化剂是负载在 SiO_2 上的金属 Mo、W、Re、Mg 催化剂，在温度 150～430℃、压力 1.4～4.1MPa 的条件下，2-丁烯的单程转化率可达 65%，丙烯的选择性约为 90%。原料中的异丁烯、1-丁烯和 2-丁烯都转化为丙烯，大大提高了丙烯的产量。该工艺是对 Lummus 公司 OCT 工艺的改进。

二、IFP 公司的 Meta-4 工艺

IFP 公司开发的 Meta-4 烯烃歧化工艺采用的催化剂是负载在 Al_2O_3 载体上的铼，由于铼具有较高的催化活性，丁烯和乙烯的歧化反应可以在低温下进行。从 1988 年 4 月到 1990 年 9 月，该工艺在位于中国台湾高雄中油股份有限公司的一套示范装置上运行 8600h（包括 5700h 的寿命试验），催化剂再生 6 次，催化剂的物化性能稳定。该工艺存在的主要问题是在催化剂的寿命方面一直没有重要突破，催化剂成本较高，对原料杂质较为敏感，反应温度与再生温度相差较大从而使再生操作能耗较大等。但对该技术的工艺路线和催化剂的研发一直没有中断，仍在不断优化和改进。

该工艺采用的铼系催化剂至少包括 3 种组分：①多孔的 Al_2O_3 载体或 Al_2O_3 质量分数至少为 75%的载体；②质量分数为 0.01%～20%的铌和钽氧化物或质量分数为 0.01%～5%的铯；③质量分数为 0.01%～20%的铼氧化物。载体的比表面积大于 $10m^2/g$，最好大于 $50m^2/g$；孔体积大于 0.1mL/g，最好为 0.3～1.0mL/g。催化剂最好在 500～900℃且有少量气体（如氧、氮、氩气等非还原性气体）流通的空气氛围中活化，活化时间为 10～300min。该工艺在反应温度为 30～60℃和高于反应物蒸气压的压力下，将 2-丁烯和乙烯歧化生成丙烯，其中 2-丁烯单程转化率为 63%，丙烯选择性高于 98%。在苛刻的操作条件下，产物中乙烯质量分数为 31.2%，丙烯质量分数为 22.4%，丙烯和乙烯质量比为 0.72。

该工艺原料为蒸汽裂解和催化裂化反应的 C4 副产物。反应前，经过加氢处理、醚化反应、分子筛吸附等流程除去原料中的二烯烃、异丁烯和含氧化合物等杂质，之后与乙烯发生歧化反应。IFP 公司还提出了一些新工艺，如将一部分乙烯在烷基钛酸盐和铝的化合物组成的催化剂上二聚为丁烯，丁烯经过 Pd 或 Ni 催化剂异构后，进入歧化反应单元与剩余的乙烯在 Re_2O_7/Al_2O_3 催化剂上进行歧化反应生产丙烯。IFP 公司烯烃歧化工艺的优点是反应温度较低，催化剂不易结焦且寿命长。图 7-1 为 IFP 公司开发的 Meta-4 歧化工艺。

三、BASF 公司的 C4 歧化工艺

BASF 公司 C4 歧化工艺的最大特点在于乙烯消耗量少，在目前乙烯价格居高不下的情况下，有利于提高该工艺的竞争力。BASF 对反应原料 C4 物流中的杂质如二烯烃和炔烃、异丁烯及含氧化合物、含硫化合物等进行了完善的研究并给出了行之有效的处理方法，如用

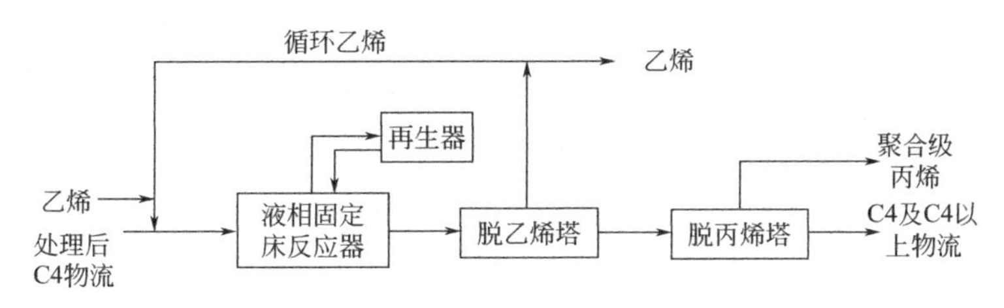

图 7-1　IFP 公司的 Meta-4 歧化工艺

吸附剂除水，铂催化剂除二烯烃。净化后的 C4 组分在 Re_2O_7/Al_2O_3 或 WO_3/SiO_2 催化剂上经过多步反应并经产物分离后得到丙烯。使用两种催化剂时，反应压力和空速较为一致，但采用 Al_2O_3 负载的 Re_2O_7 催化剂时，反应温度为 20～80℃，采用 SiO_2 负载的 WO_3 催化剂，反应温度为 150～500℃。铼催化剂再生时，首先进行 400～800℃下氮气处理，之后通入含氧气体在 350～550℃下继续处理。2001 年，BASF 公司首次将蒸汽裂解生产线与 OCT 工艺结合，使丙烯产量大幅增加。

BASF 公司的 C4 烯烃歧化工艺最显著的特点是充分利用了烯烃歧化反应可逆的热力学特点，将丁烯自身歧化及乙烯和丁烯歧化有机组合，反应中不需要添加或只需要添加少量乙烯即可获得较高的丙烯收率，该工艺对于乙烯资源短缺的地区尤其具有吸引力。同 Meta-4 工艺一样，BASF 公司的 C4 烯烃歧化工艺所采用的催化剂活性组分也是铼，载体为 Al_2O_3，其中铼氧化物的质量分数最好为 8%～12%。该工艺中的异构化催化剂载体上负载有质量分数为 0.1%～5%的 PbO 和 Pb。

目前，BASF 公司在 C4 歧化制丙烯的基础上又开发出了 C4 歧化制备丙烯和已烯的工艺，其工艺流程如图 7-2 所示，该工艺主要以丁烯和乙烯为原料（乙烯和丁烯的摩尔比为 0.05～0.6），进行歧化反应，生成的乙烯、戊烯等副产物经蒸流后全部或部分循环回歧化反应器，同时分离出所需的丙烯和已烯。

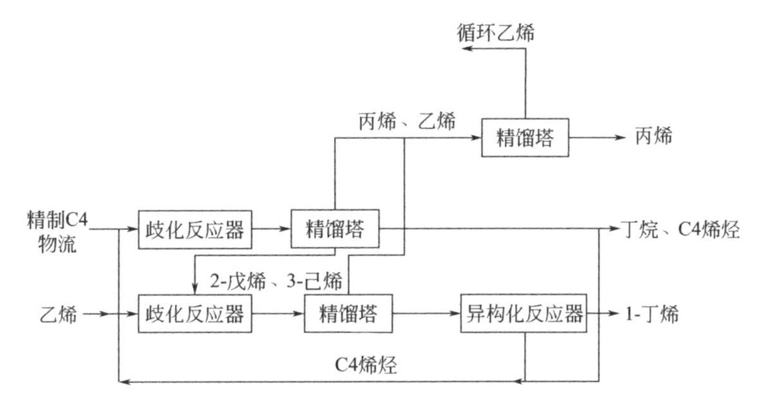

图 7-2　BASF 公司的 C4 歧化工艺

四、S-OMT 工艺

S-OMT 工艺采用丁烯临氢异构化、烯烃转化反应工艺和萃取分离工艺相结合的技术路线。该技术由中国石化上海石油化工研究院和中国石化工程建设有限公司联合开发，此工艺采用钨系催化剂体系。此催化剂已于2006年3月通过了中国石化组织的技术评审，并在北京燕山石化分公司建设的50t/a S-OMT中进行了催化剂和反应器的放大试验，验证其烯烃歧化的反应工艺条件。图7-3所示为S-OMT工艺流程图。

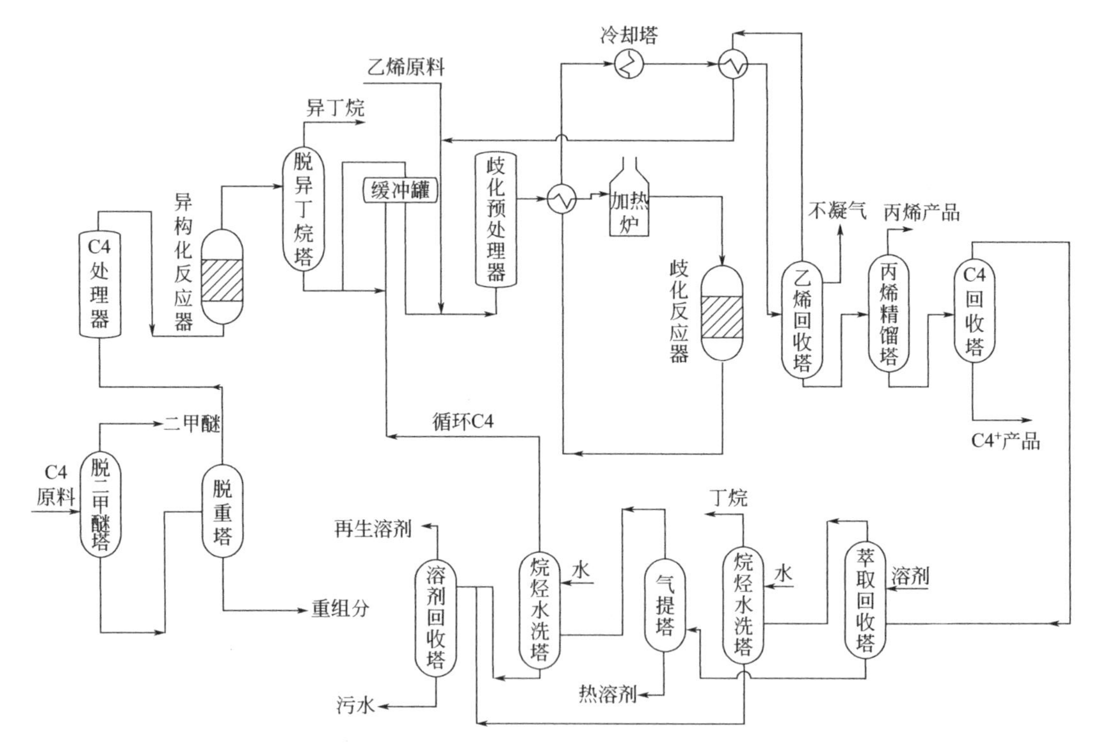

图7-3 S-OMT工艺流程图

表7-3给出了OCT、Meta-4和S-OMT烯烃歧化工艺的具体参数。

表7-3 烯烃歧化工艺对比

项目	OCT	Meta-4	S-OMT
开发单位	Lummus	IFP	SRIPT,SEI
催化剂	氧化钨-氧化镁	铼-氧化铝	氧化钨-氧化镁
反应温度/℃	290～375	20～50	270～330
反应压力/MPa	3.0～3.5	保持液相所需压力	2.8～3.3
反应器	固定床,气相	固定床,液相	固定床,气相
原料来源	FCC,S.C.C4	FCC,S.C.C4	醚后C4,1-丁烯
原料预处理	丁二烯选择加氢;脱除异丁烯;去除有害杂质	丁二烯选择加氢;脱除异丁烯;去除有害杂质	去除有害杂质
催化剂再生	一开一备	连续	一开一备
丁烯转化率/%	≥70	≥70	≥70
丙烯选择性/%	≥97	≥97	≥97
催化剂再生周期	≥1个月	连续	≥1个月
催化剂寿命/a	>2	>2	>2

注：FCC为催化裂化；S.C.C4为蒸汽裂解C4组分。

中国科学院大连化学物理研究所对分子筛负载的钼基催化剂进行了研究。虽然对催化剂预处理及再生方面也做了研究且已经申请了多项专利，但未见有长周期实验及详尽的失活机理探明分析，只是在固定床反应器的研究中，发现较低温度下催化剂可以使乙烯与丁烯的反应达到较为理想的水平，但目前难以实现工业化。

第二节　歧化反应机理与热力学计算

一、歧化反应机理

目前普遍接受的歧化反应机理是金属卡宾机理，该机理认为烯烃与金属中心配合形成初始的金属卡宾引发物种，该物种具有空位，另一分子烯烃与其结合形成金属杂环丁烷中间体，此中间体极不稳定，容易裂解生成新的金属卡宾配合物和新的烯烃。对于非均相催化歧化，金属卡宾引发物是由过渡金属中心与反应烯烃分子配合，然后发生氢转移形成的。由此可见，歧化反应的关键是卡宾物种的形成，催化剂结构是影响该反应步骤的关键因素。

卡宾机理过程，主要包括金属卡宾物的引发形成，与活性物种的链传递两个过程（见图7-4）。

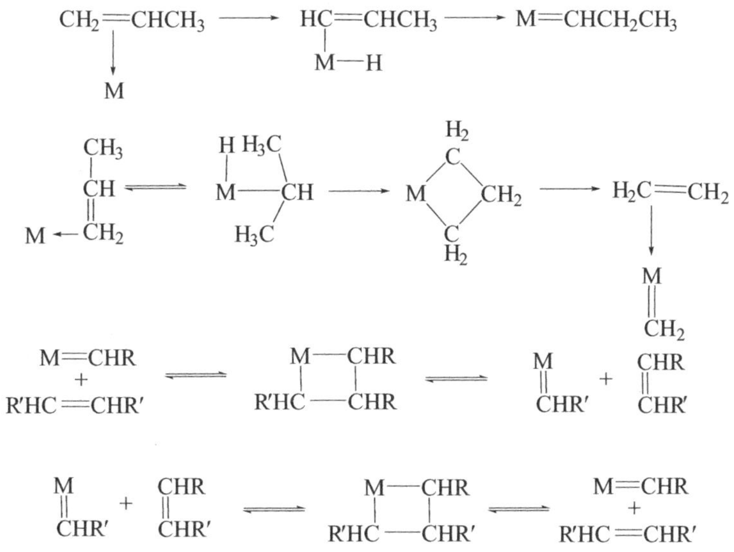

$$CH_2{=}CHCH_3\,(\downarrow M) \longrightarrow HC(M{-}H){=}CHCH_3 \longrightarrow M{=}CHCH_2CH_3$$

$$M \leftarrow CH_2{=}CH{-}CH_3 \rightleftharpoons (H)M{-}CH(CH_3)_2 \longrightarrow M(CH_2)_3\ (\text{环}) \longrightarrow H_2C{=}CH_2 \xrightarrow{M} M{=}CH_2$$

$$M{=}CHR + R'HC{=}CHR' \rightleftharpoons \begin{matrix} M{-}CHR \\ R'HC{-}CHR' \end{matrix} \rightleftharpoons M{=}CHR' + CHR{=}CHR'$$

$$M{=}CHR' + CHR{=}CHR' \rightleftharpoons \begin{matrix} M{-}CHR \\ R'HC{-}CHR' \end{matrix} \rightleftharpoons M{=}CHR + R'HC{=}CHR'$$

图 7-4　烯烃歧化反应卡宾机理

二、主副反应热力学参数及计算

对于烯烃歧化反应的热力学研究，工艺条件的优化有着重要的指导意义。歧化主反应为微放热反应，反应平衡受温度的影响不大。但是发现温度对正丁烯之间的热力学平衡影响较大，温度升高，有利于2-丁烯向1-丁烯的异构，但不利于顺-2-丁烯向反-2-丁烯的异构。当压力低于3.9MPa，在300℃的实验条件下，反应体系接近理想气体，压力对主副反应的热力学平衡影响不大。对主反应的热力学影响将在下面进行详细的说明。

2-丁烯有顺反两种同分异构体，二者都可与乙烯反应，生成丙烯。同时，反应过程中，顺反 2-丁烯之间，顺反 2-丁烯与 1-丁烯之间都能相互转化，因此，在乙烯与 2-丁烯歧化制丙烯工艺中，主要有以下五个反应

$$CH_2{=}CH_2+trans\text{-}CH_3-CH{=}CH-CH_3 \rightleftharpoons 2CH_3-CH{=}CH_2 \tag{7-1}$$

$$CH_2{=}CH_2+cis\text{-}CH_3-CH{=}CH-CH_3 \rightleftharpoons 2CH_3-CH{=}CH_2 \tag{7-2}$$

$$CH_2{=}CH-CH_2-CH_3 \rightleftharpoons trans\text{-}CH_3-CH{=}CH-CH_3 \tag{7-3}$$

$$CH_2{=}CH-CH_2-CH_3 \rightleftharpoons cis\text{-}CH_3-CH{=}CH-CH_3 \tag{7-4}$$

$$cis\text{-}CH_3-CH{=}CH-CH_3 \rightleftharpoons trans\text{-}CH_3-CH{=}CH-CH_3 \tag{7-5}$$

在反应条件一定的情况下，反应所涉及的五种烯烃之间存在固定的热力学平衡。以上五个反应的平衡常数分别记为 K_1、K_2、K_3、K_4、K_5。在以上五个反应中，独立的反应数为三，选取反应（7-1）、（7-3）和（7-5）进行热力学分析，则反应（7-2）与（7-4）的反应平衡常数可通过 $K_2=K_1K_5$、$K_4=K_3/K_5$ 求得。

反应平衡常数按以下热力学公式进行计算

$$\Delta_f H^{\ominus}_{m,j}(T)=\Delta_f H^{\ominus}_{m,j}(298.15K)+\int_{298.15}^{T} C^{\ominus}_{p,g,j}\,dT \tag{7-6}$$

$$S^{\ominus}_{m,j}(T)=S^{\ominus}_{m,j}(298.15K)+\int_{298.15}^{T} C^{\ominus}_{p,g,j}\,d\ln T \tag{7-7}$$

$$\Delta_r G^{\ominus}_m(T)=\sum_j v_j\Delta_f H^{\ominus}_{m,j}(T)-T\sum_j v_j S^{\ominus}_{m,j}(T) \tag{7-8}$$

$$C^{\ominus}_{p,g}/R=a_0+a_1T+a_2T^2+a_3T^3+a_4T^4 \tag{7-9}$$

$$K^{\ominus}_f(T)=\exp\left[-\frac{\Delta_r G^{\ominus}_m(T)}{RT}\right] \tag{7-10}$$

各物质恒压热容关系式（7-9）中关联系数、298.15K 下的标准摩尔生成焓及标准摩尔熵，可通过物性手册查取，计算所用 $C^{\ominus}_{p,g}$ 温度多项式中各关联系数列于表 7-4。

表 7-4　恒压热容温度多项式关联系数

物质名称	a_0	$a_1\times10^3$/K	$a_2\times10^5$/K^{-2}	$a_3\times10^8$/K^{-3}	$a_4\times10^{11}$/K^{-4}	温度范围/K
乙烯	4.221	−8.782	5.795	−6.729	2.511	50～1000
丙烯	3.834	3.893	4.688	−6.013	2.283	50～1000
1-丁烯	4.389	7.984	6.143	−8.197	3.165	50～1000
顺-2-丁烯	5.584	−4.89	9.133	−10.975	4.085	50～1000
反-2-丁烯	3.689	19.184	2.23	−3.426	1.256	50～1000

将表 7-4 中的各系数值，代入式（7-10）中，可计算出对应物质在公式适用范围内的摩尔恒压热容，将理论计算值与石油化工基础数据手册中各物质在相应温度下的摩尔恒压热容进行比对，二者基本相当，说明式（7-10）的精确度较高。将其代入式（7-6）与式（7-7）中，可较为精确地估算各物质特定温度下的标准摩尔生成焓与标准熵。

计算所用各物质 298.15K 下的标准摩尔生成焓 $\Delta_f H^{\ominus}_m$（298.15K）与标准摩尔熵 $S^{\ominus}_m$（298.15K）列于表 7-5。

表 7-5 计算所用热力学参数

物质名称	$\Delta_f H_m^{\ominus}$(298.15K) /(kJ/mol)	$S_m^{\ominus}$(298.15K) /[J/(mol·K)]
乙烯	52.5	219.25
丙烯	20	266.73
1-丁烯	−0.5	307.86
顺-2-丁烯	−7.1	301.31
反-2-丁烯	−11.4	296.33

各物质在不同温度下的标准摩尔生成焓 $\Delta_f H_m^{\ominus}(T)$ 与标准摩尔熵 $S_m^{\ominus}(T)$ 通过式（7-6）与式（7-7）求得，进一步求出各反应在不同温度下的逸度平衡常数 $K_f^{\ominus}(T)$。

三、主副反应的热力学平衡分析

研究发现温度对歧化主反应热力学平衡影响较小，温度主要是通过影响主副反应的反应速率来影响催化体系的活性及选择性。提高反应温度有助于提高丙烯产率，促进 2-丁烯向 1-丁烯的转化和促进反-2-丁烯向顺-2-丁烯的转化，但也会导致 C5、C6 组分选择性提高，使催化剂表面更容易结焦。当反应温度超过 350℃时，催化体系的活性逐渐下降，当反应温度低于 150℃时，催化体系上易发生乙烯的聚合反应，还会发生副反应产生高碳物质，高碳物质在催化剂表面聚集会堵塞催化剂表面上的催化活性位点，使催化剂活性下降。

体系中五个主副反应均为等摩尔反应，所以式（7-11）中压力项 $(1/p^{\ominus})^{\Delta v_j}=1$，因此 $K_p^{\ominus}(T)=K_p(T)$。当体系可视为理想气体时 $K_\gamma(T)=1$，所以 $K_f^{\ominus}(T)=K_p^{\ominus}(T)=K_p(T)$。当体系视为真实气体时，系统压力对平衡常数 $K_p^{\ominus}(T)$ 与 $K_p(T)$ 的影响均可通过逸度项 $K_\gamma(T)$ 进行修正。$K_\gamma(T)$ 可通过式（7-12）进行求算。体系各组分均为低碳烯烃，分子结构及大小相差不大，当体系视为真实气体的理想混合时，混合物中各组分的逸度系数可用其纯物质的逸度系数代替，做近似计算。

$$\prod_{j=1}^{N}\left(\frac{y_j\gamma_j p}{p^{\ominus}}\right)^{v_j}=K_f^{\ominus}(T)=K_\gamma(T)K_p^{\ominus}(T)=K_p(T)K_\gamma(T)\left(\frac{1}{p^{\ominus}}\right)^{\Delta v_j} \tag{7-11}$$

$$K_\gamma(T)=\prod_{j=1}^{N}(\gamma_j)^{v_j} \tag{7-12}$$

表 7-6 列出了 2MPa、不同温度下各反应的平衡常数。由表中不同温度下的逸度系数修正项 $K_{\gamma1}$、$K_{\gamma3}$、$K_{\gamma5}$ 分析可知，随温度的升高，逸度系数修正项接近 1，说明随温度的升高，反应体系接近理想气体。在 2MPa、300℃的反应条件下，逸度系数修正项接近 1，表明压力平衡常数与逸度平衡常数之间差别不大。主反应（7-1）的逸度平衡常数随温度的升高而降低，说明反-2-丁烯与乙烯生成丙烯的反应为放热反应，高温不利于反应向生成丙烯的方向移动；随着温度的升高，压力平衡常数减小，说明主反应为微放热反应。反应（7-3）为 1-丁烯与反-2-丁烯之间的相互转化反应，随温度的升高，反应的压力平衡常数逐渐降低，说明 1-丁烯生成反-2-丁烯的反应为放热反应，高温不利于 1-丁烯异构为 2-丁烯，不利于提

高原料的利用率。综上所述，从热力学平衡角度分析，升高温度，不利于2-丁烯向丙烯的转化，但升高温度，有利于提高反应速率，因此，理论上该实验存在最佳反应温度。

反应（7-5）为顺-2-丁烯与反-2-丁烯之间的相互转化，对表7-6中反应（7-5）的压力平衡常数进行分析可以看出，随温度的升高，反应的压力平衡常数逐渐减小，说明温度越高，越不利于顺-2-丁烯向反-2-丁烯的异构；顺-2-丁烯转化为反-2-丁烯的压力平衡常数大于1，说明平衡体系中，反-2-丁烯的分压要大于顺-2-丁烯，反-2-丁烯的吉布斯自由能更低，结构更稳定。

表7-6 2MPa、不同温度下各反应平衡常数

温度/℃	150	200	250	300	350	400
$K_{f1}^{\ominus}$	11.6140	11.1717	10.8221	10.5422	10.3152	10.1289
$K_{f3}^{\ominus}$	5.6001	4.0569	3.1239	2.5146	2.0928	1.7872
$K_{f5}^{\ominus}$	1.9584	1.7754	1.6503	1.5602	1.4924	1.4397
$K_{\gamma 1}$	1.0320	1.0198	1.0131	1.0090	1.0063	1.0045
$K_{\gamma 3}$	0.9897	0.9936	0.9962	0.9972	0.9981	0.9987
$K_{\gamma 5}$	1.0052	1.0043	1.0037	1.0032	1.0028	1.0025
K_{p1}	11.2535	10.9552	10.6824	10.4481	10.2504	10.0835
K_{p3}	5.6583	4.0832	3.1360	2.5217	2.0968	1.7895
K_{p5}	1.9483	1.7678	1.6442	1.5552	1.4882	1.4361

注：$K_{fi}^{\ominus}$、$K_{\gamma i}$、K_{pi}中下标i表示该平衡常数对应反应（7-i）。

表7-7给出了300℃、不同压力下各反应平衡常数。通过对比可以发现，随压力的升高，K_{γ}逐渐远离1，说明压力越高，体系的非理想性越高；但在300℃的反应温度下，整个压力范围的K_{γ}并未远离1，说明在300℃的实验条件下，体系接近理想气体，压力对主副反应的平衡影响很小。

表7-7 300℃、不同压力下各反应平衡常数

压力/MPa	0.1	1.0	2.0	3.0	3.9
$K_{\gamma 1}$	1.0004	1.0044	1.0090	1.0138	1.0182
$K_{\gamma 3}$	0.9999	0.9986	0.9972	0.9957	0.9943
$K_{\gamma 5}$	1.0002	1.0016	1.0032	1.0050	1.0066
K_{p1}	10.5376	10.4961	10.4481	10.3988	10.3537
K_{p3}	2.5149	2.5181	2.5217	2.5255	2.5290
K_{p5}	1.5600	1.5578	1.5552	1.5525	1.5499

注：表中$K_{\gamma i}$、K_{pi}中下标i意义同表7-6。

第三节 歧化反应催化剂

一、催化剂的类型

烯烃歧化催化剂可分为均相催化剂和多相催化剂两种。均相催化剂主要是一些金属卡宾配合物催化剂，目前在实验室研究较多。均相催化剂在歧化机理研究方面有很强的优势，但在制备与再生方面不如多相催化剂简便，因此工业应用中采用多相催化剂。

低碳烯烃歧化催化剂根据其活性组分的不同主要可分为铼基、钼基和钨基；根据负载组分的形式，也可分为金属氧化物催化剂、双金属催化剂、金属硫化物催化剂和金属羰基化合物催化剂等。从催化剂的选择性和活性角度考虑，有实际应用价值的歧化催化剂主要是钼基、铼基和钨基。

（1）铼基催化剂

低温下高活性和高选择性是铼基催化剂最大的优势。铼基催化剂一般以 Re_2O_7 形式负载在 γ-Al_2O_3 上，也有部分以 SiO_2 为载体。铼基歧化催化剂是三种催化剂中活性最高，所需反应温度最低的催化剂。其丙烯歧化活性与负载量的关系和钼基催化剂相似，符合“S”形曲线关系。当铼在 γ-Al_2O_3 上的负载量低于 18%（质量分数）时，其活性随着铼负载量的增加而显著提高。铼基催化剂的一个重要不足是铼的价格较贵，且在制备焙烧过程中，铼基催化剂容易升华，这是目前铼基催化剂工业化的一个主要瓶颈。

（2）钼基催化剂

载钼催化剂是最早应用于工业过程的歧化催化剂，负载型钼基催化剂一般以 SiO_2 或 Al_2O_3 为载体。除此之外，近年来还开发了 MCM-22、HBeta-30Al_2O_3 和 HY-Al_2O_3 等多种载体，也取得了较好的效果。负载钼的催化剂活性依赖于 MoO_3 的负载量，丙烯歧化活性与负载量是“S”形曲线关系。低负载量时，催化剂的活性随负载量的增加提高明显，当钼的负载量超过一定值时，进一步增加钼的负载量对催化剂的活性影响不大，这是因为高负载量下，催化剂表面形成了晶体 MoO_3。钼基催化剂所需的反应温度为 100～125℃，属于中温歧化催化剂。

常用的钼源包括 $Mo(CO)_6$、$(NH_4)_6Mo_7O_{24}\cdot 4H_2O$ 和 $(NH_4)_2Mo_4O_{13}\cdot 2H_2O$ 等。最普遍的制备方法是将钼酸铵溶液浸渍在载体上然后高温烘焙。钼基催化剂的反应条件与钨基催化剂的反应条件相比比较温和。

（3）钨基催化剂

钨基歧化催化剂的反应活性不如钼基和铼基催化剂，使用温度也是最高的，但该催化剂具有选择性高、不易结焦、对杂质敏感性低等优点，因此有很好的工业应用前景。钨基催化剂的活性会受到扩散效应的影响，这种影响可以通过提高反应物的空速或提高催化剂的预处理温度而得到部分消除，钼基和铼基催化剂未发现有相同现象。WO_3/SiO_2 催化剂存在诱导期，催化剂达到较高的反应活性需要一段时间，一般通过 H_2 或 CO 预还原处理以及惰性气氛下的高温处理来降低其影响。Luckner 等认为诱导期就是钨被还原到一定价态形成活性中心的过程。与钼基和铼基催化剂相比，钨基歧化催化剂抗中毒能力较强，有较长的催化剂寿命，且连续再生对催化剂的结构影响很小。Lummus 公司的 OCT 工艺催化剂 WO_3/SiO_2 是目前唯一工业化的歧化催化剂，但实际应用中该催化剂仍然存在活性、稳定性的问题。此外，目前对 WO_3/SiO_2 催化剂的研究还有很大不足，在催化过程中活性组分钨的价态、晶型，催化剂表面酸性及助剂等对催化剂活性的影响还有待进一步研究。

表 7-8 为钨基、钼基和铼基催化剂的适用条件，以及存在的优缺点。

表 7-8　各类歧化催化剂的性质

催化剂种类	使用温度/℃	优点	缺点
钨基催化剂	300～500	选择性较高、不易中毒、不易结焦、对杂质敏感性低和原料纯度要求低等	使用温度高、催化活性较低和催化剂有较长的诱导期等
钼基催化剂	100～125	我国钼资源丰富和使用条件温和	活性低、易结焦、对杂质敏感和稳定性较差等
铼基催化剂	20～100	使用温度低、活性和选择性高等	铼价格昂贵、制备过程易升华和催化剂寿命较短等

二、钨基催化剂

WO_3/SiO_2 催化剂是目前唯一成功应用于工业装置的烯烃歧化催化剂，其成本、寿命等原因使之占有绝对的优势，但是相比于钼基、铼基催化剂而言，其较低的活性导致较高的反应温度，促使研究者们对其进行了一系列的改进研究。重点介绍以下几方面。

1. 催化剂制备的一般方法

制备钨基催化剂主要采用溶胶-凝胶法和浸渍法，最近几年国内研究人员更加青睐以各种硅基介孔分子筛作为载体通过浸渍法制备钨基催化剂，而且目前实现工业化的 Lummus 公司 OCT 工艺的 WO_3/SiO_2 催化剂也是采用浸渍法制备而成的。

浸渍法是催化剂工业生产中应用最广泛的一种方法，通常将含有活性物质的液体浸渍到载体上，当浸渍平衡后去掉多余液体，再进行干燥、焙烧、活化等工序后处理，如图 7-5 所示。干燥过程可以使水分蒸发逸出，使活性组分的盐类遗留在载体的内表面上，这些金属和金属氧化物的盐类均匀分布在载体的细孔中，经加热分解及活化后，即得高度分散的载体催化剂。通过浸渍法制备催化剂可以根据对催化剂的需求选择具有合适物理结构特性的载体，省去了催化剂成型的步骤，并且负载组分多数情况下仅仅分布在载体表面上，具有利用率高、用量少和成本低的优点，非常适合铂、钯、铱等贵金属催化剂的制备。

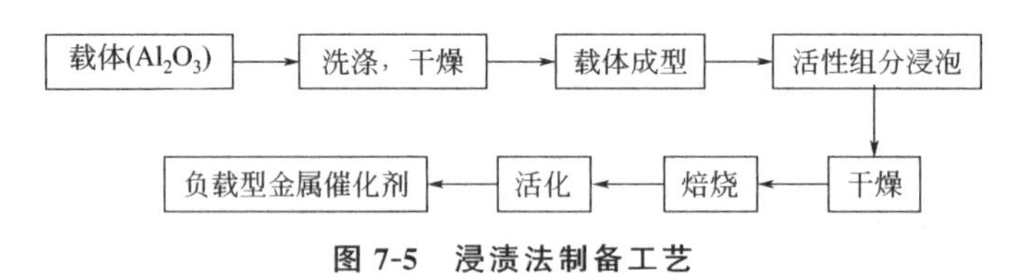

图 7-5　浸渍法制备工艺

浸渍法主要分为传统的等体积浸渍法、过量浸渍法、多次浸渍法和新兴的浸渍沉淀法。等体积浸渍法具有操作工艺简单的优点，但也存在容易使活性组分负载不均匀进而导致结晶并阻塞载体内部孔道的缺点；过量浸渍法按预定负载量称取特定量的前驱体，但溶剂用量多了几倍，将载体置于溶液中搅拌一段时间后，移入旋转蒸发仪，在真空条件下以一定温度旋转蒸发掉多余的水，此方法能够较为均匀地将活性组分负载于载体上且负载量误差极小；多次浸渍法即浸渍、干燥、焙烧反复进行数次，一般在浸渍化合物的溶解度很小、一次浸渍不能得到足够的负载量和多组分浸渍化合物各组分之间会发生竞争吸附时采用，但该工艺过程复杂，每次浸渍后均需进行干燥和焙烧，应尽量避免采用；浸渍沉淀法是在浸渍法的基础上结合均匀沉淀法发展起来的一种新方法，即在浸渍溶液中预先加入沉淀剂母体，待浸渍单元操作完成后，加热升温使沉淀组分沉积在载体表面上，该方法可以用来制备比传统浸渍法分布更均匀的金属或金属氧化物负载型催化剂。沉淀法制备工艺见图 7-6。

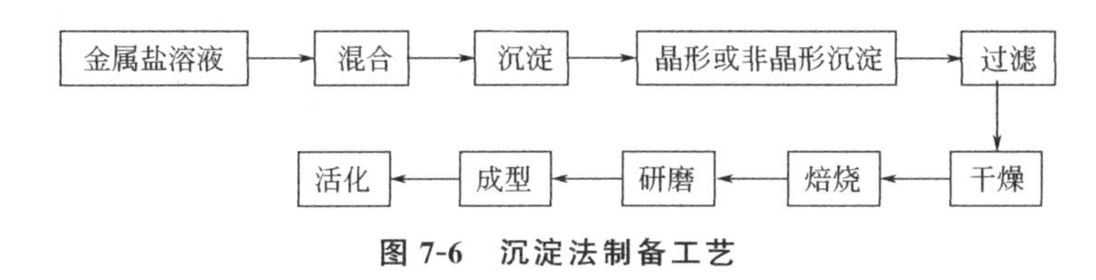

图 7-6 沉淀法制备工艺

对采用等体积浸渍、过量浸渍、两次等体积浸渍这三种浸渍方法制备的 WO_3/SiO_2 催化剂的丙烯转化率进行对比，从中可以发现，两次等体积浸渍法制备的催化剂比其他方法制备的催化剂具有更高的丙烯转化率（1.5 个百分点），这可能是由于两次等体积浸渍法能使活性钨物种更好地分散在硅胶载体表面；过量浸渍法制备的催化剂性能与等体积浸渍法制备的催化剂差距不大，这可能是由于在实验室小规模制备过程中容易发生前驱体中钨物种析出的问题，导致实际 WO_3 负载量低于预定负载量，但在工业大规模生产过程中因为制备原料使用量较大，损失的钨物种相较于整体可以忽略不计，能够避免该问题。结合三种催化剂的丙烯歧化性能评价可以看出，三种催化剂的产物选择性和稳定性大致相当，因此可以认为两次等体积浸渍法制备的 WO_3/SiO_2 催化剂具有更佳的丙烯歧化活性，但考虑到两次等体积浸渍法制备过程更加复杂且差距仅体现在丙烯转化率上，在工业化生产中不推荐使用。等体积浸渍法和过量浸渍法制备的催化剂丙烯歧化活性差距不大，而且过量浸渍法相较于等体积浸渍法更适合大规模生产，适合工业化钨基催化剂的制备。

2. 歧化催化剂的制备

负载型的歧化催化剂通常由浸渍法制得。以 WO_3/SiO_2 催化剂为例，采用等体积浸渍法，将偏钨酸铵溶液缓慢滴加至载体上，之后经过一系列的干燥、焙烧、冷却后得到 WO_3/SiO_2 催化剂。催化剂的制备过程主要受以下因素影响。

（1）载体

烯烃歧化多相催化剂由金属活性中心和高比表面积的载体两部分组成，载体不参与催化歧化反应过程，但载体的性质如比表面积、酸性和分子筛孔结构等对于催化剂活性有着重要的影响。

不同的载体种类和改性方法会影响催化剂的酸性和负载金属的分散度。比较常见的载体有 SiO_2、Al_2O_3、TiO_2、ZnO、ZrO_2 和分子筛。这几种载体 B 酸的酸性高低为：Al_2O_3＞分子筛＞ZrO_2＞TiO_2＞SiO_2＞ZnO；L 酸的酸性高低为：分子筛＞Al_2O_3＞TiO_2＞ZrO_2＞SiO_2＞ZnO。研究发现在负载量相同的情况下，SiO_2 作为载体时催化剂的活性最高，其次为 Al_2O_3-SiO_2 和 Al_2O_3-TiO_2。同时也有研究发现，由金属氧化物和分子筛组成的双组元载体 Al_2O_3-HY 与 WO_3 制成的催化剂在低温下（约 180℃）的活性较高，歧化反应的丁烯转化率为 60%左右，丙烯的选择性可达 88%。通过浸渍法合成了 WO_3/MTS-9 催化剂，并通过实验评价给出了不同载体负载 WO_3 催化剂活性排序，由高到低分别是 WO_3/MTS-9、

WO_3/SBA-15、WO_3/MCM-48 和 WO_3/SiO_2。

近几年研究发现歧化反应的副反应与酸性有关，因此对催化剂进行酸碱性调节，可以有效地改善产物的选择性，对 WO_3/SiO_2 催化剂的酸碱性进行改变，可以抑制烯烃歧化的副反应，提高歧化反应的选择性。选用酸碱对载体进行处理，发现用 NaOH 对 WO_3/SiO_2 进行离子交换处理，缩短了诱导期，减少了结焦现象。在合适的负载量（6%～10%）下，处理过后的催化剂酸性降低，L 酸和 B 酸都减少，在不降低催化剂活性的情况下抑制了异构化产物的生成，使丙烯选择性增加。

（2）负载量

不同金属负载量、不同金属物种结构，具有不同的反应活性。对于一些催化剂而言，负载量增加时生成了易还原的多面体晶体，反应活性相对较高，而继续增加负载量则可能导致物种之间的聚合形成新的晶相，从而影响反应的活性，使催化剂的活性变差。

负载型 WO_3 催化剂表面物种结构随负载量的变化情况比钼基、铼基催化剂更为复杂。WO_3 负载量的高低会直接影响钨基催化剂的活性和选择性。当以硅胶作为载体时，一般认为随负载量增加，催化剂活性会经历升高-稳定-下降的趋势，最佳负载量为 8%，也有人认为是 6%和 10%。不同负载量也会影响催化剂中金属物种的结构和价态。经过一系列研究发现，制备 WO_3/SiO_2 催化剂时，随着 WO_3 负载量的不断增加，其构型会从四面体逐渐聚集成八面体，表征发现负载量低于 2%时钨为四面体构型，高于 20%时会出现体相 WO_3。因此人们普遍认为活性物种是四配位的 WO_3，其形态与负载量和载体种类相关。

WO_3/SiO_2 催化剂中，研究者对于钨的价态看法不一，但大部分认为活性中心可能是钨的中间价态。在过去的研究中发现随着负载量增加，催化剂表面的结晶态 WO_3 也增加，负载量在 20%～40%之间增加时催化剂活性会下降，因此认为活性物种不是结晶态 WO_3，可能是在高温中被还原的钨。同时通过表征认为四面体构型的 WO_3 和 $WO_{2.92}$ 是活性物种。研究发现，在 WO_3/SiO_2 表面检测到有微晶化的 WO_3 和与 SiO_2 载体以化学键结合的氧化钨两种钨物种存在，并且高度分散的氧化钨物种通过两个 Si—O—W 键负载在 SiO_2 表面。

（3）预处理方式

对催化剂预处理的目的在于缩短诱导期。催化剂需要一定的反应时间才能逐渐达到稳定的催化活性，这一时期即诱导期。不同的预处理方式导致催化剂具有不同的活性，因此预处理方式的研究对于催化剂的活性优化有着重要的意义。

目前常用的预处理方法有三种：其一，用惰性气体（N_2）在 550℃下吹扫 0.5h；其二，用还原性气体（H_2）在 550℃下吹扫 0.5h；其三，同时运用上述两种气体在 450℃左右吹扫 0.5h。选用不同的预处理方法，发现在 600℃、H_2 气氛下对催化剂处理 1～10min 可以有效提高其催化性能。除了上述的预处理方法，也有以 $CO+CO_2$、H_2+H_2O、H_2+CO_2 和 H_2 对催化剂进行预处理，发现预处理可以选择性地将钨还原成 WC、WO_2、$WO_{2.72}$ 和 $WO_{2.84}$，这些物质的存在使催化剂活性效果一般，但当 WC 少量存在于催化剂中时，歧化反应效果较好。

（4）助剂

一些负载型催化剂在反应开始是没有反应活性的，但是加入助剂后，反应活性可以提高几个数量级。不少研究认为加入助剂后催化剂的活性位点增多，同时助剂有助于烯烃与金属物种作用形成金属卡宾，对于稳定活性物种有一定的作用。助剂对钨基歧化催化剂的影响主要体现在提高歧化催化剂的活性，促进活性物种的还原，抑制副反应的发生和促进烯烃与金属物种作用形成金属卡宾，稳定活性物种等方面。

有研究发现，添加金属助剂对 WO_3/Al_2O_3 催化剂表面物种有明显的影响。Al_2O_3 表面的水合氧化钨物种（WO_4^{2-}、$HW_6O_{21}^{5-}$ 及 $W_{12}O_{39}^{6-}$）的结构与表面溶液薄层的零电势点下的 pH 值有关。在 pH 值较高时，钨物种主要是以孤立钨酸盐存在；而当 pH 值较低时，则是以聚钨酸盐为主。而零电势点下的 pH 值则受到氧化钨的负载量和金属助剂的影响。金属氧化物添加剂并不直接与表面的氧化钨物种作用，而是通过改变催化剂表面的水溶液薄膜的零电势点的 pH 值来间接影响其构型。当表面覆盖度低于单原子层时，添加的金属氧化物优先与 Al_2O_3 载体形成表面金属氧化物物种；当表面覆盖度超过单原子层后再引入金属氧化物，既形成了表面金属氧化物物种，也形成了混合氧化钨晶体复合物。且金属氧化物添加剂的碱性越强（如 Ca、La），越容易形成这种混合氧化钨晶体复合物。通过分析总结，认为氧化钨和第二种金属氧化物占据不同的表面位点。表面的氧化钨优先与表面羟基作用，而添加的金属氧化物则优先与配位不饱和的 Al^{3+} 形成的 Lewis 酸性位点作用。

在 WO_3/SiO_2 催化剂中加入少量的 Na、S、Si、Mg、Ba、Zn、Sb 等物质以后，可促进催化剂中钨的还原，明显提高催化剂的活性。添加 MgO 助剂在 WO_3/SiO_2 催化剂中可明显提高该催化剂的转化率，抑制副反应的发生。添加微量的碱金属或碱土金属离子可减少双键异构化反应程度和其他类型的酸型反应，增加歧化反应的选择性。例如，将 Na、K、Ba、Cs 等元素添加到 WO_3/SiO_2 催化剂中，以丙烯为原料进行歧化研究，发现这些元素的加入可以有效地提高乙烯产品的选择性。研究发现碱金属 K 能增加歧化反应速率和选择性。在实际工业生产中，一般将 MgO 催化剂与 WO_3/SiO_2 催化剂按一定的比例混合装填，一般认为 MgO 催化剂的作用是促进原料中 1-丁烯异构，提高 1-丁烯的转化率。同时发现除 1-丁烯异构功能外，MgO 催化剂还可能有调节催化剂酸性、净化原料、提高钨基催化剂活性的作用。

毒物很容易使歧化催化剂失活，而 MgO 可以有效地阻止毒物在催化剂表面的吸附，从而达到净化反应原料和延长催化剂寿命的作用。实际上，体相的 MgO 本身就是一种性能良好的吸附剂，对 H_2O 等物质有很强的吸附力。耶马科夫等提出，MgO 可以有效增加 1-己烯歧化催化剂 WCl_6/SiO_2 抵抗 O_2 和 H_2O 等毒物的能力。诸多研究认为，随着歧化反应的进行，MgO 会逐渐吸附毒物杂质，当毒物含量达到一定程度后，会导致反应体系中副反应明显增加，主产物选择性降低，歧化效果变差，从而使催化剂失活。另外，还认为 MgO 的纯度也是影响其活性的重要因素，硫化物或者磷酸盐等杂质有利于毒化催化剂反应的发生。因此，MgO 助剂在储存时不应暴露在空气中，以避免其吸水后焙烧时表面缺陷的增加和催化剂活性的降低。研究发现，在歧化反应中，MgO 表面可能生成了一种如烯丙基、氧离子和含氧自由基等的气相“激发物种”。经过一系列研究、验证发现，丙烯在 400℃ 下会与 MgO 生成一小部分 π-烯丙基自由基。上述“激发物种”只要有几微克就能使钨基催化剂的歧化活性增加 100 倍。而当钼基催化剂使用 MgO 作助剂时，如 MgO-MoO_3/SiO_2，歧化活性并没有明显增加。另外，在 MgO-WO_3/SiO_2 中加入 MoO_3 后，歧化活性增强的现象也会消失。由此推测，MoO_3 可能是导致上述“激发物种”湮灭的主要物质。碱性的 MgO 可以中和催化剂的酸性，减少能够促进歧化反应副反应发生的 Brønsted 酸性位点，在一定程度上抑制副反应，从而减少结焦现象的发生以增强钨基催化剂的稳定性，延长其寿命。研究发现，MgO 的加入量超过 1.0%后，催化剂的稳定性下降。MgO 的加入能够影响催化剂表面钨物种的结构，可以促进一部分体相以及八面体的钨物种向四面体构型的活性钨物种转化，从而增加催化剂在歧化反应中的活性。

Lummus 公司将 MgO 与 WO_3/SiO_2 催化剂混合，应用于丙烯歧化反应（OCT 工艺）中，发现 MgO 的加入可以有效提高丙烯转化率。分析认为 MgO 的表面上会生成一种气相的“激发物种”，能够有效提高 WO_3/SiO_2 催化剂的活性和稳定性。MgO 在反应中已知的功能除了异构外，还可以增加反应的稳定性，因为其具有一定的吸附杂质的能力。有文献报道，SiO_2、TiO_2、ZrO_2 作为外加载体加入会提高 WO_3/SiO_2 催化剂的歧化性能，因为热扩散的缘故，活性组分 WO_3 会从原载体扩散至这些新的载体上，进而增加活性钨物种的数量和分散性。

研究发现，CaO 的加入可以明显抑制 WO_3/SiO_2 催化剂的正丁烯转化率和丙烯选择性，同时 TiO_2 的加入稍稍抑制了 WO_3/SiO_2 催化剂的正丁烯转化率，但其选择性不变。MgO、SiO_2 及 ZrO_2 均可使 WO_3/SiO_2 催化剂的整体歧化性能维持在较高水平。选择 MgO 作为最佳助剂，是因为 MgO 在反应中可以提供较强的异构功能，且 MgO 具有碱性，有助于调节催化剂酸性，使其歧化性能维持在较高水平。

（5） MgO 助剂

MgO 的碱性位主要有弱碱性位（27%）、中等碱性位（41%）和强碱性位（32%）三种，在 MgO 中，强碱性位是丁烯发生双键异构的活性位点。在 MgO 的碱性位中，强碱性位主要由 MgO 中孤立的 O^{2-} 所引发，而中等碱性位主要由 Mg^{2+}-O^{2-} 中的 O 离子所引发。在钨基歧化催化剂中加入 MgO 催化剂，可以提高原料中 1-丁烯的利用率。MgO 催化剂的加入，在调节钨基催化剂表面的酸性、促进活性位的形成，以及原料的净化方面也可能有重要的作用。但是 MgO 的过量加入不仅降低了催化剂活性，也降低了其选择性。相似碱金属及其氧化物的引入也具有以上特征。

此外，MgO 的表面结构也可能影响其丁烯双键异构性能，经过系统研究发现，异构化活性位点上的电子由位于立方氧化物晶格角上的 O^{2-} 提供。为了揭示 MgO 在丁烯异构反应中的作用，建立合理的 MgO 表面模型，Coluccia 和 Tench 针对完全脱水以及碳酸盐的情况对 MgO 的表面情况建立了模型，如图 7-7 所示。Mg^{2+}-O^{2-} 在 MgO 表面上有数种若干配位数的类型，高配位的在中心位置，而低配位的位于角、边和高 Miller 指数表面。其中，配位数为 3 的 Mg_{3c}^{2+}-O_{3c}^{2-} 反应活性最强，可以有效地吸附 CO_2 和 H_2O。研究表明，具有台阶面结构的 MgO 比平坦表面和扭曲表面的 MgO 异构化性能都高。

高比表面积 MgO 催化剂主要通过焙烧低比表面积 $Mg(OH)_2$ 制备，而 $Mg(OH)_2$ 催化剂则是通过水热处理或者沉淀法制备得到。水热处理方法即在一定温度下水解商业氧化镁制备催化剂，因其制备方法简单、生产成本低等优点，一直广泛应用于研究当中。

在 WO_3/SiO_2 催化剂与 MgO 催化剂混合催化烯烃歧化反应的体系中，WO_3/SiO_2 与 MgO 的装填方式对反应也有影响。5 种不同的装填方式如图 7-8 所示。其中，A 为两种催

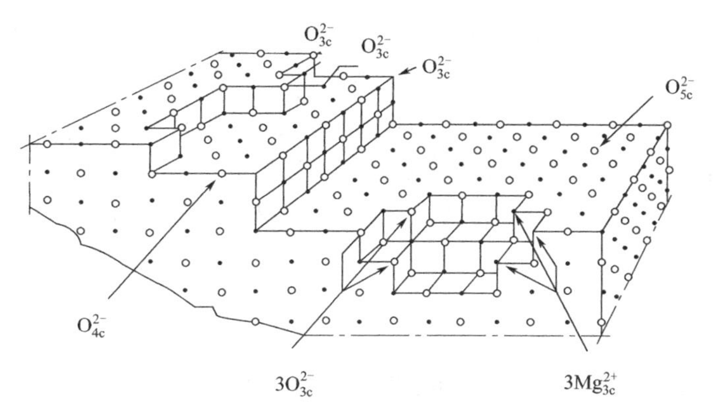

图 7-7 MgO 表面情况模型

化剂物理混合后装填到反应管中；B 为单独 WO_3/SiO_2 催化剂；C 和 D 为两种催化剂接触分层装填（C 为 MgO 在上，WO_3/SiO_2 在下，D 与 C 相反）；E 为 MgO 在上，WO_3/SiO_2 在下，二者中间用瓷球隔开，不直接接触。其中，WO_3/SiO_2 催化剂与 MgO 催化剂混合装填为最优装填方式。在混合装填方式下，MgO 能起到吸附毒物、净化原料的作用，保证了反应体系歧化性能的稳定；同时，MgO 较强的异构能力，能够提高反应中丙烯的选择性。

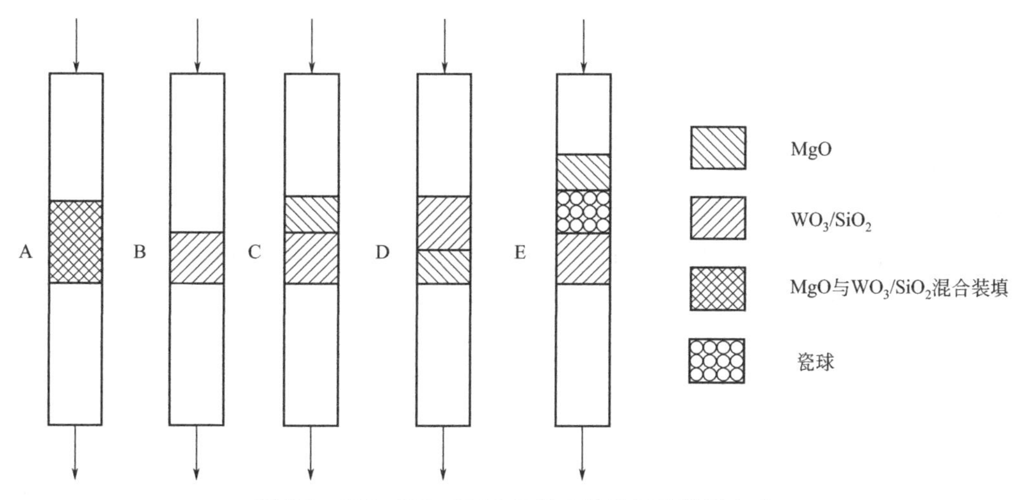

图 7-8 WO_3/SiO_2 与 MgO 的 5 种不同的装填方式

除了 MgO 的装填方式对反应有一定影响外，不同质量分数（10%、30% 和 50%）MgO 对 WO_3/SiO_2 催化的乙烯和顺-2-丁烯歧化制丙烯反应也有影响。当 MgO 质量分数在 10%～50%时，在反应时间内转化率都可以维持在 90%左右。主产物丙烯的选择性最高，其次是反-2-丁烯（约 11%）和 1-丁烯（约 6%），以及微量的 C5 烯烃。这说明体系中交叉歧化反应是绝对的主反应，发生的副反应主要是顺反异构反应和双键异构反应。另外，MgO 质量分数为 30%和 50%时，丙烯选择性能够在反应时间内保持稳定，各种丁烯异构体间的比例也能维持在平衡值。当 MgO 质量分数为 10%时，丙烯选择性从第 10h 后开始明显降低，同时伴随着 2-丁烯/1-丁烯（摩尔比）的减小。但因为 2-丁烯的转化率基本不变，说明 MgO 仍能正常催化异构反应，所以此时 1-丁烯选择性的上升应源于丙烯选择性的下降，归根到底是由 WO_3/SiO_2 歧化活性的缓慢下降引起的。掺混氧化物的催化剂体系的活性下降原因与单独 WO_3/SiO_2 类似，可能归因于体系中的微量杂质引起的催化剂轻微中毒。

当以 1-丁烯为原料时，发现在单独 WO_3/SiO_2 催化剂上 1-丁烯的转化率及丙烯的选择性均最低；在含有 MgO 催化剂的催化体系上，反应初期 1-丁烯的转化率基本相当，但只有 MgO 催化剂的含量在 30%时，1-丁烯的转化率才可基本维持稳定。其他 MgO 催化剂含量（70%、50%、10%、0）下，随反应的进行，1-丁烯的转化率逐渐降低。

第四节　影响烯烃歧化反应的工艺因素

一、原料纯度的影响

相比于铼基和钼基歧化催化剂，钨基催化剂的一项优势在于它对原料中杂质的耐受能力更强，而且当 MgO 助催化剂与 WO_3/SiO_2 歧化催化剂同时使用时，MgO 又能起到一定的净化原料的作用，因此工业生产中所使用的 WO_3/SiO_2-MgO 催化剂有着较为优异的抗杂质性能。尽管如此，该催化剂仍然对某些种类、某些含量的杂质的耐受力有限。本节分别介绍乙烯原料中含有的 H_2、CO_2 杂质及其含量对歧化反应的影响，这对于指导工业生产有着重要的借鉴意义。

（1） CO_2 的影响

乙烯原料中 CO_2 杂质使催化剂中毒失活。CO_2 是典型的酸性气体，而 MgO 催化剂具有强碱性，所以原料气通过 WO_3/SiO_2-MgO 催化剂床层时，其中的 CO_2 会优先吸附在 MgO 上且难以释放，这也正是 MgO 助剂所起到的吸附毒物、净化原料的作用。当 CO_2 杂质含量逐渐增加，占据了更多的吸附位，MgO 的吸附能力和异构能力逐渐丧失，CO_2 杂质会与烯烃竞争吸附到 WO_3/SiO_2 催化剂上，使催化剂歧化反应活性位点减少，丁烯转化率逐渐降低，最终导致催化剂中毒失活。

（2） H_2 的影响

在反应中一定量 H_2 的存在可以抑制催化剂上焦炭的生成，有助于延长催化剂寿命。但是 H_2 含量不应过高，这是因为过量 H_2 有可能会引起活性组分被过度还原，尽管轻度还原的 WO_3 是歧化反应的活性组分，但过度还原后催化剂会迅速失活。三种浓度 H_2 的引入对 WO_3/SiO_2 催化剂的活性几乎无影响，却可以缩短反应诱导期，同时抑制焦炭生成从而延缓催化剂的失活趋势，增强了催化剂的稳定性使其寿命得以延长，这其中以 1500mg/m^3 H_2 的作用最为显著，在实验条件下可将催化剂寿命延长 67%。而且在该 H_2 含量下进行的歧化反应表现出对丙烯有更高、更稳定的选择性，同时对 C5 组分有更低的选择性，即 1500mg/m^3 H_2 的存在抑制了重组分的产生，而使反应产生更多的轻组分，这有利于丙烯的生产。

（3）乙烯浓度的影响

乙烷裂解干气、液化石油气裂解干气、FCC 干气中分别含有 50%、25%、20%左右的乙烯，对于含有配套乙烯厂的大型炼厂可以采用直接分离提浓的方式来生产聚合级乙烯，而对于大多数不具备乙烯厂的小型炼厂来说，副产干气中的乙烯浓度过低，直接焚烧未被有效利用，造成了极大浪费，部分炼厂会直接利用这部分乙烯，但利用途径较为单一，目前干气制乙苯利用最为广泛。近年来，随着我国催化裂化装置生产能力的提高，副产干气中乙烯含量逐年增加，为了拓宽干气的利用途径，增加炼厂的收益，研究稀乙烯和1-丁烯对 WO_3/SiO_2 催化剂歧化性能的影响。

乙烯与丁烯歧化制丙烯反应体系中，原料乙烯/丁烯的进料比能够显著影响丁烯转化率和丙烯选择性，所以乙烯与丁烯，哪个是重要反应物决定了反应物的进料比。根据化学平衡可知，若丁烯过量，促进了1-丁烯与2-丁烯之间的交叉歧化，增大重组分产物的选择性；若乙烯过量，能够有效抑制副反应的发生，减少重组分生成，提高丁烯的转化率和丙烯选择性，同时还需综合考虑设备投资和操作费用等多方面因素。乙烯进料摩尔分数增大，初始正丁烯转化率增大，催化剂稳定性随之下降，并且以1-丁烯为原料时，此现象更加明显。当乙烯与丁烯摩尔比从1.0增加到2.0时，以“乙烯＋反-2-丁烯”为原料，初始正丁烯转化率从70%增加到75%，然而以“乙烯＋1-丁烯”为原料，初始正丁烯转化率从54%增加到66%。所以，在工业生产中，应综合正丁烯转化率、催化剂稳定性、设备投资等多方面因素确定最佳原料进料比。

相比于铼基催化剂和钼基催化剂，钨基催化剂虽具有较强的抗杂质能力，但仍对原料纯度和杂质较敏感，将乙烯净化后能显著提高 WO_3/SiO_2 和 MgO 催化剂的稳定性。

二、不同反应原料的歧化反应

（1）丙烯自歧化反应

丙烯为烯烃歧化反应的主要目的产物，但此反应为可逆反应。当丙烯含量高时，亦能够发生丙烯转化为乙烯和2-丁烯的逆歧化反应，生成的2-丁烯进一步发生异构反应生成2-丁烯的不同异构体和1-丁烯等。典型的丙烯在钨基歧化催化体系上的反应结果如图7-9所示。

由图7-9产物结果分布分析可知，丙烯在歧化催化剂上首先发生歧化反应生成乙烯和2-丁烯，随后生成的2-丁烯被异构成1-丁烯，C5组分则认为是生成的1-丁烯和2-丁烯发生交叉歧化反应生成的。由于此过程的主要生成物种基本为反应常规原料，C5组分的含量较少，摩尔分数约为5%，基本不生成C6组分，反应中乙烯的选择性为50%左右，总丁烯的选择性与其大致相当。丙烯自歧化生成乙烯和2-丁烯是所有反应的基础，丙烯原料的数据能够非常直观地反映催化体系的歧化反应性能。

（2）丁烯自歧化反应

钨基歧化反应催化剂不仅可以催化2-丁烯与乙烯生成丙烯的反应，对1-丁烯的自歧化反应也有较强的催化功能。同时，实际生产过程的原料C4中不可避免地有一定比例的1-丁烯，因此研究1-丁烯在钨基歧化催化剂上的反应特性有着重要的理论和实践意义。典型的1-丁烯在钨基歧化催化体系上的反应结果如图7-10所示。

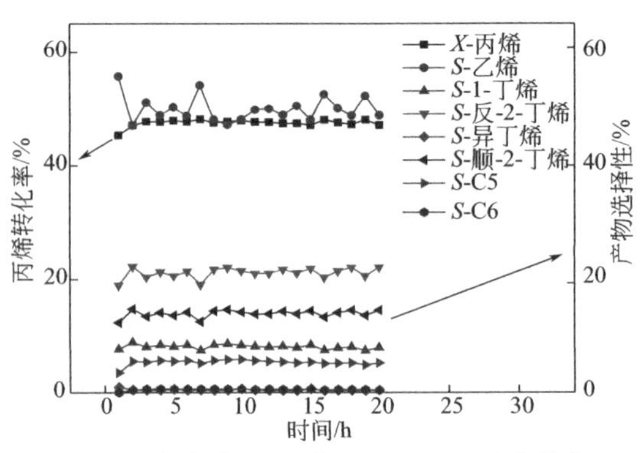

图 7-9　丙烯在 MgO 与 WO_3/SiO_2 混合催化体系上的自歧化反应结果

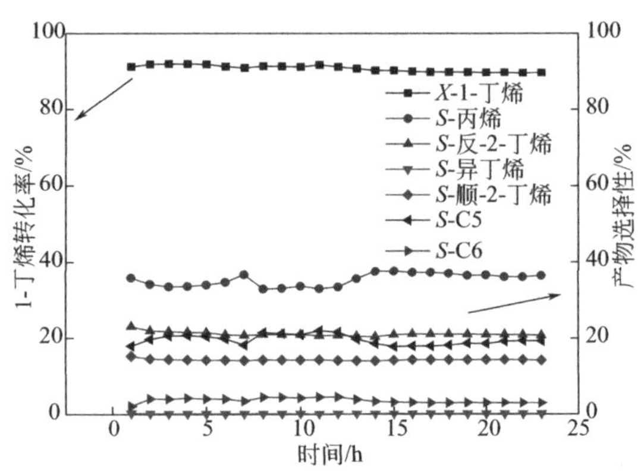

图 7-10　1-丁烯在 MgO 与 WO_3/SiO_2 混合催化体系上的自歧化反应结果

由图 7-10 可以发现，1-丁烯自歧化反应的产物中，除丙烯和异构产生的 2-丁烯外，还有大量的 C5 烯烃和 C6 烯烃，其来源主要是二次歧化反应。随着反应的进行，1-丁烯的转化率始终能够保持在 90%左右较高的水平，未见下降。异构主要生成 2-丁烯，异丁烯的生成量极低，丙烯与 C5 烯烃的数值有所波动，但波动幅度不大。C5 烯烃的摩尔分数是丙烯的 3/5，因此只有约 3/5 的丙烯是由 1-丁烯与 2-丁烯歧化产生的，其他可能由 1-丁烯自歧化产生的乙烯与异构产生的 2-丁烯歧化所得。此反应过程中生成的 C5 和 C6 烯烃的选择性较高，C5 的摩尔分数为 20%左右，C6 的摩尔分数为 4%左右，而顺-2-丁烯与反-2-丁烯的选择性则非常稳定，反-2-丁烯的选择性要高于顺-2-丁烯，且二者的比值基本维持在 1.5 左右。

对 1-丁烯自歧化反应的动力学研究认为 1-丁烯与 2-丁烯之间的异构反应所需的活化能是最低的，约为 39.4kJ/mol，而 1-丁烯的自歧化反应是最高的，约为 176.9kJ/mol，交叉歧化的活化能则为 73.1kJ/mol，即最容易发生的是异构反应，其次是 1-丁烯和 2-丁烯的交叉歧化反应。1-丁烯自歧化反应则由于能垒过高而很难发生。由产物分布结果和动力学分析可知，以 1-丁烯为原料时，主要发生的反应有 1-丁烯自歧化反应、1-丁烯异构反应、1-丁烯与 2-丁烯交叉歧化反应、产物乙烯与 2-丁烯之间交叉歧化反应等。其中，主反应路径应为 1-丁烯首先异构为 2-丁烯，然后 1-丁烯和 2-丁烯再发生交叉歧化反应生成丙烯。

（3）乙烯与 2-丁烯交叉歧化反应

典型的反-2-丁烯和乙烯在钨基歧化催化体系上的反应结果如图 7-11 所示。

由图 7-11 可以发现，丙烯的选择性能够稳定维持在 90%左右，其他的产物主要为顺-2-丁烯和 1-丁烯，而异丁烯、C5 和 C6 的选择性基本为 0。由产物结果分布分析可知，反-2-丁烯和乙烯的歧化反应主要为反-2-丁烯和乙烯生成两个丙烯，除此之外存在一部分的丁烯异构反应，将反-2-丁烯原料异构成顺-2-丁烯和 1-丁烯，其他生成高碳物质的二次歧化反应可以认为基本不发生。

典型的顺-2-丁烯和乙烯在钨基歧化催化体系上的反应结果如图 7-12 所示。

由图 7-12 可以发现，丙烯的选择性能够稳定维持在 80%左右，其他的产物主要为顺-2-丁烯和 1-丁烯，而异丁烯、C5 和 C6 的选择性基本为 0。顺-2-丁烯和乙烯的实验结果与反-2-丁烯结果基本相似，区别主要集中在丙烯选择性上，其丙烯选择性稍低于反-2-丁烯原料的丙烯选择性。

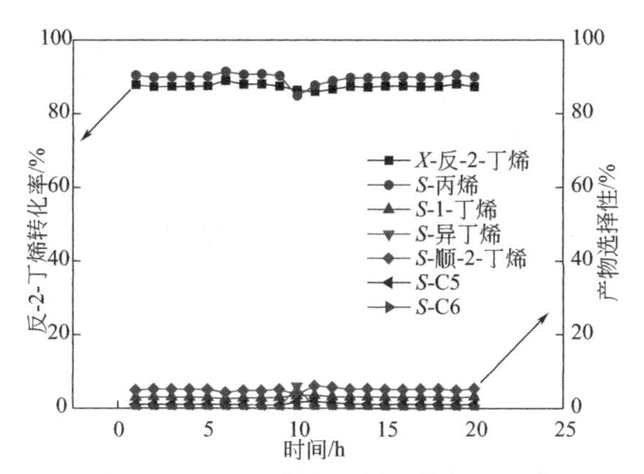

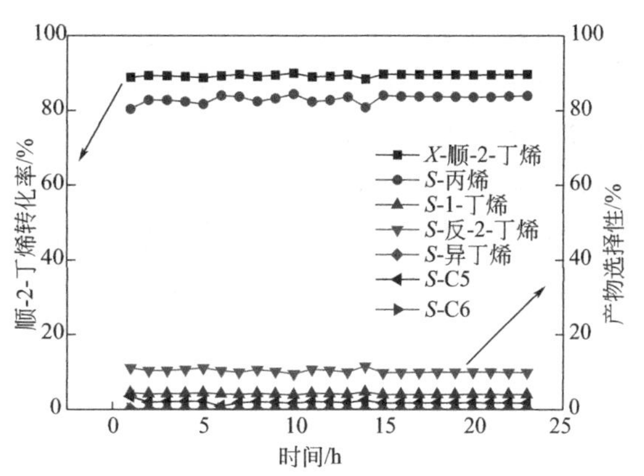

图 7-11　反-2-丁烯和乙烯原料在 MgO 与 WO_3/SiO_2 混合催化体系上的歧化反应结果

图 7-12　顺-2-丁烯和乙烯原料在 MgO 与 WO_3/SiO_2 混合催化体系上的歧化反应结果

(4) 1-丁烯与 2-丁烯的比例分析

正丁烯具有多种异构体，在特定的实验条件下，各异构体之间存在着反应平衡。2-丁烯与 1-丁烯存在着反应平衡，其比例代表的是丁烯双键异构反应的进行程度及其催化效果的稳定性。反-2-丁烯和顺-2-丁烯之间也存在反应平衡，其比例代表的是 2-丁烯顺反异构体相互转换的反应程度和稳定性。将前面几组实验得出的正丁烯比例进行分析，如图 7-13 和图 7-14 所示。

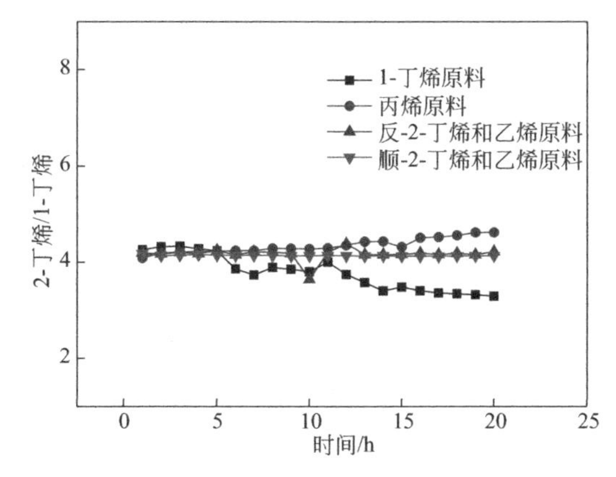

图 7-13　不同原料的 2-丁烯与 1-丁烯的比值

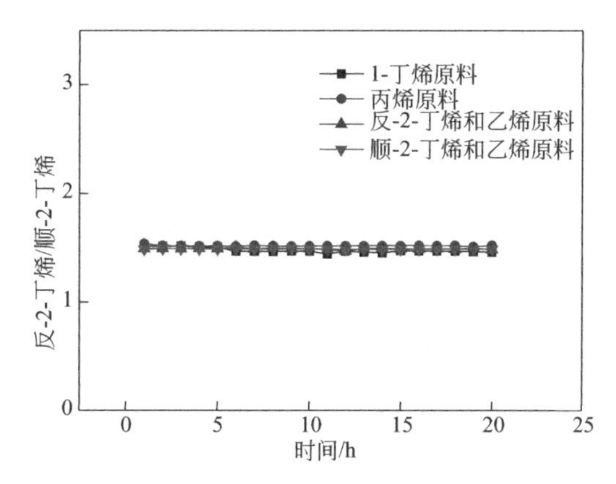

图 7-14　不同原料的反-2-丁烯与顺-2-丁烯的比值

由图 7-13 可以发现，反应起初不同原料的 2-丁烯与 1-丁烯的比例基本相同，能够稳定维持在平衡值（4∶1）。随着反应的进行，使用 1-丁烯原料的 2-丁烯与 1-丁烯的比例首先开始下降，丙烯原料中的 2-丁烯/1-丁烯在 12h 左右开始上升，反-2-丁烯、顺-2-丁烯和乙烯原料的 2-丁烯/1-丁烯则非常稳定，基本达到了反应平衡。

根据反应分析，当纯 1-丁烯原料进入催化体系后，须首先转化成 2-丁烯，随后才能进一步生成丙烯。2-丁烯和 1-丁烯的平衡值为 4∶1 左右，因此催化体系需要将 80%的 1-丁烯转化成 2-丁烯，异构任务很重，且反应同时会生成较高含量的高碳物质，造成催化剂异构功能的降低，导致 2-丁烯/1-丁烯有所下降。而 1-丁烯原料的反-2-丁烯与顺-2-丁烯的比值稳定在平衡值（1.5∶1）附近，20h 内未出现明显波动，说明 2-丁烯顺反异构体之间的转换能够较为轻松地实现，且不易失活。

当丙烯原料进入催化体系后，首先发生的是丙烯的自歧化反应，生成乙烯和 2-丁烯，2-

丁烯包括顺反两种，随后 2-丁烯发生异构反应生成 1-丁烯。随着反应的进行，丙烯原料的 2-丁烯与 1-丁烯的比例在 12h 左右有所上升，原因认为是催化体系的异构功能下降，导致 1-丁烯产量减少，从而使 2-丁烯/1-丁烯升高。而反-2-丁烯与顺-2-丁烯的比值和其他原料相同，能够稳定保持在平衡态。

当顺、反-2-丁烯和乙烯原料进入催化体系后，主反应为歧化反应，2-丁烯的转化率稳定在 90%，即只有剩余 10%的 2-丁烯需要参与丁烯之间的平衡反应，而真正需要发生异构反应生成 1-丁烯的 2-丁烯只占到 2-丁烯总量的 2%，催化体系的异构任务轻，高碳物质等重组分的生成量基本为 0，保证了催化体系的寿命，从而稳定维持了丁烯各异构体之间的比例。

（5）乙烯与混合丁烯的反应

研究发现，催化体系的正丁烯转化率由稳定时期的 71.3%下降至反应结束前的 70.0%，丙烯选择性保持在 96%以上并随反应进行略有上升。

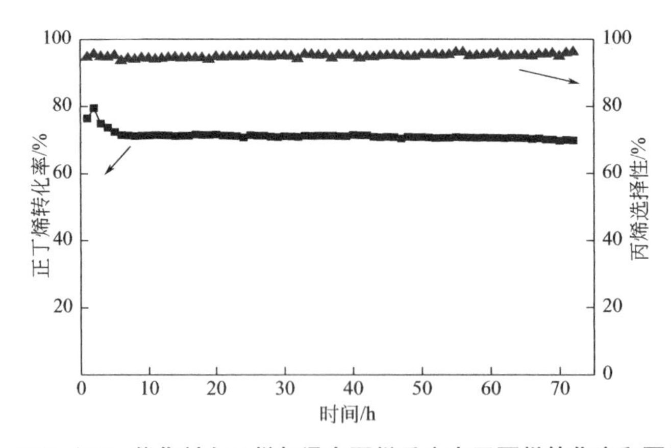

图 7-15　WO_3/SiO_2 催化剂上乙烯与混合丁烯反应中正丁烯转化率和丙烯选择性

由图 7-15 及图 7-16 可知，反应中顺-2-丁烯、反-2-丁烯的转化率基本保持稳定，即 2-丁烯的转化率是稳定的，但 1-丁烯的转化率逐渐下降，其生成量逐渐超过了原料中的含量，20h 后 1-丁烯转化率降为负值并持续下降，导致计算出的正丁烯转化率开始出现缓慢的下降并持续降低。1-丁烯主要来自 2-丁烯的异构，即与乙烯发生歧化反应的 2-丁烯逐渐减少，丙烯的收率会逐渐降低。

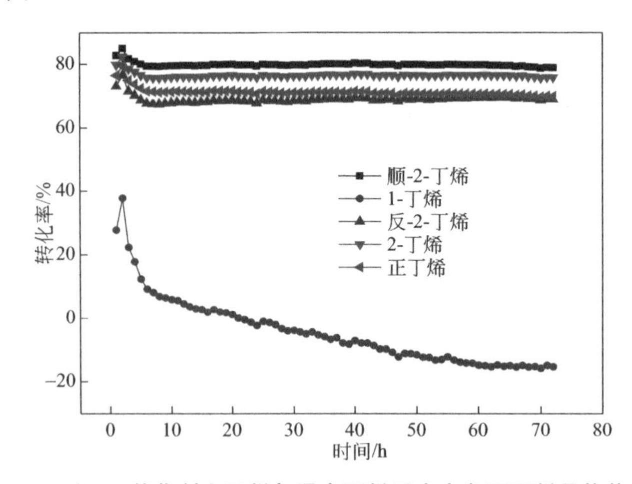

图 7-16　WO_3/SiO_2 催化剂上乙烯与混合丁烯反应中各正丁烯异构体的转化率

第五节　Lummus 公司的 OCT 工艺详述

Phillips 石油公司开发出了最早的烯烃歧化工艺，用于以丙烯为原料生产乙烯和丁烯。OCT 工艺为其逆反应，由 Lummus 公司开发并工业化。目前该工艺多以乙烯和丁烯为原料，以 WO_3/SiO_2 作为歧化催化剂，MgO 为异构化催化剂，反应装置中上层为 MgO 催化剂，将 1-丁烯异构为 2-丁烯，下层采用 WO_3/SiO_2 催化剂与 MgO 催化剂混合装填，WO_3/SiO_2 催化 2-丁烯和乙烯反应生成丙烯，MgO 除异构外还能吸附原料中的微量杂质。反应产物分馏后得到聚合级丙烯，此外乙烯和丁烯分离后作为循环原料使用。2006 年公布的专利中，C4 烯烃首先经过自歧化反应生成一部分丙烯，之后分离得到的纯度较高的丁烯与乙烯继续进行歧化反应生成丙烯，此方法的优点在于充分利用了廉价的 C4 组分，减少了乙烯消耗量，有助于节约成本。另一篇专利中介绍，歧化单元多余的乙烯不再循环利用而是作为原料进入乙基苯的生产单元。这样节省了乙烯蒸馏和循环所消耗的能量。在其他专利中，Lummus 公司介绍了节能与环保并重的新工艺，以乙烷为原料将蒸汽裂解与歧化反应相结合来生产丙烯。目前，全球采用 OCT 工艺的已投产或在建装置有 10 套以上，大多数在亚洲，国内辽宁同益石化有限公司和上海赛科石油化工有限责任公司各自引进了一套装置。

OCT 工艺主要分为原料预处理单元、选择性加氢单元、催化精馏单元、烯烃转化单元、回收单元以及再生循环单元，如图 7-17 所示。

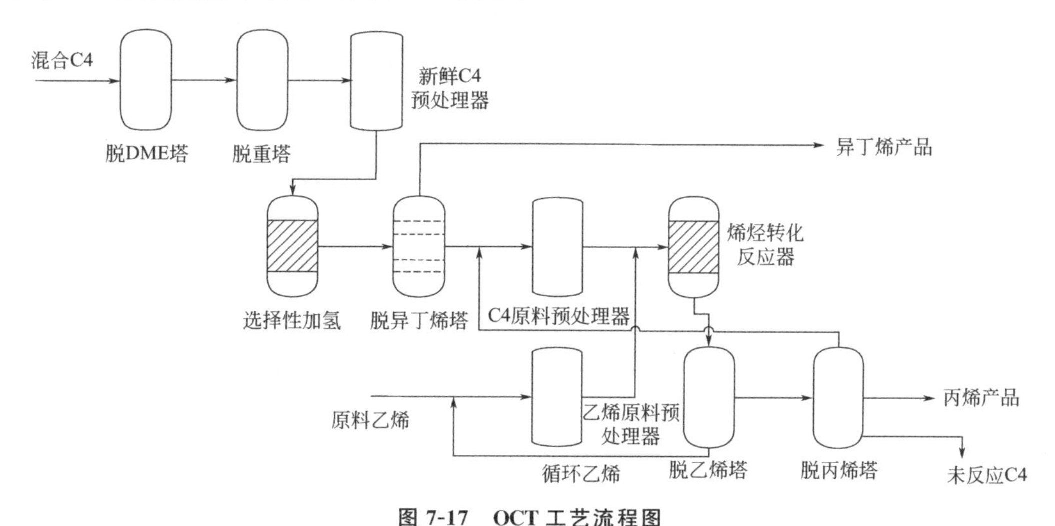

图 7-17　OCT 工艺流程图

1. 原料预处理单元

原料预处理单元除去对选择性加氢、催化精馏和烯烃转化反应催化剂有害的成分。含氧化合物、羰基化合物、醇类、含硫化合物以及水分会造成催化剂临时性中毒。原料预处理单元也除去造成吸附剂床层结垢的重组分。该单元由两个分馏塔和吸附床层组成。

（1）脱二甲醚塔

原料（醚后C4）经流量控制送入脱二甲醚（DME）塔。经预处理除去原料中的大部分二甲醚和所有的水分。塔顶用循环水冷凝，塔底用低压蒸汽再沸。塔顶物料由两部分组成：一部分是从原料中脱除的二甲醚、其他轻组分、C4和部分水，这部分物料被送到燃料气系统；另一部分作为回流重新入塔。从原料中脱出的大部分水在回流罐的脱水包中冷凝，再经液位控制排出到界区外废水处理装置。塔的回流由回流罐的液位设定。塔用蒸汽加热。塔底物料经流量控制送至脱重塔，流量由塔底液位控制器设定。

（2）脱重塔

脱二甲醚塔的塔底料由流量和液位的串级控制送到脱重塔来去除MTBE和其他重组分。脱重塔压力的设定需满足循环水冷凝塔顶物料的要求。塔顶物料用循环水完全冷凝，塔用低压蒸汽加热。回流罐的液体被泵送，一部分回流到塔中，另一部分作为塔顶产品。塔顶产品送到新鲜C4预处理器。塔底部物料被泵送到脱丙烯塔底部的冷凝器冷却，然后和$C4^{+}$副产物送到界区外。

（3）新鲜C4预处理器

新鲜C4预处理器用来去除C4原料中的催化剂毒物，这些毒物会破坏选择性加氢、催化精馏和烯烃转化装置中催化剂的活性。这些毒物包括含氧化合物、羰基化合物、醇类、硫化物和水。

从脱重塔塔底来的新鲜C4物料进入新鲜C4预处理器，进料量由脱重塔回流罐的液位决定。

系统中有两台处理器，其中一台使用另一台再生。新鲜C4预处理器排放罐用来储存从再生预处理器排出的液体C4。再生预处理器利用界区外的循环再生气系统提供的氮气。从新鲜C4预处理器流出的物料通过过滤器除去吸附剂脱落的粉尘后，再被送到选择性加氢装置。

预处理器48h一循环。当备用的预处理器投入使用时，使用中的预处理器被切出进行再生。

预处理器的再生分两个阶段。第一阶段利用热的丁烯吹扫吸附剂中残余的C4，以防止C4在再生的第二阶段结焦。第一阶段结束时吸附剂的温度应加热到120℃。第二阶段使用热氮气。氮气的流量和温度被自动控制，使处理器在规定时间内完成再生。使用过的氮气被送回到界区外。第二阶段结束吸附床被冷却后，在氮气中加入少量的丁烯来预载吸附剂，以减少烃类化合物吸附放热。当预处理器再生完成后，排放罐中的C4被送回再生后的预处理器中。

再生系统包含丁烯预载系统。系统用来提供再生第一阶段热的气态丁烯，并在第二阶段利用气态丁烯预载吸附剂。这个系统是闭路系统，系统的压力由循环水冷凝C4的压力决定。系统包含丁烯预载储存罐，罐内物料来自催化精馏脱异丁烯塔底。装罐要控制好速度，装罐的物料不超过催化精馏脱异丁烯塔底物料的5%。再生第一阶段，丁烯经泵提高到足够的压力，汽化后并过热到120℃，热的气态丁烯通过流量控制被送到新鲜C4预处理器来汽提吸附剂中残余的C4，物料被冷凝后收集在丁烯预载储存罐内。汽提和热浸泡阶段的不凝气通过丁烯预载系统的储存罐的压力控制释放出去。

汽提阶段完成后，丁烯预载系统储存罐中用过的丁烯被泵送到新鲜 C4 预处理器排放罐中，在再生的第二阶段用来灌注预处理器。一旦新鲜 C4 预处理器排放罐中注满丁烯，那么就把剩余的丁烯用泵送到使用中的新鲜 C4 预处理器中。再生第二阶段进行中和结束后，从催化精馏脱异丁烯塔引入充足的物料装满丁烯预载储存罐，以满足新鲜 C4 预处理器预载和下一个循环再生时加温阶段的要求。

2. 选择性加氢单元

原料 C4 由新鲜 C4 预处理器下游的过滤器净化后送到选择性加氢反应系统的进料罐，物料由泵提高到反应器的操作压力，然后与来自选择性加氢反应器出口的循环物料相混合。混合物料在加热器中用蒸汽加热到加氢反应温度后与氢气混合，然后送入选择性加氢反应器。

加热后的 C4 和氢气自上而下地通过选择性加氢反应器，在反应器中丁二烯选择性加氢变成丁烯。因为选择性加氢的过程是放热的，所以反应器的温度会升高。当 C4 原料流经催化剂床时，C4 物料吸收反应放出的热量，然后反应产物在选择性加氢反应器分离罐中分离。从分离罐中出来的气体一部分用循环水冷凝后回到分离罐，另一部分不凝气体送到界区外的燃料气系统。分离罐中的液体经泵分成两部分：一部分由流量控制返回到反应器循环使用；另一部分被冷却后送到脱异丁烷装置。

催化剂使用一段时间后会因为结焦而逐渐失活。当催化剂的活性下降到设计的末期条件后就需要进行再生。催化剂再生时首先把催化剂床切至离线，排出残留的烃类后，先用过热蒸汽吹扫，再用热氮气升温，通入一定量的空气对催化剂床进行烧焦，最后用氮气吹扫催化剂床层并加入适量氢气还原催化剂。

装置也提供备用的选择性加氢反应器，但备用反应器不装催化剂。当备用反应器装上催化剂时，原反应器再生时生产将不会中断。烯烃转化反应的再生气加热炉也被用来加热选择性加氢装置的再生气。

3. 催化精馏单元

从选择性加氢装置来的物料进入催化精馏脱异丁烯塔中，除去异丁烯、异丁烷和残留的丁二烯。

由于 1-丁烯和异丁烯的沸点相近，如果采用常规精馏方法，大部分的 1-丁烯会损失到塔顶的异丁烷/异丁烯馏分中去。为了丁烯（1-丁烯和 2-丁烯）回收率的最大化，塔的上部设置了催化剂床，用来把 1-丁烯异构为 2-丁烯并给丁二烯加氢。富含 2-丁烯的塔底产物送至烯烃转化系统。塔顶物料包括原料中的大部分异丁烷和异丁烯，绝大部分的正丁烷会包含在塔底，少量的异丁烯也会出现在塔底。

大部分塔顶物料利用循环水冷凝。另外，催化精馏脱异丁烯塔也提供一个小型释放气冷凝器，来自丙烯制冷系统的 2℃的丙烯冷剂被用来冷凝部分释放气以减少催化精馏脱异丁烯塔回流罐的释放气。释放气送至界区外燃料气系统。回流罐中的液体用泵增压并分成两部分：一部分回流至脱异丁烯塔顶；另一部分作为塔顶产品由流量和液位串级控制送至界区外。

4. 烯烃转化单元

烯烃转化单元由 DP 反应器、再生系统和回收单元组成。从脱异丁烯塔来的物料首先与循环 C4 混合，然后送到 C4 原料预处理器，随着反应的进行，催化剂活性会逐渐下降，导致循环 C4 的量逐渐增加，至运行末期达到最大。预处理器的物料被送入新鲜/循环 C4 缓冲罐，然后 C4 分别与经过预处理的新鲜乙烯和循环乙烯混合，之后送入反应器进料系统。

（1） C4 原料预处理器与乙烯原料预处理器

冷却后的混合 C4 与循环 C4 经过混合后，进入 C4 预处理器。混合 C4 来自催化精馏脱异丁烯塔，而循环 C4 来自脱丙烯塔。预处理系统中包含两台预处理器，一台工作时另一台进行再生或备用，另外还需要一台预处理器作为存放排液的储罐。

新鲜液体乙烯原料送入脱乙烯塔的回流罐。来自该回流罐的乙烯经过汽化、加热后，进入乙烯原料预处理器。预处理系统中同样包含两台处理器，一台工作时另一台进行再生或备用。两种预处理器都使用氮气进行再生。

乙烯原料与 C4 原料分别经预处理器下游的过滤器来去除吸附剂粉尘。处理后的 C4 物料先进入新鲜/循环 C4 缓冲罐，经泵增压至反应压力后再与预处理过的乙烯物料混合，然后送入反应器。

预处理器工作 48h 后需要进行再生。首先，让再生后的预处理器进入在线工作状态，在线工作的预处理器离线进行再生，对离线的预处理器进行减压和吹洗。如果是 C4 原料预处理器，需要先把其中的液体排入再生系统排出罐中。

同新鲜 C4 原料预处理器一样，烯烃转化装置（OCU）进料预处理器与乙烯原料预处理器都利用热氮气进行再生。再生气的流量和温度自动控制，以使预处理器在规定的时间内完成再生。每套系统中的两台预处理器都互为备用。进行 C4 预处理器的替换时需要先把排出罐中的液体加压送回再生过的预处理器中，再对再生过的预处理器进行加压处理，最后替换正在工作的预处理器。

（2） DP 反应与再生

反应器原料加热至反应温度后在反应器中进行反应，然后进行冷却和分馏。主反应为乙烯与 2-丁烯反应生成丙烯，副反应也产生一些副产品，主要是 C5～C8 烯烃。

反应原料在原料/产物换热器和其后的加热炉中汽化然后加热至反应温度。在整个反应过程中，乙烯和丁烯的摩尔比在（2.0∶1）～（1.7∶1）的范围内变化。乙烯流量在整个反应中基本不变。反应在固定床反应器中进行。催化剂为氧化镁和以氧化硅为载体的氧化钨的混合物。反应基本上是恒温的。

反应器产物在进入回收系统前先与反应器原料换热冷却，然后与新鲜乙烯和循环乙烯进行换热，最后用循环水冷却。

反应器进行再生时首先让催化剂床层离线，然后吹扫出碳氢化合物，再通入热氮气加热。氮气与空气混合物送入反应器高温烧焦后再利用氢气还原。高温氮气用来脱附残余的氧气和水。高温再生气由再生气加热炉加热。加热炉也适用于选择性加氢（SHU）反应器的再生。

思考题

1. 什么是歧化反应？常见的烯烃歧化反应有哪些？请举例说明。

2. 简述歧化反应机理，并用反应式表示卡宾机理过程。

3. 简述歧化反应常见的催化剂类型，并对比论述其催化剂的优劣性。

4. 常用的钨基催化剂在制备过程中受哪些因素的影响？请分别论述其影响结果。

5. 描述国内外歧化工艺的发展历程，简述 OCT 歧化工艺，并绘制流程图。

6. 影响烯烃歧化反应的工艺因素有哪些？请举例说明。

7. 探讨不同原料浓度对其烯烃歧化工艺的影响及效果。在工业应用中应当如何调节原料浓度？

8. 分条件论述在烯烃歧化反应中不同反应条件对反应的影响。

9. 烯烃歧化反应分为哪些部分？详细阐述每个部分的反应机理。

第八章

低碳烯烃裂解

第一节 概述

催化裂解作为石油化工的一个重要过程，对于增产丙烯及乙烯、合理利用副产液化石油气、提高C4高附加值利用以及减少大气污染都具有重要意义。随着我国乙烯生产能力的不断扩大、原油加工能力的不断提高及新型能源化工的快速发展，急需为副产的大量C4烯烃寻找有效且附加值高的利用途径。而将大量过剩、廉价的C4烯烃催化转化生产丙烯，既能缓解丙烯供需矛盾，又能增加石化企业的经济效益，具有极为重要的意义。

一、C4烯烃催化裂解的原料与产品

催化裂解主要是利用C4烯烃中的丁烯在一定温度、压力和酸性分子筛催化剂的作用下裂解得到丙烯，同时得到一定量的乙烯。乙烯和丙烯是重要的石油化工基础原料，近年来随着全球经济的发展，对乙烯和丙烯的需求量越来越大。因此，增产乙烯和丙烯是石化企业迫切的任务。表8-1列出了ZSM-5分子筛催化剂固定床催化裂解C4装置的原料、反应条件及产物情况。

表8-1 ZSM-5分子筛催化剂固定床催化裂解C4装置的原料、反应条件及产物

原料组成(质量分数)/%		产物组成(质量分数)/%		反应条件
成分	数值	成分	数值	
C3	0.45	甲烷	1.47	压力0.08MPa 温度550℃ 催化剂装量420kg(单个反应器) C4重时空速$30h^{-1}$ 处理量12500kg/h
1-丁烯	8.06	乙烷	2.41	
异丁烯	5.67	乙烯	23.63	
2-丁烯	55.12	丙烷	9.23	
C5以上	0.51	丙烯	63.32	
其他	30.1	异丁烷	0.62	
丁二烯	0.09	正丁烷	0.04	
		1-丁烯	0.07	
		异丁烯	0.20	

C4 原料主要来自炼厂 C4，裂解 C4，MTO 副产高烯烃 C4，油、气田及页岩湿气。

① 炼厂 C4。催化裂化（FCC）、焦化、加氢裂化等装置副产 C4 占总量的一半以上。其中，FCC 装置副产是炼厂 C4 的主要来源。此类副产 C4 异丁烷含量高，占 32%～40%。其次是 1/2-丁烯（含顺-、反-2-丁烯），共占 38%左右。部分炼厂会从预处理（脱异丁烯）后的 C4 直接分离出 1/2-丁烯和异丁烷作为产品外售，或者作为烷基化反应、生产甲乙酮等工艺过程的原料。

② 裂解 C4。石脑油裂解制乙烯通常会副产干气、C4、裂解汽油等，100 万吨乙烯一般副产 40 万吨左右富含丁二烯（占 40%～50%）和异丁烯（占 20%～25%）的混合 C4，此类 C4 占国内总量的 30%左右。国内绝大多数乙烯裂解装置（>90%）会进一步抽提丁二烯，近 80%的抽余液（富异丁烯，含量 50%左右）会进入 MTBE 装置。近年来随着炼化一体化程度的提高，更多企业会在 MTBE 装置增加 1-丁烯分离单元，提纯之后进入 LLDPE 单元作为其共聚单体。

③ MTO 副产高烯烃 C4。甲醇制烯烃副产 C4 富含 2-丁烯（50%以上）和 1-丁烯（20%～30%），少部分企业通过精馏等工艺将其分离，1-丁烯供应 LLDPE 装置，满足自身消耗；2-丁烯则通过异构化装置生产 1-丁烯，或深加工生产其他化工产品。一般 30 万吨乙烯副产 4 万～5 万吨 C4，此类 C4 占国内总量的不到 10%；由于产量小，单独进行深加工的难度大、成本高，很多资源被当作燃料而浪费。

④ 油、气田及页岩湿气 NGL。油气开采过程中，会副产含 C4 组分的油田伴生气，烷烃含量较高，烯烃含量较低。这部分资源量较少，一般用作石脑油裂解制乙烯的补充原料。

二、C4 烯烃催化裂解技术的概况

低价值烯烃副产物通常是从炼化企业回收得到，这部分资源的高效利用不仅能解决炼化企业面临的处理副产物的现实问题，还能提高企业的经济效益。

国外开发的具有代表性的催化裂解工艺技术有：以美国 UOP 公司和法国 Atofina 公司联合研发的烯烃转化工艺（OCP）、德国 Lurgi 公司的 Propylur 工艺和日本旭化成公司的 Omega 工艺为代表的固定床工艺；以美国 Exxon Mobil 公司的烯烃相互转化工艺（MOI）和美国 KBR 公司的 Superflex 工艺为代表的流化床工艺。

国内目前具有代表性的工艺技术有中国石化上海石油化工研究院开发的烯烃催化裂解工艺（OCC）、中国石化北京化工研究院开发的 C4 和 C5 烯烃催化裂解制丙烯工艺（BOC）。此外，中国石油兰州石化公司采用中国科学院兰州化学物理研究所开发的 ERC-1 催化剂，以高烯烃含量的 C4 馏分掺入石脑油中作为裂解原料，成功解决了炼厂富余 C4 馏分的利用问题，并获得了较高的低碳烯烃收率。Exxon Mobil 公司还开发了一种丙烯催化裂化工艺（PCC），该工艺与 FCC 过程耦合并将富含低价值烯烃的催化裂化汽油选择性转化为低碳烯烃，直接提纯富烯烃产物可得到化学级丙烯，该工艺已经通过了中试。

三、C4 烯烃催化裂解的化学反应

在酸性催化剂作用下，C4 烯烃催化裂解应遵循碳正离子机理。该反应历程非常复杂，可能包括聚合、裂解、氢转移、烷基化、芳构化、结焦等过程。众多研究者提出了该体系先聚合后裂解的反应网络。一般认为 C4 烯烃首先进行异构，各种异构体之间会达成某种平衡，然后在酸性中心上发生二聚，形成的 C8 中间体将在酸性中心上发生 β 断裂。由于 C8 异构体种类繁多，所以 β 断裂后会形成各种产物，产物之间又会两两聚合，进一步发生各种反应。

研究表明，在酸性催化剂上，C4 烯烃的二聚是各种反应发生的基础，存在于整个反应温度区间内。芳构化和氢转移反应也贯穿于整个温度区间内，只是随着反应温度的升高，这两种反应的程度都有所减小，芳构化反应的减少是由裂解反应程度的增大引起的，而氢转移是放热反应，随着反应温度的升高其反应程度会减小。250℃以下，烯烃基本不发生反应；250℃以上开始发生裂解反应；250～400℃聚合反应程度大于裂解反应，而且会发生裂解小分子产物的二次聚合；400～500℃时裂解程度加大，裂解反应程度大于聚合反应，裂解产生的大分子产物会发生二次裂解，此时的裂解反应不但包括 B 酸中心引发的碳正离子机理的反应，同时也发生少量 L 酸引发的自由基反应；500～600℃时自由基反应程度明显加大；大于 600℃则会发生 C4 烃的热裂解反应，使烯烃转化率又明显提高，并且热裂解引发的自由基反应使产物中甲烷和乙烷的含量明显上升。

催化裂解主反应

烯烃断链反应　　$C_{n+m}H_{2(n+m)} \longrightarrow C_nH_{2n} + C_mH_{2m}$

脱氢反应　　$C_4H_8 \longrightarrow C_4H_6 + H_2$　　$C_2H_4 \longrightarrow C_2H_2 + H_2$

催化裂解副反应

双烯合成反应

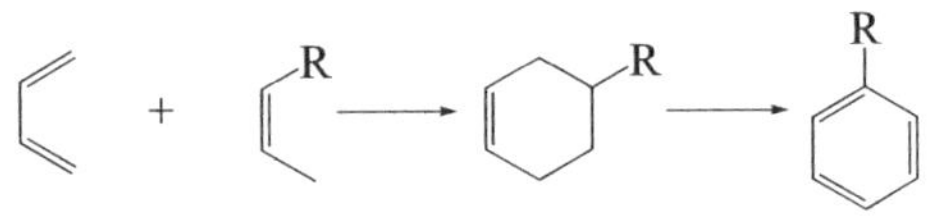

芳构化反应

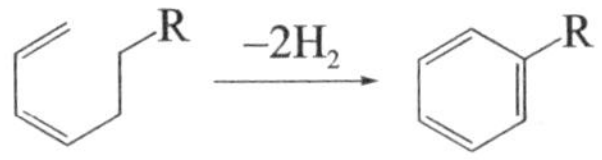

仅从提高丙烯收率角度，温度、压力、空速为主要的影响因素。

① 在较高的温度区间可获得理想的丙烯收率，但温度越高，催化剂结焦失活的速率越快，催化剂再生周期缩短。而较低的反应温度，尽管可获得较长的活性稳定周期，但温度太低，C4 烯烃聚合反应加剧，裂解反应处于劣势，丙烯收率降低。因此，最终反应温度的确定应综合丙烯收率及催化剂的再生周期等多种因素，而不应追求单一目标最优的原则。尤其应在确保丙烯收率的前提下，在尽可能低的温度条件下操作。

② C4 烯烃催化裂解是分子数增加、体积增大的反应。降低反应压力有利于化学平衡倾向分子数增加的一侧，同时较低的反应压力对于抑制聚合、氢转移等副反应，提高目的产物的收率及选择性，延长催化剂的活性周期都比较有利。因而 C4 烯烃催化裂解过程应尽可能保持在较低的压力下进行。

③ 空速是影响C4烯烃催化裂解过程非常重要的因素，空速的高低不仅在一定程度上影响到反应器的尺寸、催化剂的负荷，而且对催化剂的寿命及目的产物的收率均产生重要影响。对于C4烯烃催化裂解而言，在温度、压力、稀释比、催化剂型号等因素确定的条件下，空速过低，反应器的处理效率较低，烃类分子在反应器内的停留时间较长，烃类分子二次反应的概率高，尤其是已经生成的乙烯及丙烯可能进一步反应生成非目的产品，影响目的产物的收率及选择性。而空速过高时，烃类分子在反应器内的停留时间过短，相应与催化剂的接触概率较小，可能来不及反应就离开反应器。空速过高，催化剂负荷过重，对催化剂的寿命以及床层压降等均产生不利影响。

影响催化裂解的因素主要包括以下几个方面：

① 原料油。一般来说，原料油的H/C越大，饱和分含量越高、芳烃指数越低，则裂化得到低碳烯烃（乙烯、丙烯、丁烯等）的产率越高；原料的残炭值越大，硫、氮以及重金属含量越高，则低碳烯烃产率越低。不同烃类作裂解原料时，低碳烯烃产率的大小次序一般是：烷烃＞环烷烃＞异构烷烃＞芳香烃。

② 催化剂。催化裂解催化剂分为金属氧化物型裂解催化剂和沸石分子筛型裂解催化剂两种。催化剂是影响催化裂解工艺中产品分布的重要因素。裂解催化剂应具有高的活性和选择性，既要保证裂解过程中生成较多的低碳烯烃，又要使氢气和甲烷以及液体产物的收率尽可能低，同时还应具有高的稳定性和机械强度。对于沸石分子筛型裂解催化剂，分子筛的孔结构、酸性及晶粒大小是影响催化作用的三个最重要因素；而对于金属氧化物型裂解催化剂，催化剂的活性组分、载体和助剂是影响催化作用的最重要因素。

③ 操作条件。操作条件对催化裂解的影响与其对催化裂化的影响类似。原料油的雾化效果和汽化效果越好，原料油的转化率越高，低碳烯烃产率也越高；反应温度越高，剂油比越大，则原料油转化率和低碳烯烃产率越高，但是焦炭的产率越大；由于催化裂解的反应温度较高，为防止过度的二次反应，油气停留时间不宜过长；而反应压力的影响相对较小。从理论上分析，催化裂解应尽量采用高温、短停留时间、大蒸汽量和大剂油比的操作方式，才能达到最大的低碳烯烃产率。

④ 反应器。反应器形式主要有固定床、移动床、流化床、提升管和下行输送床反应器等。反应器是影响催化裂解产品分布的重要因素。

⑤ 催化裂解原料。石蜡基原料的裂解效果优于环烷基原料。因此，绝大多数催化裂解工艺都采用石蜡基的馏分油或者重油作为原料。

第二节　C4烯烃催化裂解工艺

裂解原料物流中C4烯烃含量≥60%，硫含量≤35μg/g；经预处理后原料中硫含量≤5μg/g，产品（乙烯、丙烯）中无水和硫杂质。C4烯烃裂解制丙烯的反应工艺主要包括固定床和流化床两类工艺。

一、固定床

如图 8-1 所示，在反应器内装填颗粒状固体催化剂或固体反应物，形成一定高度的堆积床层，气体或液体物料通过颗粒间隙流过静止固定床层的同时，实现非均相反应过程。这类反应器的特点是充填在设备内的固体颗粒固定不动，结构简单、控制简单。

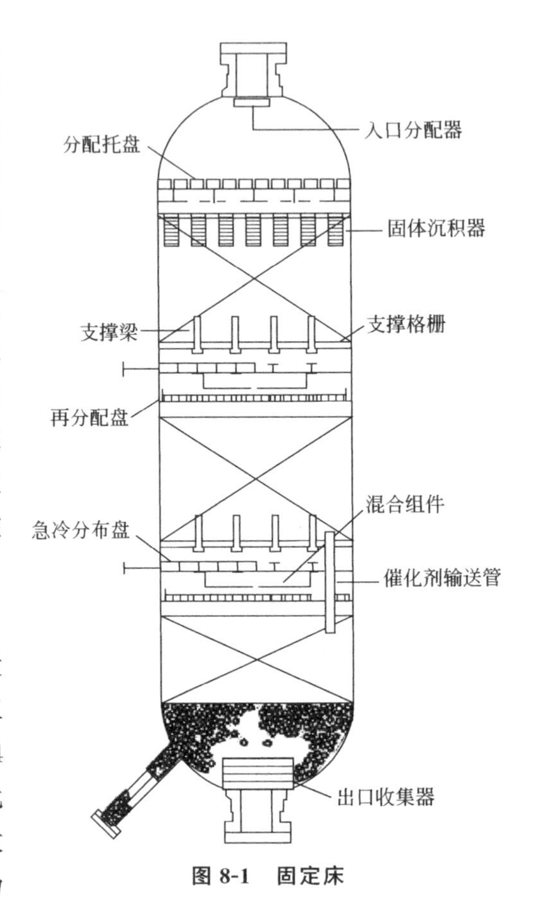

图 8-1　固定床

固定床工艺以 Lurgi 公司的 Propylur 工艺、Atofina 公司和 UOP 公司的 OCP 工艺、日本旭化成公司的 Omega 工艺为代表。主要研究机构有：①Lurgi 公司；②Atofina 公司；③日本旭化成公司；④Equistar 公司。国内主要研究单位是中国石油化工股份有限公司，此外中国科学院也有探索性研究。

（1） Propylur 工艺

Propylur 工艺是 Lurgi 公司于 1996 年开发的（由 Linde 公司发放许可证后称为 FBCC 工艺），是一种将除去丁二烯、异丁烯的混合 C4 及以上烯烃（丁烯、戊烯、己烯等）最大量转化成丙烯的固定床催化裂化过程，该工艺过程有效提高了蒸汽裂解中的丙烯/乙烯（比值），可作为丁烯歧化生产工艺的替代技术。反应中使用来自蒸汽裂解装置的 C4 和 C5 烯烃作为原料，原料中二烯烃质量分数控制在 1.5%以下，以防止焦质的生成及结焦，影响催化剂的寿命。而原料中烷烃、环烷烃、环烯烃和芳烃等几乎不影响催化剂的性能。Propylur（FBCC）工艺采用的 ZSM-5 分子筛（硅铝摩尔比为 10～200）催化剂，是向德国南方化学公司（Sud-Chemie）定制的。在 500℃、0.1～0.2MPa、空速 1～3h^{-1}、水蒸气与烃的质量比为 0.5～3 的条件下进行反应，产物一种是气态轻烯烃馏分，其中通常含有 80%～85%的 C4 以下的轻烯烃。产物中丙烷与丙烯的比值为 0.04～0.06，由于比值足够小，在需要化学级丙烯时可以省去 C3 分离塔。另一种产物是液态汽油馏分，主要是来自原料中不能转化的成分。丁烯可在简单的预分离工序中从轻烯烃中分离出来并返回反应器进料中，因此可生产大约含有 76%（体积分数）丙烯和 18%（体积分数）乙烯的粗丙烯。反应的效率是随着进料中 C4 以上烯烃含量的提高而增加的，但是只含有 40%C4 以上烯烃的原料（例如 FCC 装置的轻汽油馏分）也可以作为 Propylur 过程的原料。Lurgi 曾以含有 48%（质量分数）C4 以上烯烃的催化裂化汽油为原料，获得了良好结果。原料中烯烃的分布会因原料的来源不同而有差异，但产物中烯烃的分布基本保持不变。图 8-2 为 Propylur 工艺流程图。

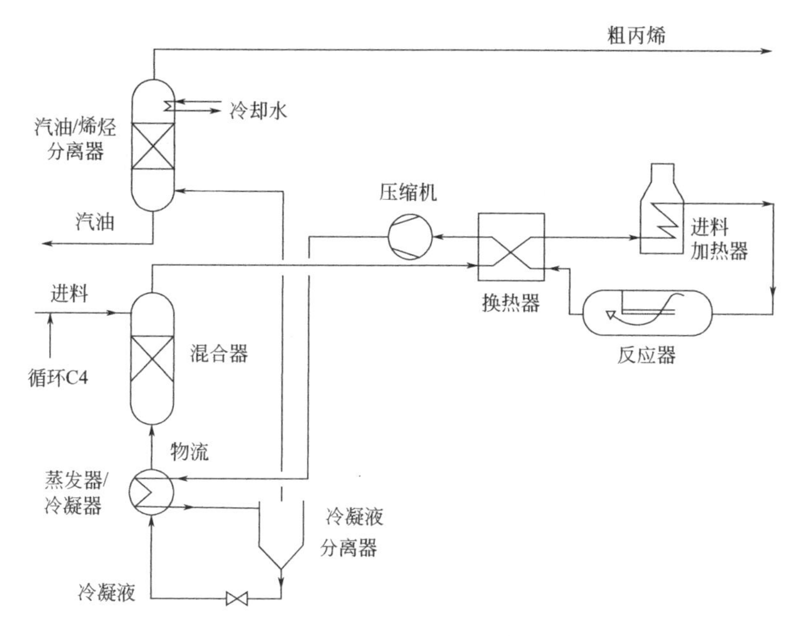

图 8-2 Propylur 工艺流程图

除了核心技术催化剂以外，Propylur 工艺的主要特征是在原料中加入优选比例的水蒸气，这样不仅可以降低反应物分压，使反应平衡向生成丙烯的方向移动，有利于提高丙烯的选择性，而且还可以减少焦质聚合物生成、减少催化剂结焦、延长催化剂的使用寿命。另外，反应中使用水蒸气还可将反应所需的潜热送到反应段。但是，水蒸气的加入使得工艺条件无法在最佳热力学反应温度区进行，同时加入水蒸气在一定程度上增加了设备投资和操作成本。在完成了 9000h 中试后，英国 BP 公司采用 Propylur 工艺生产丙烯的一套工业示范装置成功投入运转。如将 Propylur 工艺用于乙烯蒸汽裂解装置，通常可采用仅有 Propylur 反应段的联合流程，一套 1Mt/a 的采用该方案的乙烯装置丙烯/乙烯可以从 0.542 提高到 0.642。也可以将蒸汽裂解装置与带有反应段和分离段的 Propylur 工艺联合，将丙烯/乙烯进一步提高到 0.688，但投资费用相对较高。

（2） OCP 工艺

Atofina 公司和 UOP 公司联合开发了一种用于轻烯烃（C4～C8 烃）裂解生产丙烯和乙烯的新工艺（OCP）。该工艺可以将来自蒸汽裂解、催化裂化以及 MTO 装置副产的 C4～C8 烃作为原料，使用 ZSM-5 分子筛催化剂，在 500～600℃、1～5MPa、较高空速的反应条件下，原料在固定床反应器中和催化剂接触发生催化裂解反应，失活催化剂在反应器中再生，如图 8-3 所示。OCP 工艺过程中不需要添加水蒸气，原料空速较高，减小了反应器的体积，降低了设备投资。该工艺过程生产方式灵活，既可以和蒸汽裂解装置联合形成新的工艺过程，从而可以根据市场的需求灵活调节丙烯与乙烯的比例，还可以与催化裂化装置联合使用，以降低裂化汽油中的轻烯烃含量，增产丙烯。另外，若 OCP 工艺和 MTO 装置联合使用，可以降低产物中 C4 和 C5 烯烃的含量，提高丙烯和乙烯的收率。

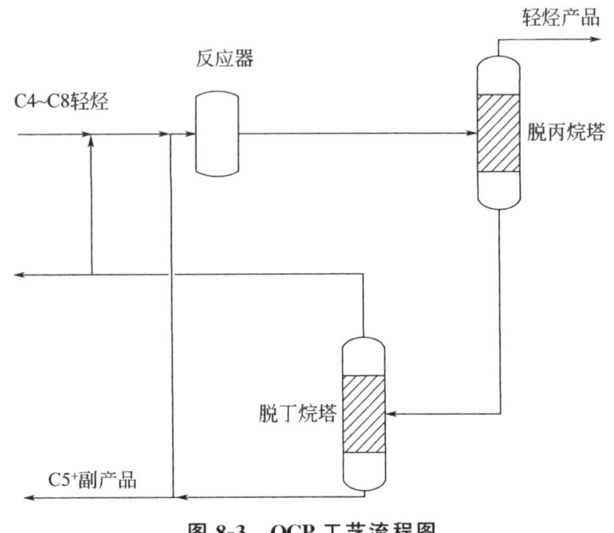

图 8-3　OCP 工艺流程图

二、流化床

如图 8-4 所示，在流化床中，固体颗粒物料在气流（或液流）作用下，在设备内呈悬浮运动状态（即流化状态）。流化状态下的固体颗粒层具有液体的特性，可以适应不同粒径的燃料，且热容较大，燃烧较充分。缺点是反应器相对复杂、床料对反应器磨损较大、需要后置旋风分离、造价较高。

流化床工艺的代表有 Exxon Mobil 公司的 MOI 工艺和 KBR 公司的 Superflex 工艺。主要研究机构有：①KBR 公司；②Exxon Mobil 公司；③日本工业技术院化工技术研究所。

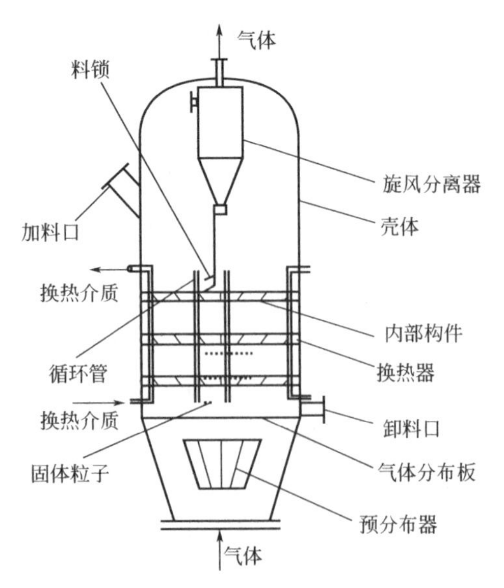

图 8-4　流化床工艺流程图

(1) MOI工艺

MOI工艺是由Exxon Mobil公司在甲醇制汽油(MTG)工艺的基础上衍生而成。该工艺是以沸石分子筛为催化剂，过程在一个单一连续化流化床反应器中进行。该工艺可以使用蒸汽裂解副产的C4烯烃为原料，也可以采用轻汽油作为原料。原料中微量的二烯烃、炔烃、金属以及氧化物对催化剂的反应性能影响不大，因此原料一般不需经过预处理过程，但是进料中若含有较多二烯烃时最好进行加氢处理。MOI工艺的技术关键是ZSM-5催化剂，ZSM-5催化剂独特的酸性和择形性可以使烯烃通过低聚、裂解、歧化反应进行内部转化，并且很重要的是抑制了多环芳烃和焦炭生成。该工艺的优点为：①可长期运转而不需要特殊的进料预处理；②对于蒸汽裂解装置，可以通过MOI工艺加工副产C4和轻裂解汽油来提高轻烯烃产率和产品的丙烯/乙烯(比值)；③减少FCC汽油高烯烃含量，提高汽油MON(马达法辛烷值)。MOI工艺使用典型的流化床反应器，图8-5为MOI工艺流程图，通过连续的再生来保持催化剂的活性。

MOI工艺的操作温度和压力与FCC装置类似，产物中烯烃的分布不受原料烯烃碳链长短和结构的影响。如果以丙烯、乙烯为目标产物，高温有利。MOI工艺和FCC装置联合生产或与蒸汽裂解装置联合可显著提高丙烯产量。如MOI与FCC装置联合，一套150万吨/年的FCC装置每年可以得到30万吨丙烯。若MOI与蒸汽裂解装置联合，通过加工25万吨/年混合C4烃和裂解汽油，一套60万吨/年乙烯和35万吨/年丙烯的蒸汽裂解装置，可以使乙烯和丙烯产量分别达到68.7万吨/年和51.5万吨/年，即产物中丙烯/乙烯由0.58提高到0.75。一项对MOI工艺的投资分析表明，在乙烯价格410美元/吨、丙烯价格315美元/吨的条件下，利用FCC轻石脑油年产14万吨乙烯、49万吨聚合级丙烯，投资内部收益率为23%。

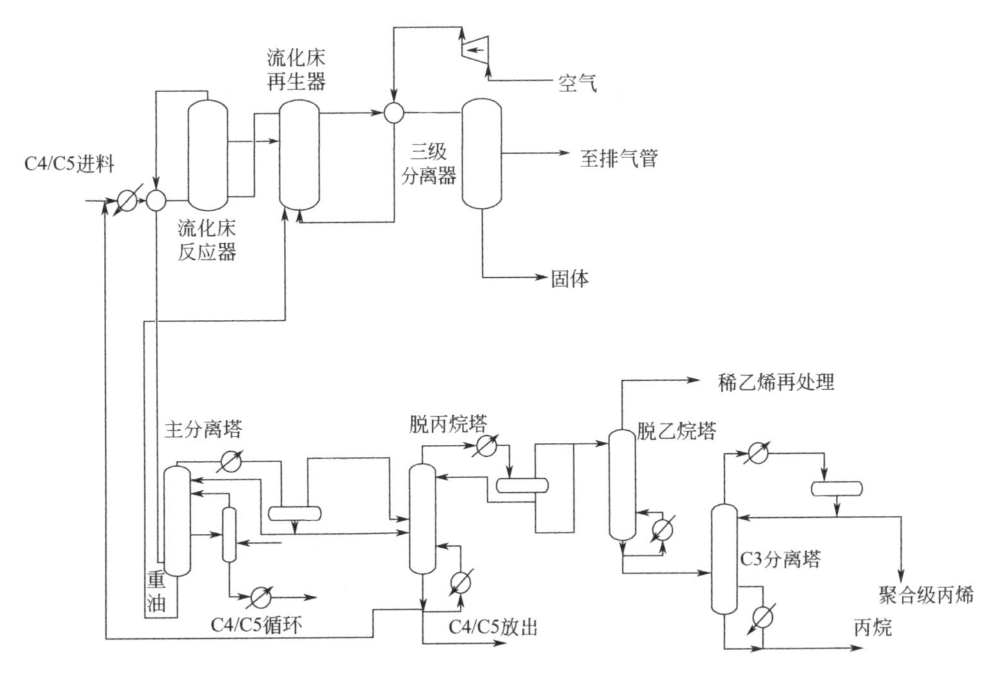

图8-5 MOI工艺流程图

（2） **Superflex 工艺**

Superflex 工艺是一项以生产丙烯为目的的技术，它是将催化裂化装置副产的低价值的烃转化为高价值的丙烯。其反应部分基于 KBR 公司的 FCC 技术，在不提高苛刻度的情况下可将轻质烃类（C4～C8）最大量转化成富含丙烯的物流。该工艺既可以纳入乙烯装置，也可以单独建装置。当 Superflex 工艺与乙烯装置相结合时，可将 C4/C5 物流转化成丙烯和乙烯，提高丙烯/乙烯（比值）。但进入反应系统前，C4/C5 馏分需要进行选择性加氢以使炔烃和二烯烃转化为单烯烃。该工艺采用与 FCC 反应器类似的流化提升管式反应器，其特点是采用较高的操作温度（600～650℃），高温操作不仅提高了原料中烯烃的转化率，而且进料中的链烷烃和环烷烃也大量转化。流出物中未转化的烯烃、链烷烃和环烷烃还可以全部返回至反应器，实现全循环操作，最终丙烯和乙烯总收率为 50%～70%。

若在新建 70 万吨/年乙烯装置中引入 Superflex 工艺，原料石脑油加工量虽从 189.1 万吨/年增加到 199.5 万吨/年，但是丙烯/乙烯可由 0.60 增加到 0.76。在乙烯价格为 460 美元/吨，丙烯价格为 388 美元/吨时，年收益可增加 2800 万美元，而改造费用为 4100 万美元，仅 2 年时间便可收回全部投资。如将 Superflex 工艺用于现有乙烯装置改造，一套石脑油进料为 127.5 万吨/年的 43.5 万吨/年乙烯装置可以联产丙烯 21.1 万吨/年。改造后，石脑油进料降至 121.9 万吨/年，乙烯和丙烯产量分别达到 45.1 万吨/年和 26.4 万吨/年，分别增长 3.7%和 12.5%。丙烯/乙烯由 0.49 提高到 0.59，每年收益增加 1600 万美元。改造费用 3000 万美元，2 年可收回全部投资。

第三节　烯烃催化裂解催化剂

影响催化裂解的催化剂因素包括孔道结构、表面酸性、比表面积等。C4 烯烃催化裂解催化剂需要具有合适的孔径、适合的酸度及酸量分布、频繁反应再生的抗磨损性能。

C4 烯烃催化裂解生成丙烯的关键在于设计与开发高选择性、高活性并具有优良稳定性的催化剂。目前，已经开发的催化剂主要分为金属氧化物类和分子筛类。

一、金属氧化物催化剂

金属氧化物催化剂一般以 TiO_2、MgO、硅铝酸盐、ZrO_2、Al_2O_3 作为载体，碱金属氧化物、碱土金属氧化物以及过渡金属氧化物为活性组分（V、Ni、Fe、Cu、Ag、稀土等的氧化物）。负载型金属催化剂通常由载体和金属化合物配合构成，载体由其骨架和配位基组成。负载型金属催化剂基本上兼具无机物非均相催化剂与金属有机配合物均相催化剂的优点，它不但具有较高的活性和选择性，腐蚀性小，而且容易回收重复利用，稳定性好。对于负载型金属催化剂，每个过渡金属原子都是活性中心，催化剂活性非常高。由于金属氧化物催化剂使用的载体酸性难以控制，有易结焦、催化剂寿命短、反应温度高等缺点。乙烯多产技术各机构所用活性组分见表 8-2。

表 8-2　乙烯多产技术各机构所用活性组分

研究机构	活性组分
法国 L. D. Pierre	$MgO-Al_2O_3-CaO$
日本 Toyo 工程公司	$CaO-BeO-SrO-Al_2O_3$
俄罗斯 Vniios 研究院	V_2O_5
中石化洛阳石化公司	$Fe_2O_3-Al_2O_3-CaO$
中石化石油化工科学研究院	镁改性的 ZRP

在金属氧化物催化裂解体系中，目前对单组分的金属氧化物催化剂研究较少，一般为多组分的金属氧化物催化剂。与分子筛催化剂不同的是，这类催化剂没有酸性或酸性较弱，很难达到降低温度的目的，所以反应温度较高。其中，通常以 SiO_2、Al_2O_3 或其混合物作为载体，经活性组分和助剂修饰后，在一定程度上可以解决烃类催化裂解制低碳烯烃时反应温度过高、催化剂低温活性和选择性较差的问题。

二、分子筛催化剂

金属氧化物催化剂存在的反应温度过高、低温活性差、对丙烯的选择性差等弊端，限制了其广泛应用。而分子筛催化剂由于具有规整的孔道结构、可调的表面酸性特点，并且可通过磷、稀土、碱金属、水蒸气等进行改性，进而提高其催化活性及目标产物的选择性，提高稳定性，受到人们的青睐。近年来，国内外越来越多的专家学者对分子筛催化剂进行了大量的研究与考察。工业应用的分子筛包括 ZSM-5、SAPO-34、ZSM-23、MCM-22、ITQ-13、MCM-49 等，ZSM-5 应用最广。

ZSM-5 具有 MFI 骨架结构（图 8-6），每个五元环通过公用顶点氧桥形成链状结构。ZSM-5 中存在两种类型的孔道：一种是沿（010）方向的直通道，另一种是沿（100）方向的锯齿形孔道，这两种孔道相互交叉形成 0.51nm×0.55nm（直通道）和 0.53nm×0.56nm（之字形通道）的三维孔道。20 世纪 70 年代，Exxon Mobil 公司首先开发了 ZSM-5 分子筛，之后一系列石化领域催化工艺出现。通常，ZSM-5 在烃类转化过程中，表现出强酸性、高活性以及优良的稳定性。

ZSM-5 分子筛在 20 世纪 90 年代开始用于 C4 烯烃裂解反应中，但是由于存在大量的副反应（如氢转移和脱氢环化等），降低了丙烯的收率。因此，人们通过改变硅铝比、制备方法和修饰改性等方法来制备催化剂，以期满足不同反应的性能要求。

对于烯烃裂解反应来说，在选择最优分子筛的基础上，对分子筛进行后处理改性可以进一步改善其催化性能。ZSM-5 分子筛目前常见的改性方法有脱铝改性、金属改性和磷改性等。

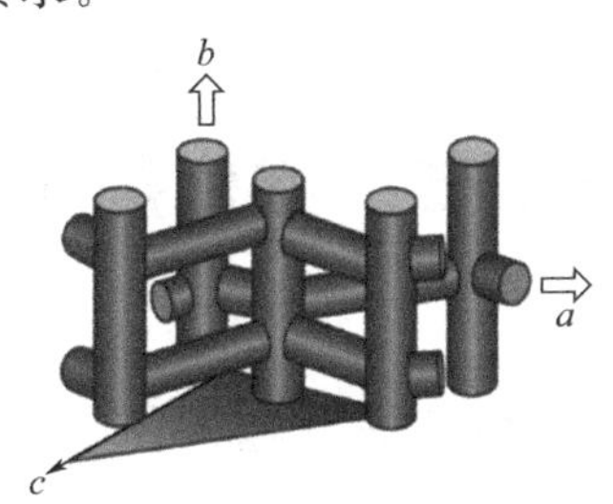

图 8-6　ZSM-5 分子筛结构图

（1）脱铝改性

脱铝改性方法是通过对分子筛进行洗脱处理，从而脱除与分子筛的酸量和酸强度紧密相关的 Al 原子。使用溶剂脱铝最为简单易行，常见的脱铝剂有硝酸（HNO_3）、盐酸（HCl）和草酸（$H_2C_2O_4$）等酸性试剂或氟硅酸铵［$(NH_4)_2SiF_6$］等含氟铵盐。

HCl 和 HNO_3 属于强酸，很容易脱除骨架 Al 原子，并且能够疏通分子筛孔道，减少 Lewis 酸中心。Lin 等通过 HNO_3 酸洗获得了含有不同硅铝比的 ZSM-5，并以此为基础制备了一系列不同酸强度的 ZSM-5。研究发现，对于丁烯裂解反应，酸强度越低，C4 烯烃经二聚产生丙烯和戊烯的路径所占比重越大；对于戊烯裂解反应，较高的酸强度会提高戊烯发生单分子裂解的程度，使得乙烯和丙烯的选择性增大。

$(NH_4)_2SiF_6$ 作为一种含氟铵盐，能够抽铝补硅，有效减少 ZSM-5 中的缺陷位。氟硅酸铵改性后 ZSM-5 的弱酸量减少，强酸量增加，Lewis 酸中心数量减少，Brønsted 酸强度增加。C4 烯烃裂解反应结果表明，氟硅酸铵改性能提高 ZSM-5 反应活性、水热稳定性及丙烯收率。

（2）金属改性

分子筛中 Brønsted 酸中心的由来与桥式羟基 Si(OH)Al 密切相关，金属改性的原理一般认为是金属离子与分子筛中的桥式羟基发生作用。

（3）磷改性

磷改性是指借助磷酸（H_3PO_4）、磷酸盐［$(NH_4)_2HPO_4$ 和 $NH_4H_2PO_4$］、有机磷［$(CH_3)_3P$ 和 $(CH_3O)_3P$］等磷源对硅铝分子筛进行改性。其改性过程一般认为是 P 促进桥式羟基水解，产生 P-OH 基团，其酸性更弱，进而降低酸性较强的 Brønsted 酸的数量，同时 P 还对分子筛骨架铝起到保护作用，抑制脱铝并提高分子筛的水热稳定性。

（4）全结晶分子筛催化剂

常规的工业分子筛催化剂因成型的需要都会加一定量黏结剂，黏结剂的加入量一般为 30%～70%（质量分数）。黏结剂的加入一方面引入了惰性组分，降低了催化剂有效组分的含量，导致催化剂有效活性中心减少、活性降低。另一方面，黏结剂会堵塞分子筛的孔口，影响反应物和产物的扩散，导致催化剂的稳定性差。为了解决上述问题，中石化上海石油化工研究院研究开发了全结晶 ZSM-5 分子筛催化剂，催化剂由 100%分子筛晶体组成，催化剂整体都是有效组分，具有更多的活性中心。它具有明显区别于常规分子筛的催化剂物性特征，结晶度更高、比表面积更大、孔结构更丰富。这突破了分子筛催化剂组成的传统概念，催化剂的性能显著提升。在 C4 烯烃裂解反应中，全结晶 ZSM-5 分子筛催化剂表现出优异的催化性能，与常规分子筛相比，全结晶分子筛催化剂丙烯收率提高了 16.7%，重时空速和运行周期分别是常规催化剂的 3 倍和 7 倍。多次再生后，烯烃转化率大于 73%，丙烯和乙烯收率分别大于 32%和 10%，催化剂性能稳定，说明烯烃裂解催化剂具有良好的再生性能。在实验室研究的基础上，将该全结晶 ZSM-5 分子筛用于烯烃催化裂解（OCC）工业装置，烯烃转化率可达 96%以上，丙烯收率为 45.7%，乙烯收率为 14.9%，取得了良好的应用效果。

第四节　催化剂失活与再生

一、结焦失活与再生

不同反应温度下高硅 ZSM-5 催化剂的反应稳定性：在 540℃和 580℃下，催化剂稳定性较好。540℃时，在近 270h 的反应过程中，丁烯转化率保持在 60%以上，丙烯的收率在 28%以上，呈现出非常好的反应稳定性。而 620℃下，高硅 ZSM-5 催化剂在反应 50h 后，其活性即由初始的 82%下降到 20%以下，这是因为较高温度下催化剂上生成大量焦炭，导致催化剂酸性位点被覆盖，使催化剂活性下降。而 540℃下反应 270h 样品的焦炭量仅有 620℃下反应 48h 样品焦炭量的 20%左右，从而保持了较好的反应稳定性。

在 C4 烯烃裂解制丙烯、乙烯反应中，温度的升高可以抑制氢转移副反应的进行，从而提高丙烯的选择性和收率，综合催化剂选择性和稳定性，540～580℃是较合适的反应温度区间。在工业催化过程中，焦炭沉积会通过覆盖酸性位点或堵塞孔隙而导致催化剂失活，需要再生恢复催化活性。

烧炭再生（空气＋水汽）是工业催化剂在结焦失活后普遍采用的再生方法。通过将催化剂孔隙中的含炭沉积物氧化为一氧化碳和二氧化碳除去，可恢复催化活性。对于结焦不很严重的有机副产物、机械粉尘和杂质堵塞催化剂细孔或覆盖催化剂表面活性中心，可以在原位用吹扫法加以除去。再生中应注意再生温度与时间，防止催化剂烧结。再生周期因积炭积累速度而异。

石油公司使用的铂-氧化铝催化剂失活主要因为催化剂表面焦炭过多。解决方案可以是流动床烧炭法，将催化剂在流动床自然空气中来回烧炭 3～4 次，温度由低到高，最高温度不超过 450℃；也可以是氮气固定床烧炭法，在选择的固定床中，将氮气加入空气中，并在温度 255～455℃进行缓慢烧炭除焦活动。

二、金属中毒与再生

中毒现象的本质是微量杂质和催化剂活性中心的某种化学作用，形成没有活性的物种。一类是催化剂活性中心，造成催化剂活性中心暂时失活。当毒物脱附后催化剂活性中心可以恢复活性，称为暂时性中毒。另一类是毒物与催化剂活性中心形成稳定的化合物或其他结构，催化剂活性中心永久丧失活性，称为永久性中毒。为了降低副反应的活性，有时需要使催化剂选择性中毒。

金属污染来源主要是原油或煤直接液化的液体中的金属化合物，主要是 V、Ni、Fe、Cu、Ca、Mg、Na、K 等。其危害在于分解成高度分散的金属并沉积在催化剂表面，封闭表面部位和孔，使其活性下降；金属杂质自身具有一些催化活性，可能导致副反应的发生。

（1）贵金属催化剂再生

含贵金属沸石催化剂，表面沉积过多的炭质沉渣，消除催化剂表面毒物常用方法是对金属进行再分散处理，确保催化剂的活性得到恢复。

硫中毒的含沸石催化剂再生方法：将再生的催化剂和 B 酸化合物的水溶液接触，将聚集的贵金属分散处理，如果进行了酸处理，就使用氧化法进行处理，以便提高贵金属的分散度。

碳载体贵金属催化剂再生：通用的处理方法是使用碱液洗涤和多次洗涤，其中多次洗涤的方法是在 260～300℃的热水下洗涤催化剂。使用稀碱液洗涤时，需要将催化剂和浓度为 13%～30%的碱液接触，温度保持在 3～100℃的范围内，接触时间为 1～10h。该方法不仅使催化剂完全恢复到原来水平，还延长了催化剂的使用寿命。

（2）非贵金属催化剂再生

对于Ca中毒，加大催化剂置换量，常压加强电脱盐效果，注入脱钙剂，用油溶性破乳剂。

对于V中毒，加大催化剂置换量，用较好的平衡剂或磁分离剂置换，选用Ni、V双金属钝化剂。

对于Ni系列催化剂，再生处理需要在反应器烧焦前，对催化剂的硫化物进行清理，还需要使用加热炉管进行除焦处理，催化剂脱油主要是使用清油置换的方式处理的。

水蒸气-空气再生技术操作方法比较简单，产生的尾气对下游装置没有影响，污染程度较低。

第五节　国内主流工业化应用情况

上海石油化工研究院公开了“一种用于C4烯烃催化裂解生产丙烯和乙烯”的OCC工艺专利，此专利在国内被广泛应用，成为主流的技术。在此，对OCC技术进行详细的介绍。

一、生产技术及其特点

（1）技术开发背景及意义

丙烯生产工艺一般可概括为副产品工艺和专有工艺。副产品工艺主要是指通过蒸汽裂解制乙烯和催化裂化装置得到丙烯。专有工艺指专门开发生产丙烯的工艺，目前主要有丙烷脱氢、烯烃歧化、烯烃催化裂解、甲醇制丙烯等技术，这些技术都已工业化。

目前大约64%的丙烯来源于蒸汽热裂解制乙烯装置，另外大约30%的丙烯通过FCC装置得到，丙烷脱氢获得大约2%的丙烯。

蒸汽热裂解装置可以通过调节裂解深度来调节乙烯、丙烯的比例，多获得丙烯，在一定程度上满足市场对丙烯不断增长的需求，但这种方式同时减少了乙烯的产量。另外，由于原油以及石脑油价格的高涨，未来将有越来越多的蒸汽热裂解装置采用低成本的乙烷等作为裂解原料，而乙烷作裂解原料的装置副产的丙烯量将更低。因此，未来不断增长的丙烯市场很难通过蒸汽热裂解或FCC装置增产丙烯来满足，必须借助于其他专有的丙烯生产技术。

（2）工艺特点

由于烯烃性质比较活泼，因此，C4烯烃在催化裂解生成乙烯、丙烯的同时，不可避免会产生烷烃、芳烃甚至焦炭，这些副产物的生成必然影响目的产品选择性及收率。尤为关键的是高温状态下烯烃极易在催化剂表面结焦导致催化剂失活，大大缩短催化剂的活性周期，对于固定床工艺而言，该问题尤为严重。为此，C4烯烃催化裂解过程中对催化剂的选择，工艺条件的确定等均十分重要。

从化学反应来看，烯烃催化裂解制丙烯过程是多个平行顺序反应耦合在一起的复杂反应体系。在烯烃催化裂解的过程中，除裂解生成低碳烯烃外，烯烃还会聚合缩合生成芳烃直至焦炭。副反应的发生是丙烯、乙烯选择性差，收率较低以及催化剂失活的主要原因，选择的工艺操作条件应尽量减少副反应发生，以实现较好反应状态的长周期运行。

二、工艺流程

C4 烯烃裂解制丙烯工艺流程是混合 C4 中所含的烯烃在催化剂作用下裂解为低碳烯烃丙烯和乙烯等附加值高的组分，然后通过压缩机提压后进入分离单元进行分离，分别获得聚合级丙烯、粗乙烯、粗丙烷、粗裂解汽油等产品。

装置分为五个部分（见图 8-7），第一部分为原料预处理单元，第二部分为反应单元，第三部分为裂解气压缩单元，第四部分为分离单元，第五部分为丙烯精制单元。

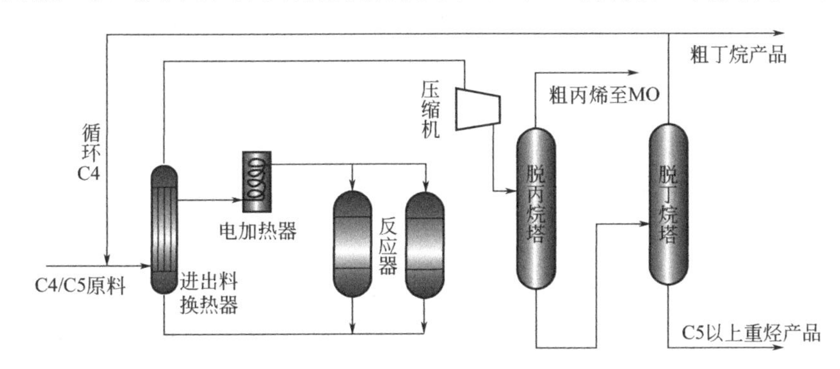

图 8-7　OCC 装置工艺流程简图

（1）原料预处理单元

来自界外的混合 C4 液相经进料预热器预热后，送至进料缓冲罐，再经罐底原料蒸发器加热汽化；脱丁烷塔塔顶气相馏出物，也送至进料缓冲罐，与汽化后的 C4 混合，作为反应器进料。

（2）反应单元

这部分包括反应器进出物料换热、反应器进料加热、催化裂解反应、反应产物冷却以及再生系统等。

汽化后的进料，与脱丁烷塔塔顶采出的气相 C4 混合后，进入换热器壳程，与管程的反应器出料换热，然后通过加热炉，进一步加热至反应所需的温度，进入反应器进行反应。反应产物与进料换热后，通过压缩机进口冷却器由冷却水进一步冷却，进入裂解气压缩机进口缓冲罐。

开工期间，氮气作为预热气体，通过加热炉加热后预热反应器，预热尾气与预热气体在换热后放空。反应器投料采用逐步开启进料阀门的方式，以保证开工时加热炉能够直接加热原料至反应温度，建议反应器进料量按 5%、10%、15%等比操作。

由于反应器切换比较频繁，为降低装置操作难度，反应器进/出料换热器 A/B、加热炉 A/B、反应器 A/B 采用一开一备的操作方式，其中反应器 A、加热炉 A、反应器进/出料换热器 A 简称 A 线，反应器 B、加热炉 B、反应器进/出料换热器 B 简称 B 线。若催化剂需要再生，三者一线同时切换对催化剂进行再生。切换系统采用程序控制模块。催化剂再生气体采用氮气和空气，控制再生气体中的氧含量，以防止反应器催化剂床层再生时飞温，破坏催化剂。催化剂再生后采用甲烷对三者进行吹扫。

为监控反应器催化剂床层的温度及反应器进出口压降，反应器催化剂床层设置三个截面的测温点，进出口设置压差仪。催化剂再生包括两个基本步骤：主燃烧和净化燃烧。主燃烧开始的入口温度为 300℃左右，通过分析再生气体与再生尾气中的氧含量差别，控制加入的空气量，初期可选择 0.2%（体积分数）。随着催化剂床层烧焦的进行，峰值温度将开始下降，再生尾气中的氧浓度上升。在此过程中，逐步提高再生气体的入口温度。当氧消耗减少以及反应器的温升下降时，净化燃烧步骤开始。此时再生气体温度稳定在 450℃左右，在温升条件允许的情况下，缓慢提高再生气体中的氧浓度至 7.0%（体积分数），以保证再生彻底。当再生气体与再生尾气的氧浓度没有变化或反应器没有温升时，可认为再生完成。再生完全的最佳确认条件是当再生气体中氧浓度为 7.0%（体积分数）以及再生温度至少 450℃的情况下，再生尾气中检测出的 CO_2 浓度不超过 0.1%（体积分数）。再生尾气与再生气体换热后排放至放空系统。

反应单元设置有加热炉出口温度超高紧急停车联锁系统，为减少反应产物通过换热器的压降，反应产物走换热器的管程。

（3）裂解气压缩单元

这部分包括反应产物压缩系统。反应产物经冷却后进入压缩机进口缓冲罐进行气液分离，气相进入压缩机一段，液相经压缩机进口凝液泵升压后，作为副产品粗裂解汽油送往界外。压缩机系统由供货商统一设计，四段压缩，其中一至三段用于压缩裂解气，四段用于压缩脱丙烷塔塔顶气相出料。压缩机段间凝液通过升压后，送至脱丙烷塔作为液相进料，三段气相出料送至脱丙烷塔作为气相进料，四段气相出料送至乙烯塔。要求控制压缩机段间及出口温度小于 95℃。

压缩机系统设置有出口压力超高、进口压力超低等紧急停车联锁系统。

（4）分离单元

这部分作用是分离粗丙烷、分离 $C5^+$ 馏分、分离粗丁烯馏分等。

① 脱丙烷塔系统。脱丙烷塔用于分离反应产物中的 C3 以下馏分。

压缩机中间凝液作为液相产物，压缩机三段出口气相作为气相产物分别进入本塔。塔顶气相经冷冻水冷却在冷凝器部分冷凝，至回流罐气液相分离，气相主要为 C3 及 C3 以下轻组分，送至压缩机四段入口，经增压后送至丙烯精制单元进一步精制分离获得聚合级丙烯、粗乙烯等产品。回流罐液相经回流泵升压后全部作为回流。本塔釜液为 $C4^+$ 馏分，送至脱丁烷塔进一步分离未反应 C4。

塔顶压力采用分程控制：在设定压力范围内，通过控制冷凝器冷冻水流量调节；超过设定压力，塔顶压力通过与粗丙烯流量串级控制调节。塔顶回流量与回流罐液位串级调节，回流泵出口处有取样分析口，分析塔顶回流中 C4 馏分含量。塔釜出料经塔釜液位与釜液出料流量串级调节，再沸器为立式热虹吸式，采用低压蒸汽作为热源，低压蒸汽定流量调节。

② 脱丁烷塔系统。脱丁烷塔用于分离反应产物中的重组分 $C5^+$ 馏分。

脱丙烷塔釜液进入脱丁烷塔，塔顶气相采用循环冷却水在冷凝器部分冷凝，冷凝后的物料在回流罐进行气液分离，气相作为循环物料循环至原料缓冲罐，与进料混合，液相经回流泵升压后，部分定流量采出，作为粗丁烷产品送至界外储罐，部分作为回流。本塔釜液为$C5^+$馏分，通过釜液泵升压，并经冷却器冷却至40℃后，与压缩机进口缓冲罐液相混合，作为粗裂解汽油产品送至界外。

塔顶压力分程控制：压力在设定压力范围内，通过控制冷凝器循环冷却水流量进行调节；压力超过设定压力，通过回流罐气相排放流量进行串级控制调节。回流罐液相通过回流泵升压后分为两路：一路定流量回流；另一路作为产品采出，送至界外，流量与回流罐液位串级调节。回流泵出口处设置取样分析口，分析塔顶物料中$C5^+$馏分含量。塔中再沸器为立式热虹吸式，热源采用中压蒸汽，中压蒸汽流量与塔中灵敏板温度串级调节。塔釜出料流量与塔釜液位串级调节。

三、原料来源及对原料的要求

（1）原料来源

目前，国内C4的主要来源有以下三种：炼油装置副产C4、乙烯装置副产的醚后C4和MTO副产C4。原则上以上三种C4均可作为OCC装置的原料。

国内一套12Mt/a炼油装置可年产360kt混合C4，一套1000kt/a乙烯装置可副产醚后C4 44kt/a，两套1800kt/a MTO装置可副产168kt/a C4，这些混合C4均可作为OCC装置的原料。

（2）原料要求

对烯烃催化裂解催化剂具有影响的杂质和毒物主要包括二烯烃、含氮化合物、硫化物及含氧化合物等，它们在进料中的含量应加以严格限制。其中，甲醇和MTBE浓度$\leqslant 50\mu g/g$，硫浓度$\leqslant 5\mu g/g$，丁二烯$\leqslant 1\%$，总碱氮化合物$\leqslant 5\mu g/g$（截至2021年）。

四、实际运行工业结果

2020年10月15日采用上海石油化工研究院成套技术的9万吨/年烯烃催化裂解（OCC）装置在联泓新材料科技股份有限公司一次开车成功，标志着新一代OCC技术实现工业转化，持续创新取得突破性进展。目前已经投产的甲醇制烯烃（MTO）装置超过了20套，产生大量C4/C5烯烃。上海石油化工研究院从2000年开始OCC技术的研究，2009年首次实现工业转化，先后在中原石化、中天合创、中安煤化建成工业装置。近年来，开始新一代高收率OCC技术的开发，开发了新一代催化剂，创新了反应工艺，双烯（丙烯加乙烯）收率显著提高。2020年10月，新一代OCC技术成功实现工业转化，目前运行平稳，反应器进料负荷达到108%，双烯收率超过合同值。OCC技术应用于煤化工领域，显著提升了煤制烯烃产业的竞争力。此外，OCC技术还可以在建设化工型炼厂、油品升级、提升乙烯装置烯烃收率等方面提供解决方案。烯烃裂解过程已成为石油化工和煤化工产业中连接石油、煤炭资源与丙烯、乙烯产品之间的重要桥梁，具有广阔的应用前景。

思考题

1. 请简述发展低碳烯烃催化裂解的重要性。
2. 低碳烯烃催化裂解的原料有哪些？
3. 相比于金属氧化物催化剂，分子筛催化剂的优点有哪些？
4. 在反应过程中，影响催化裂解的因素有哪些？
5. 低碳烯烃催化剂失活的原因分为哪几类？
6. 请概述催化裂解工艺特点。
7. 低碳烯烃催化裂解催化剂如何再生？
8. 请写出低碳烯烃催化裂解的主要反应。
9. 在催化裂解过程中，提高丙烯收率的影响因素有哪些？
10. 低碳烯烃催化裂解分子筛催化剂的改性方法有哪些？

第九章

低碳烯烃氢甲酰化

第一节　均相催化反应基础及氢甲酰化反应简介

一、均相催化与配合物

均相催化在化学工业中占有重要地位，它包括了从简单的酸、碱催化直到极其复杂的酶催化等过程。20 世纪 60 年代以前，只有少数的均相催化剂用于工业生产；后来，一大批重要的均相催化剂体系被开发出来并应用到精细化学品和药物合成中。用于均相催化的催化剂通常是过渡金属的配合物，这是由于过渡金属具有很强的配位能力，能和许多配体生成多种类型的配合物。在催化反应中，过渡金属与某些分子（或离子）进行特定的反应，通过中间配合步骤使配位的反应物分子活化，从而加速反应，这个过程叫作配位催化反应。从广义上来讲，配位催化包括催化剂对反应物有配合作用，并加速反应的一切过程。因此，它既包括均相配位催化，也包括许多固体催化剂参与的非均相催化。

1. 均相催化剂的结构与特点

均相催化剂指与反应物同处一相的催化剂，其催化过程称为均相催化反应过程。催化剂的状态为液态或气态。液态均相催化剂分为：酸催化剂、碱催化剂和过渡金属配合物催化剂。

在均相催化中，催化剂跟反应物分子或离子通常结合形成不稳定的中间物即活化配合物。这一过程的活化能通常比较低，因此反应速率快，然后中间物跟另一反应物迅速作用（活化能也较低）生成最终产物，并释放出催化剂。

2. 配合物的相关理论

配位化合物简称配合物，又称络合物，指的是金属原子或金属离子和其他离子或分子完全或部分通过配位键结合而形成的化合物，如 $[Cu(H_2O)_6]^{2+}$、$[Fe(CN)_6]^{4-}$、$Ni(CO)_4$ 等。其中金属原子或离子位于配合物的中心，称为中心原子，围绕中心原子的分子或离子称为配位体或配体。在配合物中，中心原子与配体之间共享两个电子，组成的化学键称为配位键，这两个电子不是由两个原子各提供一个，而是来自配体原子本身，例如 $[Cu(NH_3)_4]SO_4$ 中，Cu^{2+} 与 NH_3 共享两个电子组成配位键，这两个电子都是由 N 原子提供的。形成配位键的条件是中心原子必须具有空轨道，而过渡金属原子最符合这一条件。

任何配合物中总是含有中心原子和配体两部分。这两部分以配位键相结合，形成配合物的内界，配合物分子一般用方括号表示，在方括号外的部分称为外界，它们与中心原子没有化学键相连。显然对中性化合物来说只有内界没有外界，例如 $[Ni(CO)_4]$。但对含有配离子的配合物来说，除内界外，还有外界，例如 $K[CuCl_3]$ 和 $[Co(NH_3)_6]Cl_3$ 中的 K^+ 和 3 个 Cl^- 就是外界，它们是与配离子电荷相平衡的带相反电荷的离子。

在均相配位催化中过渡元素主要指具有未填满的 d 壳层电子轨道的元素，又称为 d 区元素。这些元素的价电子层中有 9 个轨道，它们可以直接或经杂化后接受来自其他原子或基团的电子，形成 σ 键或 π 键。

根据配体的组成，通常可以将它们分为离子配体和中性配体两类。

离子配体：Cl^-，Br^-，I^-，F^-，OH^-，CN^-，CH_3COO^- 等。

中性配体：H_2O，NH_3，CO，—C═C—，PR_3（$R=C_4H_9$ 或 C_6H_5）等。

（1）配合物的分类

① 一般配合物。单基配体（只有一个配位点）与中心离子配位形成的化合物叫作一般配合物。这类配合物一般配体较多，在溶液中会逐级解离成一系列不同配位数的配离子。例如常见的 $[Cu(NH_3)_4]Cl_2$、$[Pt(NH_3)_2]Cl_2$、$K_3[Fe(CN)_6]$，还有 $Ni(CO)_4$、$K[Pt(C_2H_4)Cl_3]$、$[(PPh_3)_2Pt(NC)_2$—C═C—$(CN)_2]$［图 9-1(a)］等。

② 螯合物。螯合物又叫内配合物，是由中心离子和多基配体（含有多个配位点）配位而形成的具有环状结构的化合物，例如乙二胺与 Ni^{2+} 配位时，由于乙二胺有两个配位原子 N，可与 Ni^{2+} 配位形成环状结构［图 9-1(b)］。这里乙二胺称为双齿配体，又称螯合配体。

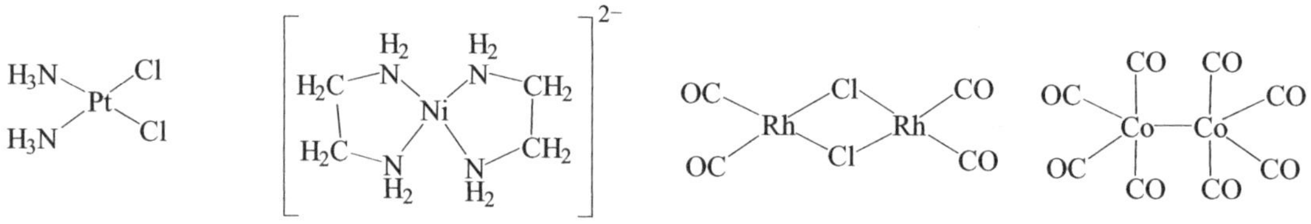

(a)　(b)　(c)　(d)

图 9-1　不同配合物的结构

③ 多核配合物。如果一个配体中有一个或两个配位原子与两个中心离子同时配位，从而使内界含有两个或两个以上的中心离子，称为多核配合物。如图 9-1(c) 所示，两个 Cl^- 将两个 $Rh(CO)_2^+$ 配离子链接在一起，Cl^- 成为桥连配体，简称桥。近年来人们合成了大量的金属原子簇配合物［图 9-1(d)］，指的是在多核配合物中，中心原子之间直接成键，不经过桥连配体。

值得注意的是，一些盐的水解产物也有很多是多核配合物，例如 $AlCl_3$、$FeCl_3$ 等。另外还有复杂的无机含氧酸，包括同多酸和杂多酸（简称多酸）等，也容易形成多核配合物。例如，焦磷酸 $H_4P_2O_7$，磷钼酸 $H_3[P(Mo_3O_{10})_4]$，十二钨酸 $H_8W_{12}O_{40}$。

（2）典型的配体配位方式

形成配合物的核心是中心原子和配体要形成配位键，即配体通过其上的孤对电子与中心原子的空轨道配位。人们主要采用价键理论以及后来发展起来的晶体场理论和配位场理论研究中心原子与配体之间的结合力。对于很多经典配合物来说，价键理论可以很好地解释配合物的结构与某些物理和化学性质。这种理论认为配位键的形成经历了三个过程：激发、杂化和成键。其中，杂化也称轨道杂化，是能量相近的原子轨道线性组合成为等数量且能量简并杂化轨道的过程。

① 烯烃配位。以 $[C_2H_4PtCl_3]^-$ 配合物离子的结构为例（见图 9-2），Pt 以 dsp^2 杂化轨道参与成键，配合物中的碳碳双键与此配合物所在的平面四边形垂直。乙烯的 π 轨道提供电子，与 Pt 的空 dsp^2 轨道形成 σ 键；金属未参与杂化的填充有电子的 d 轨道向乙烯的 π^* 轨道提供电子，形成 π 键，又称反馈键。最后乙烯与金属形成 σ-π 键，乙烯键被拉长并削弱，更易被亲核试剂进攻。

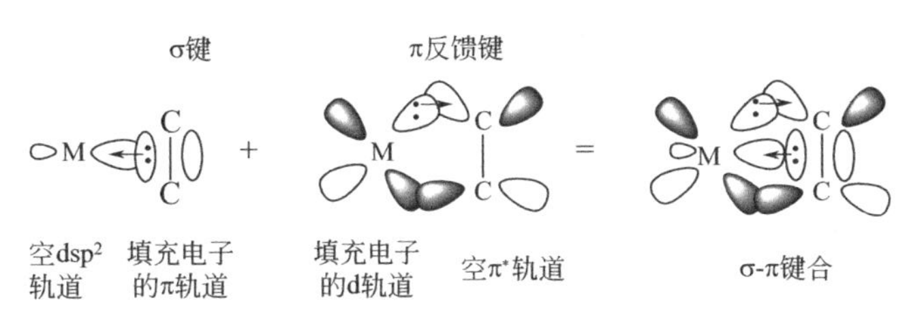

图 9-2 过渡金属与烯烃成键示意图

② 羰基配位。过渡金属羰基配合物的成键模式与烯烃配合物类似，其区别是 σ 键由空的金属 d 或 p 轨道与 CO 中碳上的孤对电子的 sp 轨道形成（见图 9-3）。同样 π 反馈键使 C-O 三键被削弱，从而导致配合物种的 C≡O 在红外光谱中的振动吸收红移。σ 键给电子能力越强，这种反作用越强。

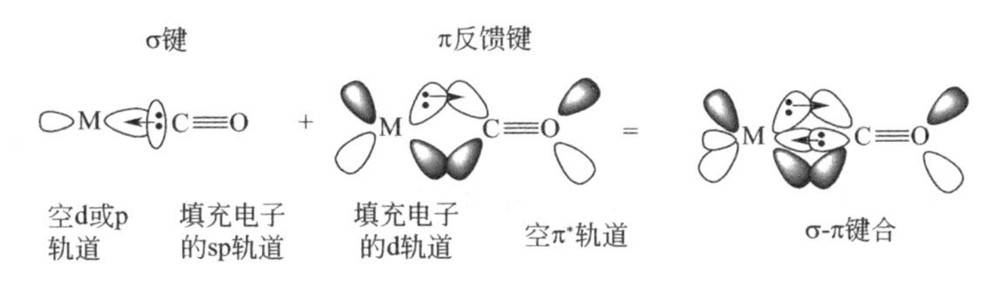

图 9-3 过渡金属羰基配合物的成键模式

③ 三价膦配位。三价膦化物 R_3P 或 $(RO)_3P$（R 为芳基或烷基）是过渡金属配合物中另一类重要的配体。与 CO 配位时不同，金属-磷键中的 π 反馈键由填充的过渡金属 d 轨道与磷的 σ^* 轨道重叠形成（见图 9-4），也有人认为是由磷提供空的 3d 轨道形成 π 反馈键。当与磷原子相连的基团吸电子能力增加时，磷与过渡金属形成键的给电子能力减弱。同时磷的 σ^* 轨道能量降低，使其从金属 d 轨道上接受电子的能力增加。因此，通过改变磷上的取代基对配体进行修饰，可以形成一系列中心金属上具有不同电子密度的过渡金属配合物，从而调控中心原子上的电子密度，达到改变催化剂性能的目的。

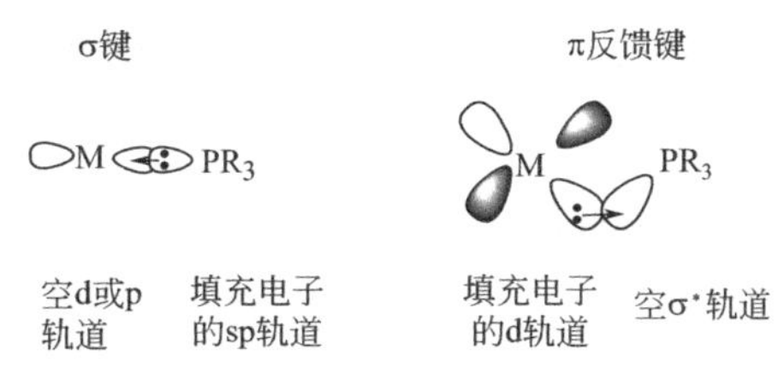

图 9-4 R_3P 与过渡金属 M 成键示意图

基于过渡金属配合物的结构特点，其催化特性有以下几点：

① 形成 σ 键或 π 键活化反应物；

② 中心原子具有不同的氧化态，即中心原子是可变价的；

③ 中心原子具有不同的配位数，即可形成不同的稳定的几何构型；

④ 配体对反应物的活化有明显的影响。

二、均相催化反应的特点

（1）均一性

由于均相催化剂通常以分子或者离子的形式独立起作用，而且体系不存在固体催化剂的表面不均一性和内扩散的问题，因此人们一般认为均相催化剂的活性部位是均一的。但随着人们研究发现，并不是所有的均相催化剂分子都具有相同的催化活性，有时候在实际的反应条件下只有少量的催化剂分子是活泼的。由于在均相催化中越来越多地观察到催化活性部位的不均一性，这进一步减小了均相剂与多相剂之间的差别。

（2）专一性

专一性（specificity）即高选择性，是均相催化的主要特点。一般超过 98%的选择性才被称为“专一性”，例如以碘化氢作助催化剂的铑配合物作催化剂，甲醇羰基化合成醋酸反应选择性高达 99%以上。

$$CH_3OH + CO \xrightarrow[175℃, 3MPa]{RhCl(CO)PPh_3 + HI} CH_3COOH + 141.25kJ/mol \tag{9-1}$$

高专一性的一个突出例子是酶催化的反应。例如在大量的 D-乳酸存在的情况下，L-乳酸脱氢酶只能催化 L-乳酸脱氢，而延胡索酸水化酶仅对延胡索酸的反式双键起作用，对顺式双键不起作用（见图 9-5）。当然，高专一性并不仅限于酶催化，近年来随着过渡金属配位催化剂的发展，许多具有高专一性的新催化剂被相继研发出来。

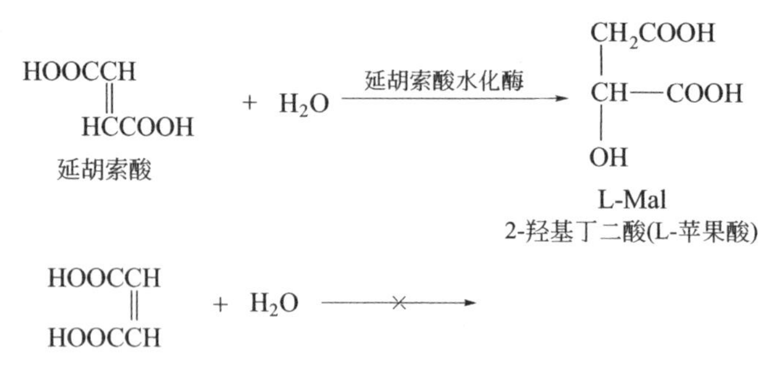

图 9-5　延胡索酸水化酶对延胡索酸不同异构体的催化水合作用

三、催化反应热力学与动力学基础

（1）热力学活化参数

反应活化能又称为阈能，是由阿伦尼乌斯（Arrhenius）在 1889 年引入的，用来定义一个化学反应的发生所需要克服的能量障碍。反应活化能指的是分子从常态变为较容易发生化学反应的活跃状态所需要的能量。对基元反应，反应活化能是基元反应的活化能。对复杂的非基元反应，反应活化能是总反应的表观活化能，即各基元反应活化能的代数和。

活化能的大小可以反映化学反应所发生的难易程度，通常用来表示一个化学反应发生所需要的最小能量，符号为 E_a，单位是 kJ/mol。1889 年，Arrhenius 在总结前人经验的基础上，经过了大量实验与理论的论证，揭示了反应速率与温度的关系——Arrhenius 经验公式，其形式如下

$$\ln k = -\frac{E_a}{RT} + \ln A \tag{9-2}$$

式中　k——反应速率常数；

E_a——活化能；

A——指前因子。

活化能的物理意义一般认为是：从原反应体系到产物的中间阶段存在一个过渡状态，这个过渡状态和原系统的能量差就是活化能 E_a，而且热能 RT 如不大于 E_a，反应就不能进行。也就是原系统和生成物系统之间存在着能垒，其高度相当于活化能。非催化反应与催化反应的区别就在于同一反应在催化剂参与下，反应活化能显著降低，如图 9-6 所示。因此它可以在更低反应温度下，以更快的反应速率和更高的选择性使反应物分子转化为目标产物。

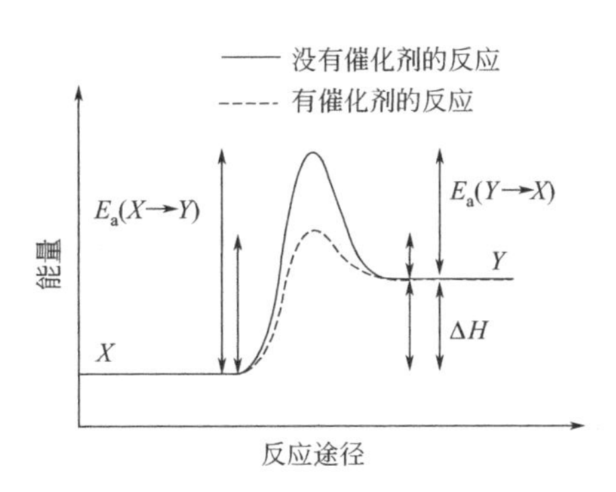

图 9-6　催化剂降低反应活化能示意图

（2）反应动力学

反应动力学是研究催化反应最重要的方法之一。它是测定不同条件下的反应速率，例如在不同的温度、不同的反应物和催化剂浓度下测定其反应物转化速率或产物生成速率，然后用一定的数学表达式（又称动力学模型）来归纳这些结果。

通常用反应级数来表示反应物浓度对反应速率的影响程度。

① 零级反应：反应速率与反应物的浓度无关，生成的产物量仅正比于反应时间。

$$\mathrm{d}[\mathrm{P}]/\mathrm{d}t = k_0 \tag{9-3}$$

式中　[P]——产物浓度；

k_0——速率常数。

反应总级数为零的反应并不多，已知的零级反应中最多的是表面催化反应。例如，氨在金属钨上的分解反应

$$2NH_3(g) \longrightarrow N_2(g) + 3H_2(g) \tag{9-4}$$

② 一级反应：反应速率取决于某一反应物的浓度，即反应速率只与反应物浓度的一次方成正比。若令 C_0 为反应物的初始浓度，C 为任意时刻（t）该反应物的浓度，于是速率方程可表示为

$$-\frac{\mathrm{d}C}{\mathrm{d}t} = k_1 C \tag{9-5}$$

$$-2.303\lg\frac{C}{C_0}=k_1 t \tag{9-6}$$

当以 t 对 $\lg\frac{C}{C_0}$ 作图时，由直线的斜率就可以求得一级反应速率常数 k_1。

③ 二级反应：反应速率和反应物浓度的二次方成正比。例如 NO_2 和 CO 的反应

$$NO_2(g)+CO(g) = CO_2(g)+NO(g) \tag{9-7}$$

其速率方程：

$$v=kC(NO_2)C(CO) \tag{9-8}$$

该反应对 CO 是一级反应，对 NO_2 是一级反应，该反应为二级反应。

④ 复杂反应：反应历程较复杂，反应物分子需经几步反应才能转化为生成物的反应称为复杂反应。对于复杂反应，不能只根据反应式写出其反应速率方程，而必须根据实验测定的结果，推导出反应的机理，写出速率方程。

四、氢甲酰化反应简介

氢甲酰化反应往往又称为羰基合成反应，指的是烯烃与合成气（CO 和 H_2），在第Ⅷ族金属配合物催化剂作用下，发生加成反应，断开双键添加一个羰基生成醛的反应过程。氢甲酰化在 1938 年由德国科学家 O. Roelen 最先发现，反应过程如图 9-7 所示。

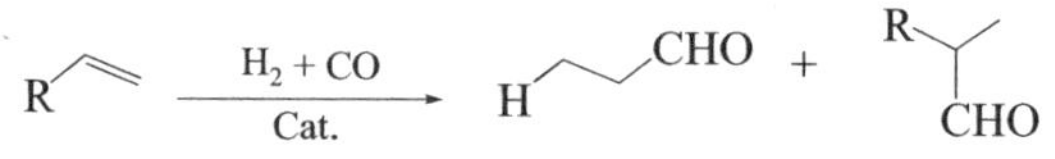

R $\xrightarrow[\text{Cat.}]{H_2+CO}$ H CHO + R CHO

图 9-7 氢甲酰化反应过程

（1）反应原料

氢甲酰化反应的原料主要是烯烃和合成气，烯烃主要来源于两种途径：

① 石油裂解。石油制烯烃目前主要有蒸汽裂解工艺和催化裂解工艺。

② 煤路线制烯烃技术。一是由合成气生成甲醇，再由甲醇合成烯烃，技术基本成熟，已有工业化案例；二是费托反应合成烯烃，但是费托合成反应由于受 Anderson-Schulz-Flory 分布规律的限制，烯烃选择性较差。

合成气主要来源于三种途径：

① 煤制合成气。煤（或煤焦）与氧气（或空气）、水蒸气等气化剂通过化学反应，在高温条件下可转化为合成气，该过程还可称为煤气化。

$$\text{煤}+\text{气化剂}\longrightarrow C+CH_4+CO+CO_2+H_2O+H_2 \tag{9-9}$$

② 天然气制合成气。天然气中的主要成分甲烷在高温条件下与氧气、水蒸气或二氧化碳进行重整反应，可制得合成气，重整反应过程见式（9-10）～式（9-12）。目前甲烷水蒸气重整反应是工业上获取合成气的主要途径。

甲烷部分氧化反应

$$CH_4+1/2O_2\longrightarrow CO+2H_2 \tag{9-10}$$

甲烷水蒸气重整反应

$$CH_4 + H_2O \longrightarrow CO + 3H_2 \tag{9-11}$$

甲烷二氧化碳重整反应

$$CH_4 + CO_2 \longrightarrow 2CO + 2H_2 \tag{9-12}$$

③ 生物质制合成气。农作物秸秆及农产品加工剩余物、林业剩余物和能源作物、生活垃圾及有机废弃物等，经部分缺氧和高温过程气化产生 H_2、CO_2 和 CO 等气体。

（2）反应产物

除了乙烯氢甲酰化反应只得到丙醛一种产物外，其他烯烃氢甲酰化反应都会得到正构醛和异构醛至少两种产物。由于正构醛的用途往往比异构醛更广，所以氢甲酰化反应的产物正异比（n/i，有时也用 l/b，指正构醛和异构醛的比例）是衡量反应选择性的一个重要指标。反应过程如式（9-13）所示。

$$R—CH═CH_2 + H_2 + CO \longrightarrow R—CH_2—CH_2—CHO + R—CH(CH_3)CHO \tag{9-13}$$

此外，反应过程中还会发生一些平行反应和二次反应等副反应，这些副反应使得反应产物的收率和选择性有所降低。主要的副反应包括烯烃加氢生成烷烃、烯烃双键异构、醛加氢生成醇、甲酸酯和酮的生成以及重组分的生成。

① 烯烃加氢生成烷烃

$$R—CH═CH_2 + H_2 \longrightarrow R—CH_2—CH_3 \tag{9-14}$$

② 烯烃双键异构

$$R—CH═CH_2 \longrightarrow R'—CH═CH—CH_3 \tag{9-15}$$

③ 醛加氢生成醇

$$R—CH_2—CH_2—CHO + H_2 \longrightarrow R—CH_2—CH_2—CH_2—OH \tag{9-16}$$

$$R—CH(CH_3)CHO + H_2 \longrightarrow R—CH(CH_3)CH_2OH \tag{9-17}$$

④ 甲酸酯的生成

$$R—CHO + HCo(CO)_4 \longrightarrow R—CH_2—O—Co(CO)_4 \tag{9-18}$$

$$R—CH_2—O—Co(CO)_4 \longrightarrow R—CH_2—O—CO—Co(CO)_3 \tag{9-19}$$

$$R—CH_2—O—CO—Co(CO)_3 + H_2 \longrightarrow R—CH_2—O—COH + HCo(CO)_3 \tag{9-20}$$

⑤ 酮的生成

$$R—CH_2—CO—Co(CO)_4 + R—CH_2—Co(CO)_4 \longrightarrow R—CH_2—CO—CH_2—R + Co_2(CO)_8 \tag{9-21}$$

此外，氢甲酰化反应中重组分的生成可有多种方式：缩合、三聚、醇醛缩合反应等。

氢甲酰化反应是如今工业上应用最广的均相催化反应，可以高效利用廉价的烯烃和煤基合成气，以提高炼厂的经济效益。而且该反应是绿色化工过程，反应过程中不产生其他废物，具有非常广阔的应用前景。反应生成的醛还可以作为化学中间体进一步合成醇类、酯类和胺类，在增塑剂、洗涤剂、药品和化妆品中用途广泛（如图 9-8 所示）。

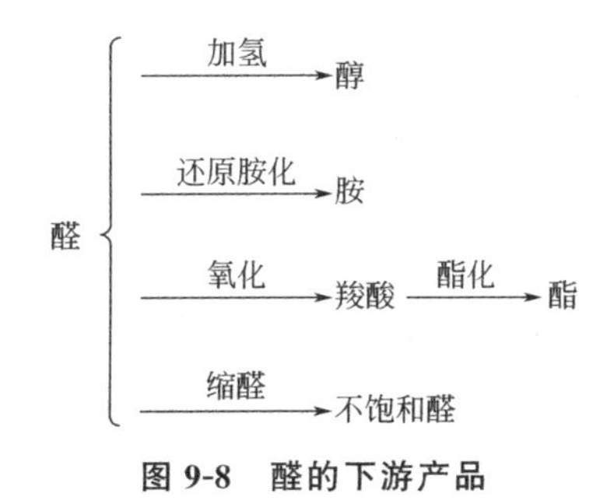

图 9-8　醛的下游产品

第二节 氢甲酰化反应的机理与工艺

一、氢甲酰化反应历史

20 世纪 30 年代，Ruhrchemie 公司的 Otto Roelen 发现了氢甲酰化反应，4 年后在德国的法本公司首先实现生产。随后人们对氢甲酰化反应进行了大量的研究，它已成为当今最重要的有机化工生产工艺之一。

20 世纪 60 年代初期，科学家发现在合成气存在下，$RhCl(PPh_3)_3$ 在溶剂苯中形成的催化活性中心在较温和的条件下可使正戊烯或正己烯发生羰基合成反应，经证明此催化剂前体是三苯基膦羰基氢化铑，此后科学家根据速率、价格及选择性等因素来研究不同种类的叔膦配体，综合来看三苯基膦的性价比更高。均相铑膦配合物催化剂虽具有活性好、选择性高和工艺条件更加温和等优点，但反应过后催化剂与产物醛在同一均相溶液中，两者分离及前者回收一般利用蒸馏或减压蒸馏来完成，此种分离方法并不适用于受热易分解的催化剂，特别是用在高碳烯烃氢甲酰化反应上，高碳醛的沸点偏高，通过蒸馏分离催化剂经常会存在产物聚合、催化剂分解失活等缺点。

自 20 世纪 70 年代以来，科学家们围绕着既能提高产物收率及目的产物选择性又能提高催化剂活性这一目标，提出各种理论并开发出多种配体。以丙烯氢甲酰化生产丁醛继而合成丁辛醇为例，工业催化剂共经历了 4 次更新换代的过程，每一代催化剂都要优于上一代催化剂。

20 世纪 70 年代，科学家 Tolman 提出圆锥角这一概念，圆锥角即中心原子与配体之间形成的锥角。研究证实，单膦配体的圆锥角越小，有效的空间位阻就越小，反之成立。Pruett 发现单齿配体空间体积的增减与产物正异比的增减具有一定的相关性。

20 世纪 90 年代，Eastman Kodak 和 A. G. Hoechst 分别报道了两种以联苯为骨架的双膦配体。将双膦配体［BISBI：2,2′-二（二苯基膦亚基)-1,1′-联苯］用在丙烯氢甲酰化制壬醛时，正异比达 49，苯并膦吲哚类双膦配体作用于丙烯氢甲酰化制丁醛催化体系中，正异比达 249，几乎均是正丁醛。

氢甲酰化反应目前在工业上技术十分成熟。

氢甲酰化催化剂经过了由钴到铑、从无配体到有配体的发展，每次变化都伴随着产物选择性及产率的提高、反应条件更趋温和、产物与催化剂的分离更为简便。氢甲酰化反应工业化催化剂经历如下四个阶段的变革：

第一代催化剂：羰基钴催化剂；

第二代催化剂：叔膦配体改性的羰基钴催化剂；

第三代催化剂：油溶性铑膦配合物催化剂；

第四代催化剂：水溶性铑膦配合物催化剂。

钴基催化剂催化活性较低，但是价格便宜，耐高温，而且不易中毒，特别适合高碳混合烯烃的氢甲酰化，所以在高碳烯烃的氢甲酰化反应中仍有应用。油溶性铑膦配合物催化剂催化活性高，条件温和，操作简单，是目前工业上主要应用的氢甲酰化催化剂。但是均相体系中产品和催化剂不易分离，金属铑价格昂贵，催化剂成本高，分离过程中催化剂和配体容易流失与失活。水溶性铑催化剂的催化活性不如油溶性铑催化剂高，其优点在于催化剂和产品利用两相条件比较容易分离，但该催化剂体系需要加入表面活性剂和稳定剂，这些试剂不易与产品分离，而且会在反应过程中影响产品的质量。

氢甲酰化反应是一种原子经济性反应，广泛应用于工业上醛类化合物的高效合成。氢甲酰化反应也是工业应用最多的均相反应之一，在工业应用中意义重大。

二、氢甲酰化反应机理

（1）羰基钴催化机理

羰基钴催化剂于20世纪40年代研发成功，它是烯烃氢甲酰化工艺的第一代催化剂。$Co_2(CO)_8$ 是最早使用的钴催化剂前体，Heck提出了如图9-9所示的催化循环机理图。首先，催化剂前驱体 $Co_2(CO)_8$ 在反应的条件下原位生成 $HCo(CO)_4$(A)；A经过脱羰环节变成活性中间体 $HCo(CO)_3$(B)；B经过烯烃的配位和插入反应变为催化中间体D，该步反应决定产物的正异比，因为氢原子既可加到末端碳原子上也可加到另外一个碳原子上；D和一氧化碳进行羰基的配位和插入反应变成化合物F；F经过氢气的氧化加成反应变成化合物G，该步钴的化合态发生了变化，反应速率较慢，决定整个循环反应的速率；最后G经过还原消除反应生成产物醛和催化活性中间体B，从而完成一个循环。

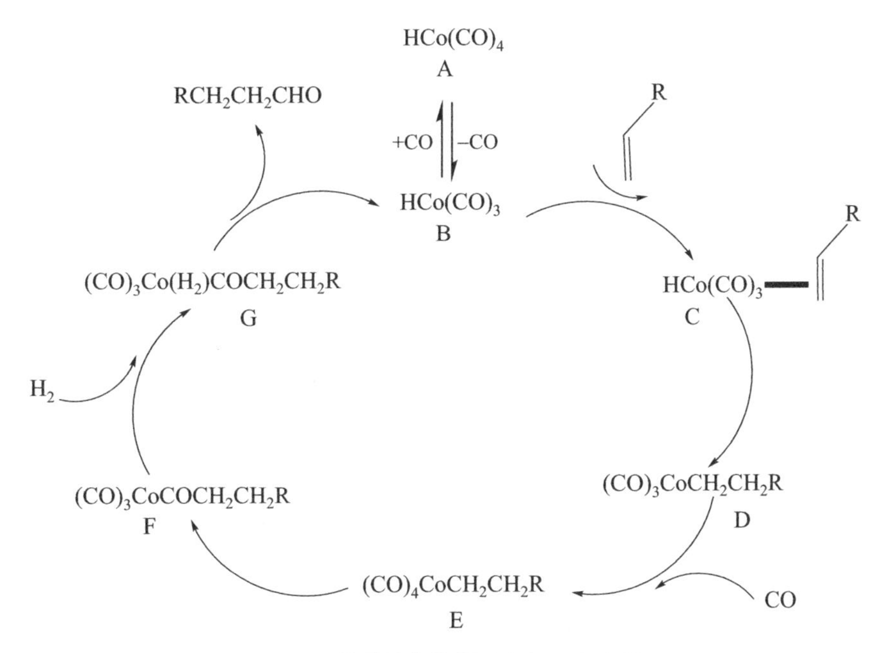

图9-9 羰基钴催化剂反应机理示意图

$HCo(CO)_3$ 为16电子而非18电子结构，所以很不稳定，极易分解成钴和一氧化碳。需要在很高的压力（20～30MPa）下反应以保证催化剂的稳定性，因此该方法又称为“高压钴法”，以Ruhrchemie和BASF的技术最成熟。由于工艺条件苛刻，同时产物的正异比较低，只有4左右，因此需要对其进行改进。改进的方法有两种：一为配位基的改进；二为中心原子的改进。

（2）羰基钴膦配合物催化机理

羰基钴膦配合物催化剂于20世纪50年代研发成功，即用配位基膦（PR_3）、亚磷酸酯［$P(OR)_3$］等取代 $HCo(CO)_4$ 中的羰基，由于配位基的碱性和空间位阻不同，催化剂的性质发生以下变化：

① 催化剂的稳定性增加。膦配体较强的 σ 给电子能力增加了中心金属原子的电子密度，从而增强了中心金属原子的反馈能力，使金属和羰基之间的键变强，增加了催化剂的稳定性。这样的话就可以在较低的一氧化碳分压下进行烯烃氢甲酰化反应，从而使反应的压力减小（5～10MPa）。但是中心金属原子和羰基键强度的增强会影响脱羰和羰基插入反应的进行，从而降低了催化剂的催化活性。

② 能提高产物的正异比。由于空间位阻和电子云密度的增大，在发生烯烃插入反应时，负氢离子更容易加入 β-碳原子上，从而使正构化产物增加。

③ 加氢活性增大。中心金属原子电子云密度增大使负氢离子的电负性增强，从而增加了其加氢活性。

（3）油溶性铑膦配合物催化机理

羰基铑膦催化剂是20世纪70年代由UCC公司、Davy公司、JMC公司联合开发的，其技术核心是金属铑的应用。其催化烯烃氢甲酰化反应的机理如图9-10所示。

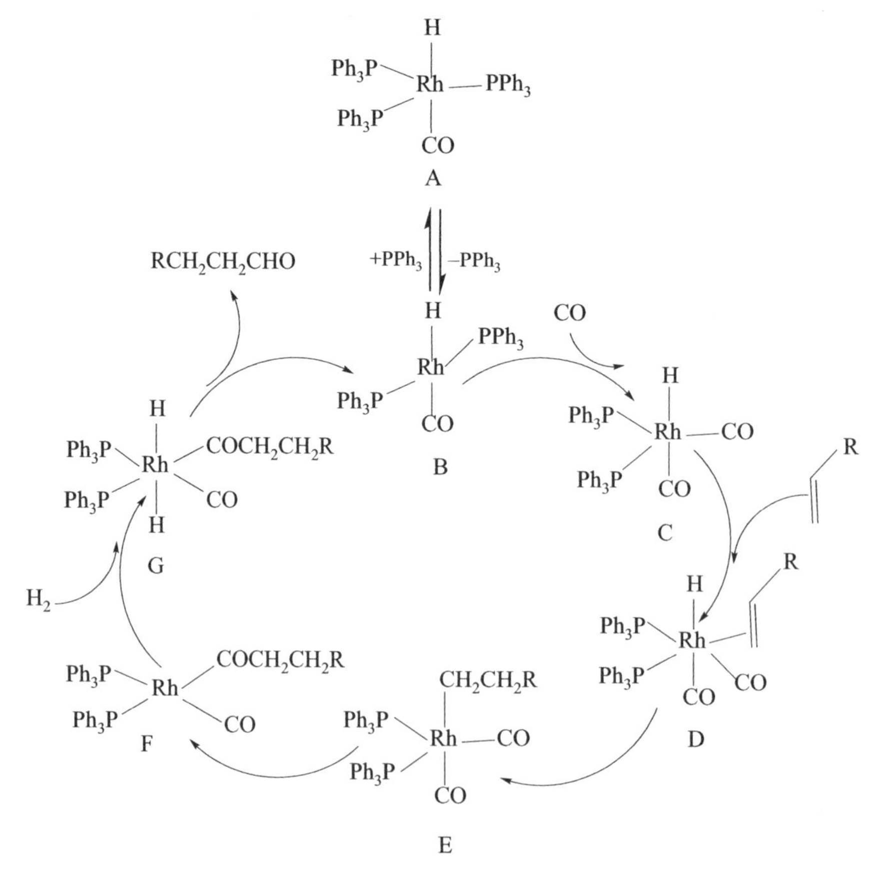

图9-10　羰基铑膦配合物催化剂催化机理示意图

催化物种A脱去一个三苯基膦（PPh_3）变成16电子的催化中间体B；B和一氧化碳配位形成催化活性中间体C；生成的C则直接和烯烃配位形成一个六配位的化合物D；生成的D发生烯烃插入反应转化为催化中间体E，该步反应决定产物的正异比；生成的E发生羰基重排反应生成F；F和氢气发生加成反应生成六配位的中间体G，该步反应速率较慢，为整个循环反应的速控步；最后G发生还原消除生成醛和催化中间体B从而完成一个循环。

与传统的高压钴法相比较，该方法操作压力低，反应活性高，正构醛选择性好。目前国内外丙烯羰基合成装置大多采用此催化体系。一般的反应条件为：反应温度90～130℃、压力1.2～2.0MPa，丙烯转化率95%～96%，产物正异比为10左右，丁醛选择性为97%左右。

（4）铑-双膦催化内烯烃机理

由于内烯烃和端烯烃氢甲酰化存在明显的不同，一般认为内烯烃不能与合成气反应直接生成正构醛，需要先异构成端烯烃，然后再与合成气反应生成正构醛，并且内烯烃氢甲酰化反应速率比端烯烃的慢。图9-11是2-丁烯氢甲酰化反应网络示意图。从图中可以看出，2-丁烯直接与合成气反应生成异构醛，不能生成正构醛，2-丁烯必须先异构成1-丁烯，1-丁烯再与合成气反应才能生成正构醛，这是2-丁烯氢甲酰化反应与1-丁烯氢甲酰化反应的主要区别，而这种区别就造成2-丁烯氢甲酰化反应所使用的催化体系不仅具有氢甲酰化的作用，还有异构的作用，1-丁烯氢甲酰化的催化体系就应该减少异构，所以2-丁烯氢甲酰化反应所使用的催化体系与1-丁烯存在明显的差别，动力学也不相同。

铑-双膦配体催化机理速率控制步骤受反应条件和底物性质等多方面的影响，所以对于机理的研究还不完善，但是近些年随着物理学的发展，研究学者通过一些现代技术对铑-双膦催化体系的机理进行了深入的研究，可以用来解释一些实验现象。

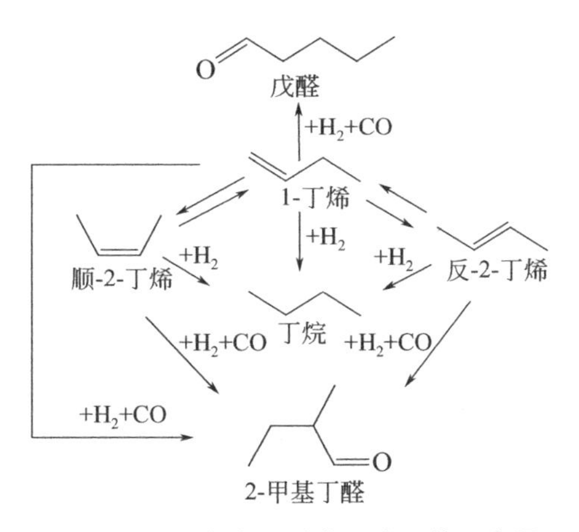

图9-11　2-丁烯氢甲酰化反应网络示意图

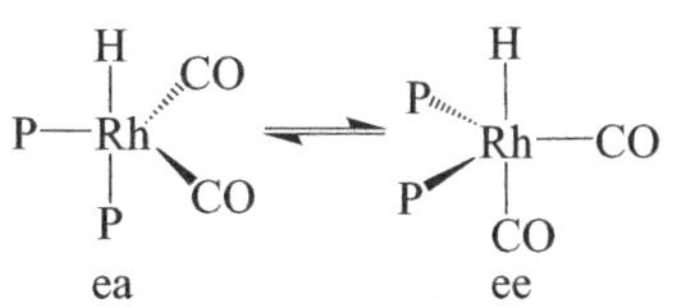

图9-12　铑-双膦体系催化下ea-ee构型平衡

在氢甲酰化反应的条件下，催化剂前躯体和配体首先配位形成五配位具有三角双锥构型的活性中间体$HRh(CO)_2(\overset{\frown}{PP})$，这种活性中间体具有两种异构体ea和ee（结构式见图9-12）。ea构型中的两个P原子一个在三角双锥的顶点，一个在赤道平面上，ee构型的两个P原子都位于三角双锥的赤道平面上。由傅里叶-红外光谱能够确定两种构型确实存在，ea在$1990cm^{-1}$和$2030cm^{-1}$有特征峰，ee在$2015cm^{-1}$和$2075cm^{-1}$有特征峰。一般认为两个 P 原子之间的夹角大的有利于正构醛的生成，ee 的 P 原子之间的夹角大于 ea 构型，所以 ee 构型的物种有利于正构醛的生成。

以 2-丁烯为例说明铑-双膦催化体系的反应机理，如图 9-13 所示。

首先 ee 或者 ea 构型的物种 2 解离掉一个羰基变成 16 电子四配位的物种 4，烯烃进攻物种 4 形成 18 电子的中间物种，然后烯烃插入 H—Rh 键内形成 16 电子的物种 5。物种 5 有两个路径：一个是直接和 CO 配位生成 18 电子中间体，然后 CO 插入形成 16 电子的酰基铑中间物种，酰基铑与 H_2 发生加成形成 18 电子中间物种，最终发生氢解回到活性物种 4，同时释放异戊醛；另一个是沿着 B 路径发生异构生成端烯烃，然后与活性物种 4 配位，沿着生成正戊醛的方向进行，发展历程与生成异戊醛相似。

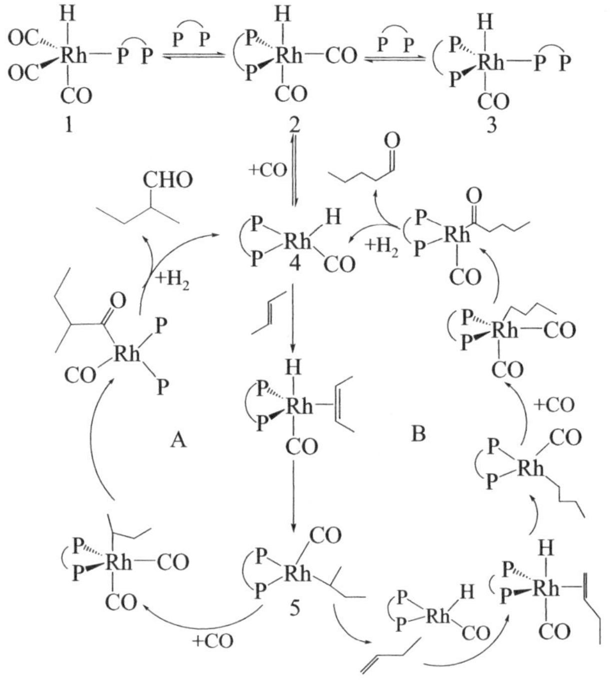

图 9-13 铑-双膦体系催化 2-丁烯异构-氢甲酰化反应机理

（5）水溶性铑膦配合物催化机理

由于均相的铑膦配合物存在催化剂和产物分离较难的问题，水溶性铑膦配合物催化剂应运而生。催化剂设计的主要思路是在配体上引入亲水基团，如羟基、羧基、磺酸基等，使催化剂在水中有较大的溶解度。早在 20 世纪 80 年代，法国 Rhone-Poulenc 公司和 Ruhrchemie 公司成功开发了水溶性铑膦配合物［$HRh(CO)(TPPTS)_3$］［$TPPTS=P(m\text{-}C_6H_4SO_3Na)_3$］，如图 9-14(a) 所示。该催化剂溶于水，反应物与催化剂在水相反应，而产物醛存在于有机相，反应后经静置水/有机两相自动分层，通过萃取即可实现催化剂与氢甲酰化产物的分离。反应前水溶性的铑膦催化剂只溶于水相，而不溶于有机相；反应开始后通过搅拌使催化剂和反应底物接触从而加快反应；反应结束后，静置反应液，催化剂存在于水相中从而轻易达到与存在于有机相中的产物分离。反应过程中，铑催化剂基本没有流失，而有机相作为产物移出去进行分离，水相循环使用。其基本原理如图 9-14(b) 所示。

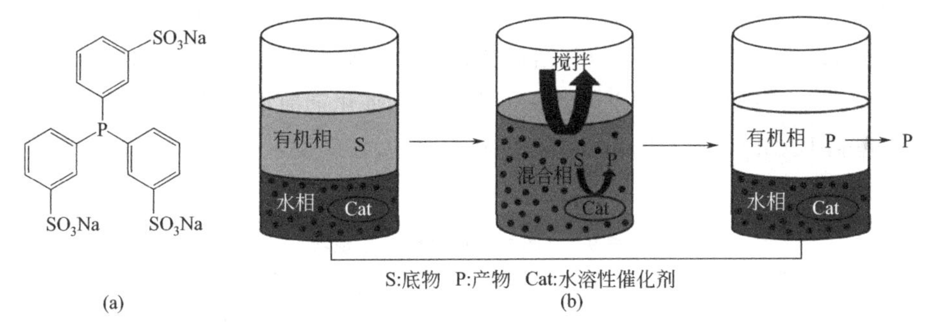

图 9-14　水/有机两相催化剂催化反应时的基本原理示意图

水溶性催化剂体系在丙烯氢甲酰化反应中获得巨大成功是因为丙烯的水溶性较好，但是对于水溶性很差的长链烯烃并不适用。为了提高长链烯烃在水/有机两相体系中的反应速率（主要是传质速率），一个主要的研究方案是在反应体系中加入一些增溶剂或者表面活性剂以增强长链烯烃的溶解。但是表面活性剂的加入也存在着体系发生乳化不易分离的问题，而且也为体系引入了杂质。

三、氢甲酰化反应工艺

（1）均相反应工艺流程

20 世纪 70 年代，Celanese 公司、UCC/Davy Powergas/Johnson Matthey 公司及 BASF 公司独立地开发了基于改性羰基铑催化剂的低压氢甲酰化工艺（即 LPO 工艺），如图 9-15 所示，该工艺的特点是以化学性质很稳定的三苯基膦为配体，选择高沸点溶剂（如丁醛缩聚物）和加入过量的膦配体（P/Rh＝50～200）来保证催化体系的稳定性。中石油四川石化公司在成都建成的新的丙烯氢甲酰化制丁醛的装置也采用了 LPO 工艺，设计生产能力为 33.8 万吨/年丁醛。虽然 LPO 工艺是世界公认领先的氢甲酰化工艺，但其主要应用于丙烯氢甲酰化制丁醛的过程中，对于其他烯烃局限性很大。

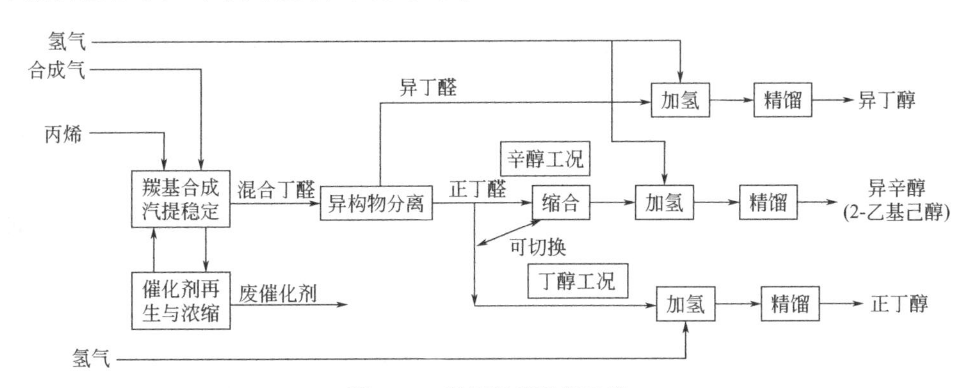

图 9-15　低压氢甲酰化工艺

典型的低压铑改性液相循环工艺中，合成气与丙烯组成混合物料进入羰基合成反应器，反应后的液相物料进入闪蒸罐闪蒸，将物料和催化剂分离，分离后的催化剂浓缩液返回反应器。气相物料进入异构物分离装置进行正异醛分离，分离的部分正丁醛加氢成为产品正丁醇，另一部分正丁醛通过缩合后进一步加氢得到辛醇，同时分离出的异丁醛加氢得到异丁醇。2 个反应器操作相对独立，可以灵活调整，增加了反应器利用率，同时延长了催化剂的使用寿命。该装置中有催化剂再生装置，可用于失活催化剂简单且低成本的活化再生。目前液相循环法包括 BASF 工艺、Davy-Dow 工艺和 MCC（三菱）工艺等。国外工业氢甲酰化现状见表 9-1。

表 9-1　国外工业氢甲酰化现状

工艺名称	工艺特点	催化剂	备注
BASF 工艺	条件苛刻，充分反应	$HCo(CO)_4$，难溶于有机相	高沸点产物易得但需高温高压
Exxon Mobil 工艺	催化剂充分参与反应	$NaCo(CO)_4$，易溶于有机相	CO 作为催化剂分离与再生的保护气
Shell 工艺	催化剂活性低，正异比高	$HCo(CO)_3PR_3$	催化剂改性成本比较高
UCC 工艺	反应温度高，催化剂活性低，选择性低	油溶性配合物	同一反应系统内，丙烯可产丁醛，丁烯可产戊醛
MCC 工艺	催化剂与产品分离成本高，催化剂活性稳定	$HRh(CO)(PPh_3)_3$	工艺投资高，需有专门的回收装置
RuhrRhone-Poulenc 工艺	催化剂溶于水，烯烃和产物溶于有机相，催化剂与产物易分离	水溶性配合物	催化剂与产物分离容易

（2）水/有机两相反应工艺流程

Ruhrchemie 公司开发了被誉为第四代氢甲酰化工艺的水/有机两相 RCH/RP 工艺，并于 1984 年投入生产，现产能为 60 万吨/年。此工艺也主要应用于丙烯制丁醛的过程。此工艺的特点是将水溶性膦配体间三苯基膦三磺酸钠（TPPTS）与羰基铑的配合物 HRh（CO）$(TPPTS)_3$ 作为催化剂，在水/有机两相体系中完成氢甲酰化反应，反应结束后可通过简单的相分离将产物与催化剂分开。这种催化剂溶解于水相中，与产物丁醛分离方便，催化剂回收容易，丁醛的正异比高。丙烯在水中的溶解度较低，因此催化剂的活性不高，反应速率慢，需要较高的操作压力（4～5MPa）和温度（高于 125℃）。采用水溶性催化剂的 Ruhrchemie 工艺流程如图 9-16 所示。RCH/RP 工艺在水/有机两相中进行氢甲酰化反应，简化了催化剂的分离回收与循环使用，设备与操作都比较简单，耗能低，兼具安全环保等优点。但其只适用于丙烯和丁烯的氢甲酰化过程，对于高碳烯烃，由于水溶性差，其氢甲酰化反应速率明显降低。为此科研人员开发了多种两相烯烃氢甲酰化催化体系，但还没有工业化的报道。

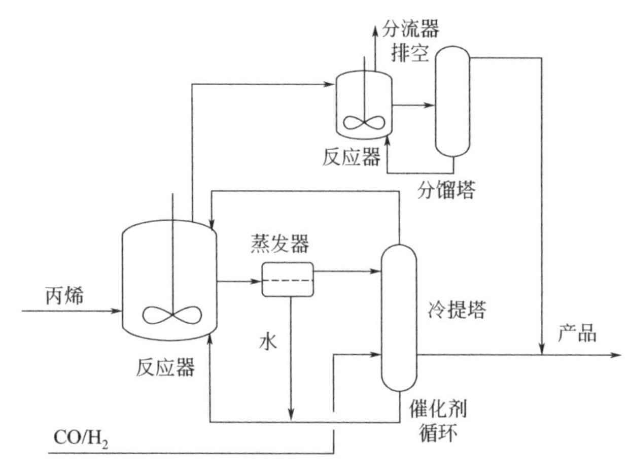

图 9-16　采用水溶性催化剂的 Ruhrchemie 工艺流程

该工艺由两个反应器组成，每个反应器内的催化剂可独立循环。第一反应器中使用水溶性的铑-TPPTS催化剂，该反应器中未反应的丙烯进入第二反应器，在铑-TPP催化剂作用下继续反应。大部分丙烯在第一反应器中转化为丁醛，少量未反应的丙烯在第二反应器中反应。在第一反应器内，水相与有机相的体积比约为10∶1，铑质量分数为3×10^{-4}，配体与铑的摩尔比（简称膦铑比）为100∶1。在第一反应器后安装一个沉降槽，将含催化剂的水相及含有产品的有机相分开。第二反应器中反应的烯烃量较少，且采用的是高活性的铑-TPP催化剂，因此反应器的体积较小，其工艺条件为：温度130℃，压力2MPa，铑质量分数5×10^{-5}，膦铑比为80∶1。

该工艺的两个反应器中使用的是两种不同的催化剂，因此需要将两种催化剂独立进行分离和循环。但水溶性催化剂稳定，铑的损失较少，同时丁醛转化为重组分的量也较少。该工艺的缺点是反应温度和压力较高，有大量的水相循环，使得第一反应器的体积较大。该两相工艺也可用于丁烯的羰基合成。

第三节　氢甲酰化反应催化剂

一、催化剂中的金属原子

从理论上讲，所有能形成羰基化合物的金属都是潜在的氢甲酰化反应催化剂，但是不同的金属所形成的金属配合物催化剂所具有的催化活性却大不相同。目前，过渡金属元素中的第Ⅷ族元素常常用作烯烃氢甲酰化反应催化剂的中心原子，如Rh、Co、Ru、Ir等。它们所具有的较好的催化活性主要由于这些元素具有d电子轨道的外层电子结构，当这些金属原子与含有孤对电子的配体形成配合物的中心原子或离子时，就产生了空的价电子轨道，有利于烯烃氢甲酰化反应的进行。表9-2给出了不同金属相对于Co的催化活性。

表9-2　氢甲酰化反应中金属原子的相对活性

金属	Fe	Mn	Tc	Os	Ru	Ir	Co	Rh
活性	0.000001	0.0001	0.001	0.001	0.01	0.1	1	1000

从表9-2中可以看出，Rh对烯烃的氢甲酰化反应活性最高，其次是Co。而其他的Ⅷ族金属活性太低，基本未见到它们在工业应用中的报道。因此，常见氢甲酰化反应催化剂的金属中心主要有Rh和Co两类。Co催化剂的优势在于其对毒物的抵抗力更强，价格便宜，但是研究者们还是更倾向于Rh基催化剂。Rh催化剂的催化活性远远大于Co催化剂，但其价格非常昂贵，因而如何提高Rh的利用率，减少其损失是研究的重点问题。

氢甲酰化反应一般使用金属配合物作为反应催化剂，主要由中心金属原子和配体两部分组成，可以用$H_xM_y(CO)_zL_n$作为它的通用表达式。根据n值可以将其分为未改性催化剂和改性催化剂，当$n=0$时，称为未改性催化剂；当$n\neq0$时，称为改性催化剂。改性后的催化剂中金属原子除了与CO连接外，还连接有其他配体。在合适的反应条件下各种不同的催化剂前体化合物都可以形成催化活性物种。

二、配体的作用

近年来，人们不断探索和研究新的氢甲酰化反应催化体系，以期能进一步改善和提高烯烃氢甲酰化反应性能，其中对配体的研究和改性是氢甲酰化反应研究中的一个重要方面。用于氢甲酰化催化反应的配体主要是叔膦配体。具有特殊空间效应和电子效应的配体能够使烯烃的氢甲酰化反应向着预定的方向进行，配体的引入会对整个烯烃氢甲酰化反应的活性、选择性以及反应动力学等产生一系列的影响，如大多数氢甲酰化反应希望得到较多的直链醛，有的反应则希望一步将醛合成醇，这些都是通过选择不同的配体来改性催化剂得以实现的。

（1）电子效应

配体的电子效应指的是配体给予和接受电子的能力不同，使配合物在某些区域内电子密度升高，而另一些区域内电子密度会降低，从而使配体与中心原子的键合性质发生变化，进而影响整个配合物的结构。由于中心金属带正电荷，会使周围的配体或多或少地受到极化，如果配体的给电子能力增强，则中心原子的正电荷数将减少，结果会降低金属与所有其他配体的键合能力。

膦配体的电子效应对氢甲酰化反应的活性具有重要影响。磷原子基态的外层电子组态为 $3s^2 3p^3$，它以不等性 sp^3 杂化轨道与 3 个取代基［烷基、芳基、烷(芳)氧基等］分别形成 3 个 σ 键，余下的一对孤对电子与中心金属原子配位形成配位键，磷原子的 3d 轨道可以和中心原子的适当的 d 轨道重叠，接受反馈电子。为了表示有机膦配体电子效应的影响程度，Tolman 发现在过渡金属上的羰基的红外振动频率值随着配合物中其他配体的性质和数量的改变而改变。配合物 $Ni(CO)_3L$（L 为有机膦配体）在红外光谱中有非常尖锐的谱带 A_1，且 $Ni(CO)_4$ 和 L 作用生成 $Ni(CO)_3L$ 非常迅速，所以可以选用 A_1 谱带频率来表示三价叔膦电子授受性的强弱。强 σ-给体配体在金属上提供高电子密度，因此对 CO 配体有大量的反馈电子，进而降低了 CO 的振动频率。相反，强的 π-受体配体将与 CO 竞争电子回馈，并使 CO 保持较高的拉伸频率（见图 9-17）。Tolman 由此提出电子参数 χ，用以衡量膦配体 L 的给电子和接受电子性质的总体效果，它的数值为 $Ni(CO)_3L$ 中羰基的对称拉伸频率（相对于 L 为叔丁基而言）。也就是说，强的 σ-电子给体，通常是弱的 π-电子受体，往往具有低的 χ 值。反之，弱的 σ-电子给体，通常是强的 π-电子受体，往往具有高的 χ 值。部分常见配体的 χ 值如表 9-3 所示。

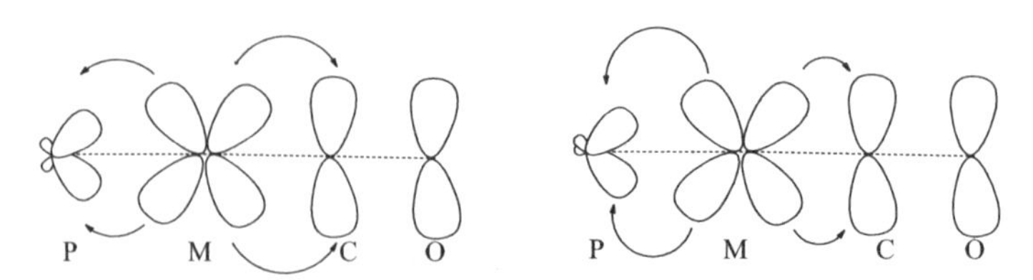

图 9-17 Tolman 提出的电子密度对 CO 影响

表 9-3　部分膦配体的 χ 值、θ 值以及氢甲酰化反应活性

R_3P 配体　R=	χ 值	θ 值	氢甲酰化反应活性/%
n-Bu	4	132	71
n-BuO	20	109	81
Ph	13	145	82
PhO	29	128	86
2,6-$Me_2C_6H_3O$	28	190	47
4-Cl-C_6H_4O	33	128	93
CF_3CH_2O	39	115	96
$(CF_3)_2CHO$	51	135	55

注：χ 为电子参数，θ 为圆锥角。

在 Co 系催化体系中，Tucci 发现具有较低 σ-供体性质的叔有机膦容易产生更快的反应速率。但在 Rh 催化体系中，更多的研究却显示，由于反应活性受到铑、CO 及配体的浓度、结构等多方面的影响，配体的电子效应并不容易比较。但几乎可以确定的是，吸电子配体容易减少 CO 的电子反馈，进而削弱 CO 的键合力，这将影响中间产物的形成。

（2）空间效应

配体的空间效应主要是指配体体积的大小和在空间展开的构型将影响反应物分子与金属原子（或离子）的配位。空间效应主要影响氢甲酰化反应的区域选择性（生成正构醛的选择性），常用圆锥角（cone angle，θ）来衡量一个单膦配体的空间效应［如图 9-18(a) 所示］。θ 值越大，配体的空间位阻越大，空间效应越显著。适当增大单膦配体的圆锥角，可提高催化剂的区域选择性，产物正构醛的含量增多。圆锥角不但可用于所有类型的单膦配体，在一定范围内也适用于双膦配体。

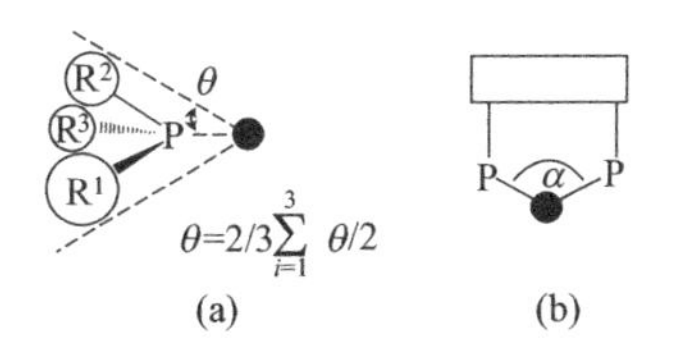

图 9-18　膦配体的圆锥角 θ (a) 和自然咬合角 α (b) 示意图

（3）咬合角效应

为了更加深入地了解均相铑催化剂的活性与区域选择性之间的关系，人们提出了自然咬合角 α 的概念。如图 9-18(b) 所示，它是由分子力学计算得出的，描述了由两个磷原子和一个“假”金属形成的角，用于设计和评价双齿配体。双膦配体的空间性质由两个磷原子上的四个取代基和桥的长度决定。通常，当两个磷原子（及其相邻的碳原子）和桥原子之间可以形成五元环时，容易得到最稳定的配合物。这对于八面体和平面四边形结构的配合物是适用的，此时 P-M-P 角约为 90°。绝大多数螯合物是由具有相对较短的桥连主链的双齿配体合成的。四面体配合物的 P-M-P 角为 109°，三角双锥中的双赤道配位需要 120°。在催化过程中，可能需要不同配位模式之间的转换。配体对特定配位模式的“自然”偏好可以通过几种方式影响催化循环的反应：初始、过渡或最终状态的稳定或不稳定。此外，为了加速某些转变，双齿配体的灵活性可能很重要。在一步反应中，咬合角的影响可能非常明显，但对于涉及多个步骤的催化反应，在许多情况下咬合角的影响特征并不是很明显。

三、氢甲酰化反应中的配体

氢甲酰化反应中，涉及金属原子与反应物烯烃及羰基的配位，此外还需要额外加入提高反应活性的辅助配体，通常是叔膦配体。常用的膦配体主要有亚磷酸酯、烷基膦、芳基膦、杂环膦等。其中三芳基膦是铑膦催化体系中使用最广泛的配体。偶尔在专利中有 As、Sb、Bi 作为配体，但是在工业氢甲酰化反应中以 Rh 作为催化剂，配体的活性如下：

$$Ph_3P \gg Ph_3N \gg Ph_3As \gg Ph_3Sb \gg Ph_3Bi$$

1. 单膦配体（P—C 键）

无论是钴系催化体系，还是铑系催化体系，工业上最常用的配体都是三苯基膦（PPh_3）。PPh_3 作为配体的优势是活性较高，价格便宜，而且在空气中比较稳定。三苯基膦的结构如图 9-19(a) 所示。此外，还有许多其他三苯基膦的衍生物，如图 9-19（b）～（d）所示。

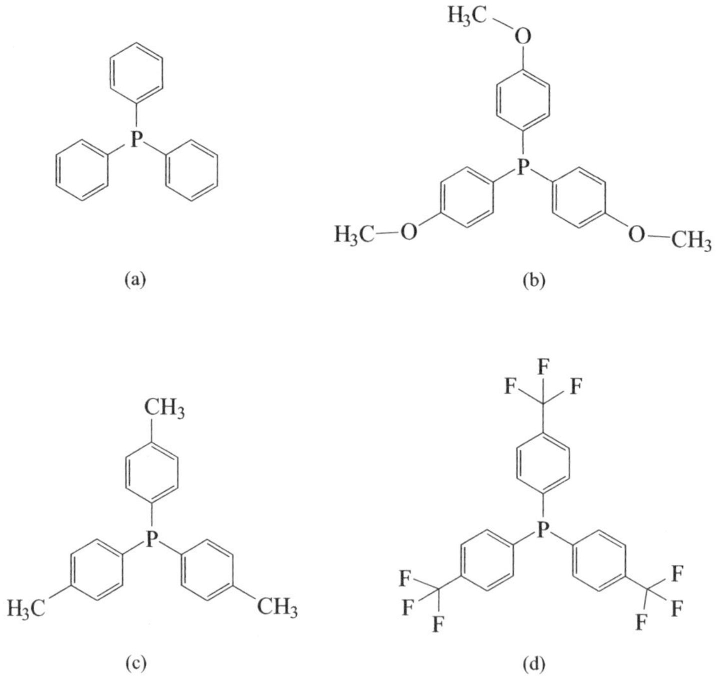

(a)

(b)

(c)

(d)

图 9-19　常见的单膦配体

Breit 小组和 BASF 合作合成了一系列磷酸膦配体，如图 9-20 所示，由于具有大的 π-受体，对末端烯烃的氢甲酰化中，催化剂转化频率 TOF（turnover frequency，1mol Rh 催化剂催化反应的反应物的物质的量，即单位时间内单个活性位点的转化数）$>45000h^{-1}$。

2. 单膦配体（P—O 键）

含 P—O 键的配体主要是亚磷酸酯类化合物，如图 9-21 所示。这也是烯烃氢甲酰化反应中使用较多的膦配体。由于 P—O 键是弱 σ-供体，但是是强的 π-受体，亚磷酸酯类膦配体与配合物催化剂配合后可以加快催化活性物种中羰基的解离与缔合，进而加快氢甲酰化反应的速率。

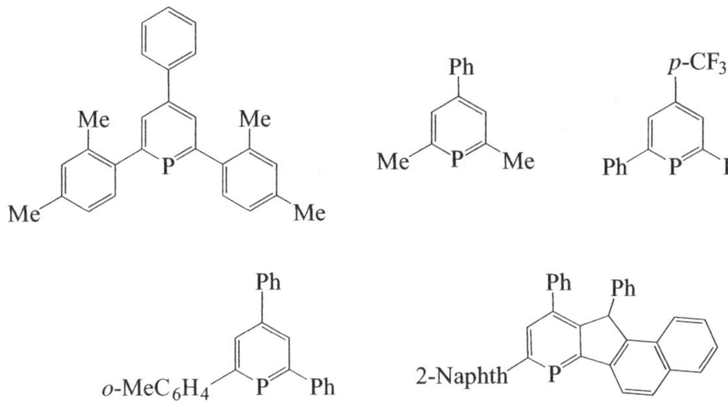

图 9-20　几种磷酸膦配体

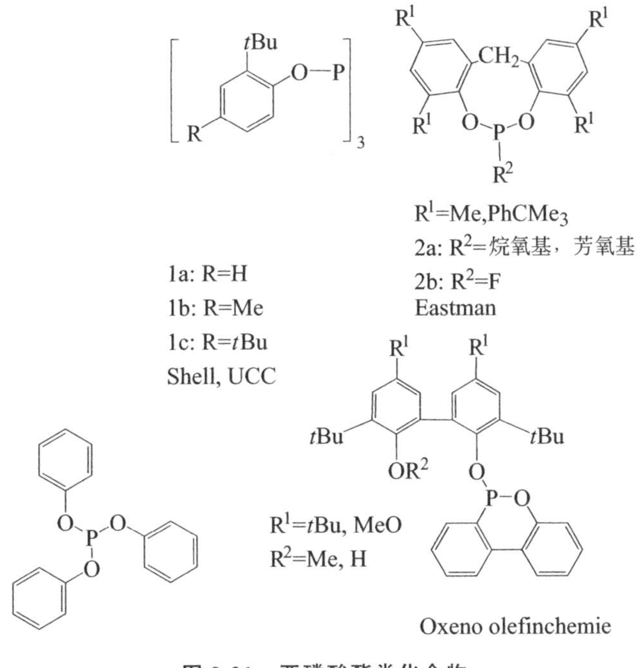

1a: R=H
1b: R=Me
1c: R=*t*Bu
Shell, UCC

R^1=Me,PhCMe$_3$
2a: R^2=烷氧基，芳氧基
2b: R^2=F
Eastman

R^1=*t*Bu, MeO
R^2=Me, H

Oxeno olefinchemie

图 9-21　亚磷酸酯类化合物

3. 单膦配体（P—N 键）

在氢甲酰化中除了偏向于使用膦和亚磷酸三酯作为配体外，亚磷酰胺也被使用。亚磷酰胺是从亚磷酸三酯中将 P—OR 基团取代为 P—NR_2 基团的一类有机磷化合物（见图 9-22）。三个不同的 P 取代基形成一个手性（立体生成的）磷原子。亚磷酰胺在合成核酸时起重要作用且经常作为单或双齿配体用于过渡金属催化。

4. 双膦配体

相对端烯烃而言，内烯烃往往更加廉价易得，因此研究内烯烃氢甲酰化反应也很重要。由于内烯烃氢甲酰化反应活性较弱，在使用三苯基膦类配体时，产物醛的正异比很低。研究

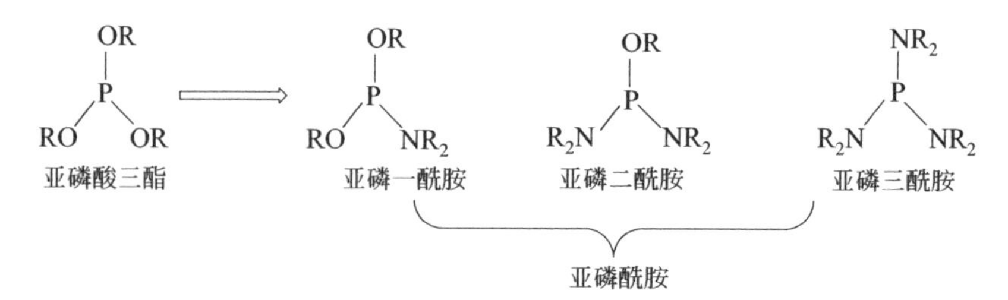

图 9-22　亚磷酰胺作为亚磷酸三酯的衍生物

发现具有较大咬合角的双膦配体能够有效地提高其产物正异比。双膦配体中的两个磷原子可同时或分别与中心铑原子配位，避免了使用大量的单膦配体以提高直链醛选择性。

（1）磷氧双膦配体

此即亚磷酸酯双膦配体，这类配体对氧不敏感且易于合成，是弱的 σ-电子给体，强的 π-电子受体。在铑系催化内烯烃的氢甲酰化反应中，亚磷酸酯类双膦配体的研究最为普遍，并显示出很好的催化活性和直链醛选择性。

亚磷酸酯类双膦配体（见图 9-23）的配体分子中连接两个磷原子的桥键 X 可以是芳基、联苯基、脂肪基或含有杂原子的基团。

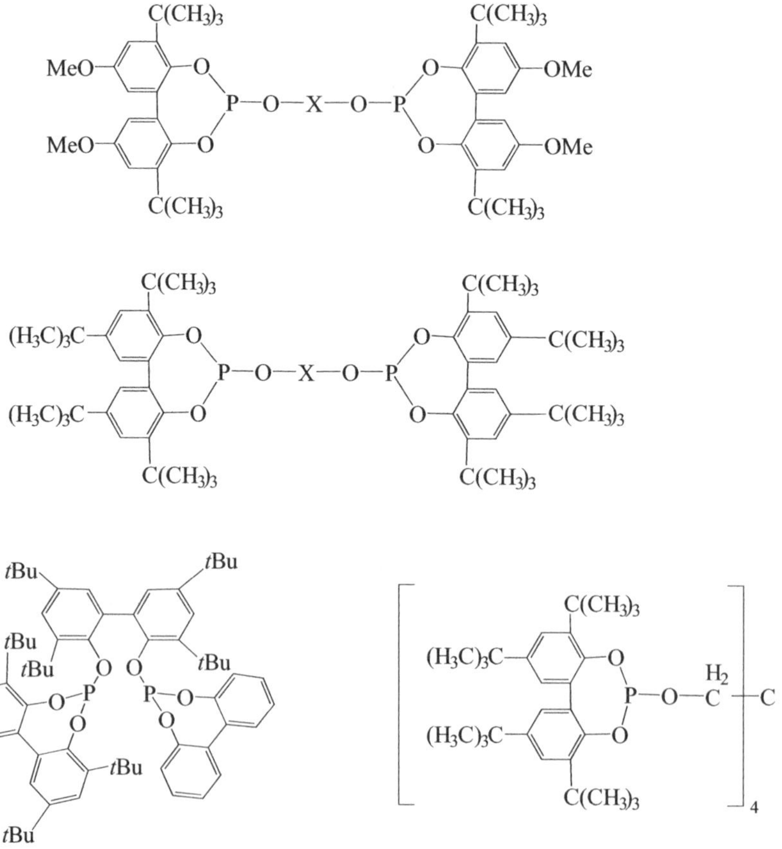

图 9-23　亚磷酸酯类双膦配体的合成

（2）膦碳双膦配体

由于配体分子中吸电子取代基的存在对相应催化剂活性与生成直链醛选择性的影响较大，Kiein 等合成了含联萘骨架的双膦配体，如图 9-24 所示。在催化内烯烃氢甲酰化反应时，由于吸电子取代基 CF_3^- 或 F^- 的存在，直链醛选择性和催化活性都明显增加。

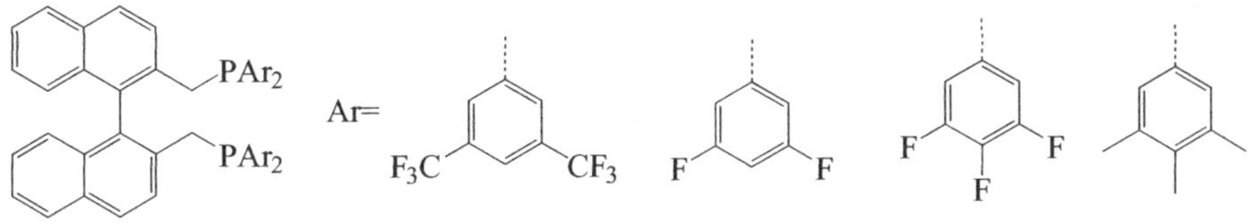

图 9-24　含联萘骨架的双膦配体

（3）磷碳-磷氧双膦配体

在均相催化烯烃异构化和烯烃不对称氢甲酰化反应中，产物主要为高对映选择性的支链醛时，人们研究出了该类配体，以磷碳-磷氧双膦配体［如图 9-25(a) 所示］的铑配合物催化反-2-丁烯氢甲酰化反应，主要得到异构醛。含联苯骨架的手性磷碳-磷氧双膦配体［如图 9-25(b)、(c)所示］，它们的铑（Ⅰ）配合物在催化烯烃不对称氢甲酰化中表现出较高的区域选择性和对映选择性。

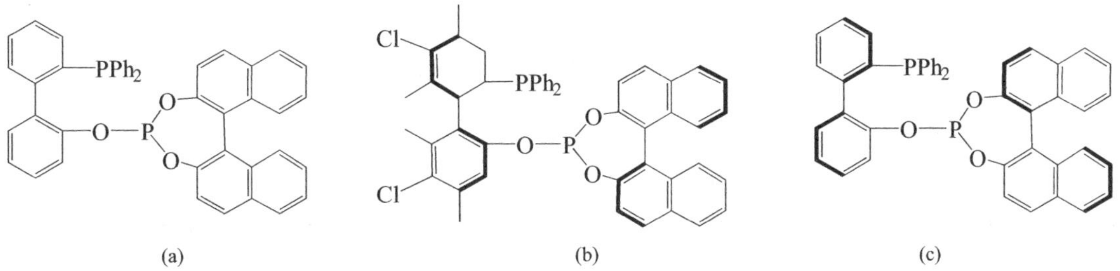

(a)　(b)　(c)

图 9-25　磷碳-磷氧双膦配体

（4）磷氮-磷氧双膦配体

亚磷酰胺类双膦配体用于铑催化的中间烯烃氢甲酰化反应时取得了较好的结果。由于亚磷酰胺类双膦配体中含氮基团具有较强的吸电子效应，在烯烃氢甲酰化反应催化循环中，中间烯烃与铑配合物形成的支链烷基-铑中间体更易于发生 β-H 消去，导致催化循环过程中烯烃快速异构化为端烯烃，进而高选择性得到直链醛，如图 9-26 所示。

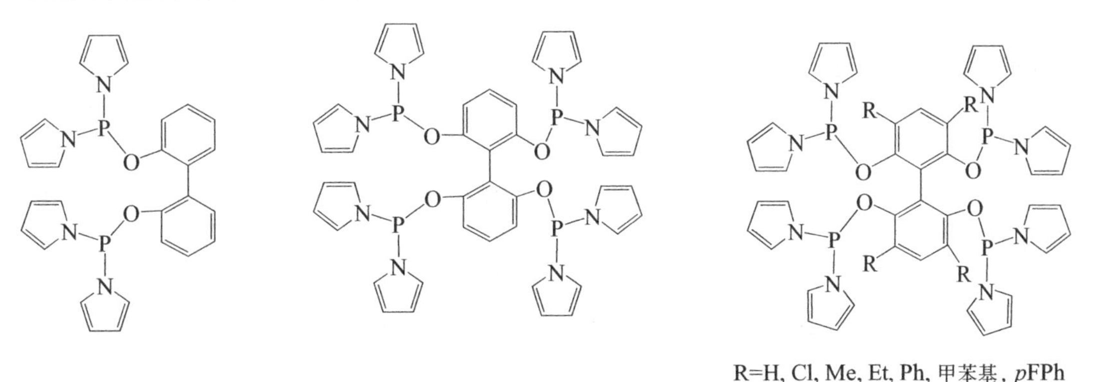

R=H, Cl, Me, Et, Ph, 甲苯基, *p*FPh

图 9-26　磷氮-磷氧双膦配体

5. 水溶性配体

均相氢甲酰化反应的产物与催化剂不容易分离。水溶性膦配体（TPPTS）使得两相氢甲酰化催化反应得以实现，成为了近年来烯烃氢甲酰化反应研究中非常活跃的领域。水溶性膦配体主要是通过向膦配体中引入强极性的亲水基团来制备不同类型的水溶性膦配体，根据膦配体中亲水基团的不同，水溶性膦配体可以分为阴离子型、阳离子型、两性型和非离子型膦配体。磺化膦配体如图 9-27 所示。TPPTS 在水中表现出优异的溶解度（约 1.1kg/L），一般不溶于用于两相催化反应的大多数有机溶剂。

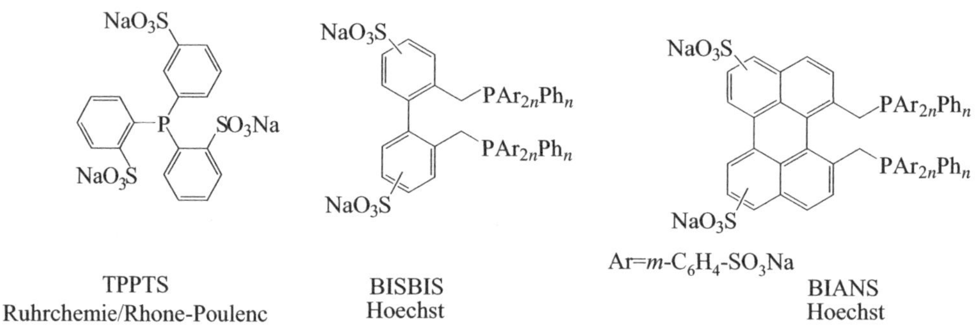

图 9-27　用于烯烃氢甲酰化的水溶性配体

为了使两相催化体系中水溶性的催化剂与有机相的原料充分接触反应，加快两相反应速率，通常需要向反应体系中加入相转移剂。由于相转移剂是一种表面活性剂，会带来相转移剂与反应产物分离的问题，甚至可能会使反应液出现乳化现象而增加相分离难度。

第四节　不同烯烃的氢甲酰化反应

一、乙烯氢甲酰化

丙醛是精细化工生产的基本原料之一，是生产正丙醇、防腐剂原料丙酸、水性聚氨酯原料二羟甲基丙酸、树脂原料三羟甲基乙烷、水处理剂丙酮肟的主要原料。丙醛还是生产聚乙烯过程的阻聚剂，合成树脂、橡胶的促进剂和防老剂等，也可用作抗冻剂、润滑剂、脱水剂等。丙醛广泛应用于医药、油漆、塑料、香料、橡胶、食品、饲料等行业。目前国内丙醛生产量还不能满足我国丙醛的需求量。

目前国内外大部分丙醛生产厂家采用乙烯氢甲酰化的方法生产丙醛。此法又可分为以钴为催化剂的高压羰基合成法和以铑膦为催化剂的低压羰基合成法。与高压法相比，低压羰基合成法的乙烯转化率可达 97%，丙醛收率为 95%，加氢产物乙烷约为 3%，催化剂活性高，选择性好，反应条件温和，生产过程中不产生腐蚀性介质，原料及公用工程消耗低，设备投资费用少，是目前生产丙醛的主要方法和发展方向。

1. 热力学研究

（1）主、副反应

烯烃氢甲酰化主反应是生成正构醛，由于原料烯烃和产物醛都具有较高的反应活性，故有串联副反应和平行副反应发生。平行副反应主要是异构醛的生成和原料烯烃的加氢，主要串联副反应是醛加氢生成醇和缩醛的生成。

主反应

$$C_2H_4 + CO + H_2 \longrightarrow CH_3CH_2CHO \tag{9-22}$$

平行副反应

$$C_2H_4 + H_2 \longrightarrow C_2H_6 \tag{9-23}$$

串联副反应

$$CH_3CH_2CHO + H_2 \longrightarrow CH_3CH_2CH_2OH \tag{9-24}$$

（2）热力学分析

乙烯氢甲酰化反应热效应 $\Delta H_R^\ominus$ 可以由下式计算

$$\Delta H_R^\ominus = (\sum v_i \Delta_f H_i)_{产物} - (\sum v_i \Delta_f H_i)_{反应物} \tag{9-25}$$

式中　v_i——计量系数；

$\Delta_f H_i$——i 物质在 298K、101.3kPa 下的标准摩尔生成热。

其他温度下的热效应可由 Kirchoff 公式计算得到。

$$\Delta H_T = \Delta H_{298} + \int_{298}^{T} \Delta c_p \mathrm{d}T \tag{9-26}$$

标准条件下各物质的热力学参数如表 9-4 所示。

表 9-4　标准条件下各物质的热力学参数

项目	$\Delta_f H^\ominus$/(kJ/mol)	$\Delta_f G^\ominus$/(kJ/mol)	$c_p=\Phi(T)$的系数			
			a	$10^3 b$	$10^5 c$	$10^6 c$
C_2H_4	52.292	68.178	11.32	122.01		−37.90
C_2H_6	−84.667	−32.886	5.753	175.11		−57.85
CO	−110.53	−137.27	28.4	4.1	−0.46	
H_2	0	0	29.18	−0.84		2.02
C_3H_6O	−185.6	−142.632	80.7			
C_4H_8O	−262	−171	−2.6	312.4		105.5

注：$\Delta_f H^\ominus$ 为某物质在 298K、101.325kPa 下的标准摩尔生成热。

由表 9-5 所示的数据可以看出，乙烯氢甲酰化的主、副反应均为强放热过程。因此在反应器的设计中必须注意增加必要的冷却装置，移走多余的热量，维持反应的等温区。否则反应区的温度迅速升高，可以使催化剂烧结，缩短催化剂的寿命。

表 9-5 乙烯氢甲酰化反应的热效应

温度/℃	主反应 $\Delta H(1)$ /(kJ/mol)	副反应 $\Delta H(2)$ /(kJ/mol)	副反应 $\Delta H(3)$ /(kJ/mol)
25	−157.06	−136.96	−47.70
150	−161.22	−138.86	−44.03
200	−163.44	−139.39	−41.20
250	−165.97	−139.79	−37.59
300	−168.81	−140.05	−33.19

根据有关物质的热力学数据可以计算出反应的 $\Delta_r G^{\ominus}$ 和 K_p，由公式$\frac{\Delta G}{T}=-\int\frac{\Delta H}{RT^2}dT$ 求出不同温度下的 $\Delta_r G$ 和 K_p，计算结果见表 9-6。

根据式（9-22）计算理论平衡转化率。设反应物起始摩尔比为 1∶1∶2，n 为反应平衡时转化的物质的量（mol）。

	C_2H_4	+	CO	+	H_2	══	C_3H_6O	(9-22)
开始	1		1		2		0	
平衡	$1-n$		$1-n$		$2-n$		n	
平衡浓度	$(1-n)/(4-2n)$		$(1-n)/(4-2n)$		$(2-n)/(4-2n)$		$n/(4-2n)$	

$$n=-\sqrt{4/(K_p+4)}+1$$

表 9-6 乙烯氢甲酰化主、副反应的 $\Delta_r G$ 和 K_p

温度/℃	主反应(1)		副反应(2)		副反应(3)	
	$\Delta_r G$	K_p	$\Delta_r G$	K_p	$\Delta_r G$	K_p
25	−73.33	7.15×10^{12}	−101.39	5.92×10^{17}	−20.45	3.84×10^{3}
150	−40.56	1.02×10^{5}	−93.44	3.46×10^{11}	−17.70	1.53×10^{2}
200	−27.88	1.20×10^{3}	−90.44	9.72×10^{9}	−16.15	60.8
250	−15.44	34.8	−87.47	5.45×10^{8}	−14.27	26.6
300	−3.25	1.01	−84.53	5.08×10^{7}	−12.00	12.4

表 9-7 式（9-22）在不同温度下的平衡常数和平衡转化率

温度/℃	平衡常数	平衡转化率/%
25	7.15×10^{12}	99.99
150	1.02×10^{5}	99.37
200	1.20×10^{3}	94.24
250	34.8	67.89
300	1.01	10.65

从表 9-7 还可以看出，主反应的平衡常数随温度的升高而减小，即低温对于乙烯氢甲酰化反应更为有利。但是低温下反应速率减慢。由式（9-22）～式（9-24）可知，氢甲酰化反应的主、副反应均为分子数减少的反应，故增大反应压力能提高反应物的转化率。从化学平

衡分析，提高原料中 H_2 的用量可以提高乙烯的平衡转化率，还可提高传热系数，有利于导出反应热和延长催化剂的寿命，所以应使原料中 H_2 适当过量。H_2 过量太多，将促进加氢副反应的发生，使主反应选择性降低。

2. 动力学研究

反应条件如反应温度、反应压力、原料组分的比例均是影响化学反应平衡的重要因素。美国埃克森石油公司（Exxon Chemical）对 $Rh(acac)(CO)(PPh_3)+PPh_3$ 催化的乙烯氢甲酰化制丙醛过程做了详细的动力学实验研究。研究中，合成气采用 $H_2/CO=1:1$。他们发现，在配体 PPh_3 的浓度高于 50mmol/L 的时候，氢甲酰化反应速率与乙烯转化率呈线性关系，即对乙烯是一级反应。并且反应的选择性可以达到 99.7%，检测到的副产物只有乙烷，选择性约为 0.2%～0.4%。然而，当配体 PPh_3 的浓度低于 50mmol/L 的时候，反应速率对乙烯呈现饱和的动力学关系。另外，提高分压比值（H_2/CO）有利于增大反应速率。而反应对 Rh 的浓度也呈现一级反应。

在配体 PPh_3 的浓度低于 50mmol/L 的时候，乙烯饱和的现象暗示在反应到达烯烃的准反应平衡之前有一个决速步骤。Tolman 和 Faller 曾提出，氢甲酰化反应中，处于饱和极限的情况时决速步是氢激活步骤（见图 9-28）。Kiss 等发现，在较低的烯烃浓度下，这一决速步变成了烯烃插入 $HRh(CO)_x(PPh_3)_{3-x}$（$x=1\sim2$）或者 CO 从 $HRh(CO)_2(PPh_3)_2$ 解离步骤。

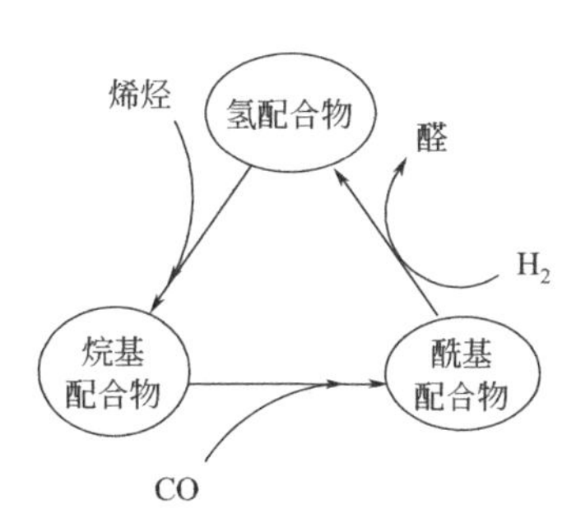

图 9-28　氢甲酰化动力学模型中的主要步骤

在高的乙烯转化率下，TOF 几乎不受分压比值（H_2/CO）的影响。此外还可以发现，增大配体的浓度有利于扩大反应对于乙烯的一级区域。这些数据说明，在反应初始阶段，氢激活速率是非常可观的，通过增加氢激活速率，可以使反应的决速步后移至催化循环的较早阶段。

3. 反应的影响因素

（1）合成气配比

氢气量的增加对反应不利，氢气分压较高时，副反应生成乙烷的量也会增加。Kiss 等发现，副产物乙烷的选择性随氢气与一氧化碳配比的增加而增大。因此合成气中氢气与一氧化碳的最佳摩尔比为 1.08。

（2）温度和压力

在反应初期，反应速率随温度的提高呈指数增加，但温度过高催化剂失活加速，且温度大于 85℃时，升高温度对提高转化率的影响不大，因此，第一反应釜的温度可选择在 85℃左右。此外，在计算范围内，操作压力对反应的影响比较小。但从变化趋势可以看出，压力高反应温度可适当降低；降低压力可适当提高反应的选择性。因此，温度选择 85℃左右时，压力可选择 1.3MPa 左右。

（3）催化剂浓度

催化剂浓度过高不仅会加速其钝化，还会降低反应选择性，羰基合成丙醛反应中铑浓度可控制在 80～100μg/g 之间。

（4）三苯基膦浓度

在乙烯的羰基合成反应中，当 PPh_3 浓度达到一定值后，再增加 PPh_3 的量会对反应起抑制作用；同时，随着 PPh_3 浓度的增大，生成副产物乙烷的量增加，丙醛选择性下降。因此，PPh_3 含量有一合适值。对于羰基合成丙醛，溶液中 PPh_3 的量可控制在 3%～5%范围内，保证乙烯高转化率的同时，提高丙醛选择性。

（5）停留时间

反应在大约 30min～2h 后速率明显变慢，转化率基本不再随停留时间变化；而且停留时间过长，丙醛选择性会明显下降，副反应加剧。

二、丙烯氢甲酰化

丙烯是三大合成材料的基本原料，主要用于生产丁辛醇、丙烯腈、异丙醇、丙酮和环氧丙烷等。近年来，由于丙烯下游产品的快速发展，极大促进了国内丙烯需求量的增长。丙烯氢甲酰化反应的产物主要是正丁醛和异丁醛，二者加氢可以得到正丁醇和异丁醇；正丁醛经过缩合、加氢可以得到辛醇。由于丁醇和辛醇可以在同一套装置中通过羰基合成的方法生产得到，因此二者常被合称为丁辛醇。丁辛醇是合成精细化工产品的重要原料，主要用于生产增塑剂、溶剂、脱水剂、消泡剂、分散剂、浮选剂、石油添加剂及合成香料等。在丁辛醇的生产过程中，最重要的就是丙烯氢甲酰化反应。该反应伴随着平行副反应的发生。

1. 主副反应

以丙烯氢甲酰化为例说明。

主反应

$$CH_2{=}CHCH_3+CO+H_2 \longrightarrow CH_3CH_2CH_2CHO \tag{9-27}$$

副反应

$$CH_2{=}CHCH_3+CO+H_2 \longrightarrow (CH_3)_2CHCHO(\text{异丁醛}) \tag{9-28}$$

$$CH_2{=}CHCH_3+H_2 \longrightarrow CH_3CH_2CH_3 \tag{9-29}$$

$$CH_3CH_2CH_2CHO+H_2 \longrightarrow CH_3CH_2CH_2CH_2OH \tag{9-30}$$

$$2CH_3CH_2CH_2CHO \longrightarrow CH_3CH_2CH_2CH(OH)CH(CHO)CH_2CH_3(\text{缩二丁醛}) \tag{9-31}$$

$$CH_3CH_2CH_2CHO+(CH_3)_2CHCHO \longrightarrow CH_3CH(CH_3)CH(OH)CH(CHO)CH_2CH_3(\text{缩醛}) \tag{9-32}$$

丁醛过量时，在反应条件下，缩丁醛又能进一步与丁醛化合，生成环状缩醛、链状三聚物，缩醛很容易脱水生成另一种副产物烯醛。

$$CH_3CH_2CH_2CH(OH)CH(CHO)CH_2CH_3 \longrightarrow CH_3CH_2CH_2CH{=}C(C_2H_5)CHO+H_2O \tag{9-33}$$

2. 催化剂

三种常见的催化剂性能比较如表 9-8 所示。

表 9-8　三种氢甲酰化催化剂性能比较

催化剂	$HCo(CO)_4$	$HCo(CO)_3P(n\text{-}C_4H_9)_3$	$HRh(CO)(PPh_3)_3$
温度/℃	140～180	160～200	90～110
压力/MPa	20～30	5～10	1～2
催化剂浓度/%	0.1～1.0	0.6	0.01～0.1
生成烷烃量	低	明显	低
产物	醛/醇	醇/醛	醛
正异比	(3～4)∶1	(8～9)∶1	(12～15)∶1

3. 反应热力学

羰基合成是放热反应，放热量因原料结构的不同而有所不同，反应的平衡常数很大。丙烯羰基合成的热力学数据见表 9-9。

表 9-9　丙烯羰基合成反应热力学数据

温度/K	生成正丁醛			生成异丁醛		
	ΔH_e /(kJ/mol)	ΔG_e /(kJ/mol)	K_p	ΔH_e /(kJ/mol)	ΔG_e /(kJ/mol)	K_p
298	−123.8	−48.4	2.96×10^9	−130.1	−53.7	2.52×10^9
423		−16.9	1.05×10^2		−21.4	5.40×10^2

由数据可知烯烃的氢甲酰化反应，在常温、常压下的平衡常数很大，即使在 150℃仍有较大的平衡常数值，所以氢甲酰化反应在热力学上是有利的，反应主要由动力学因素控制。

影响氢甲酰化反应速率的因素很多，包括反应温度、催化剂浓度、原料烯烃种类和浓度、H_2 和 CO 压力以及配体浓度、溶剂和所含产物的浓度等。各种反应条件对反应速率影响的研究结果，在文献中有大量记载。

（1）温度

反应温度对反应速率、产物醛的正异比和副产物的生成量都有影响。温度升高，反应速率加快，但正/异醛的比例随之降低，重组分和醇的生成量随之增加。

（2） CO、H_2 分压和总压

从烯烃氢甲酰化的动力学方程和反应机理可知，增高一氧化碳分压，会使反应速率减慢，但一氧化碳分压太低，对反应也不利，因为金属羰基配合物催化剂在一氧化碳分压低于一定值时就会分解，析出金属，而失去催化活性。所需一氧化碳分压与金属羰基配合物的稳定性有关，也与反应温度和催化剂的浓度有关。如用羰基钴为催化剂，反应温度为 150～160℃，催化剂含量为 0.8%（质量分数）左右时，一氧化碳分压要求达到 10MPa 左右，而用羰基铑催化剂，反应温度在 110～120℃，则所需一氧化碳分压为 1MPa 左右。

研究发现，以羰基钴为催化剂和以膦羰基铑为催化剂时，一氧化碳分压对产物正/异醛比例的影响相反。以膦羰基铑为催化剂，在总压一定时，随着一氧化碳分压的增加，正/异醛比例下降。但一氧化碳分压太低，丙烯加氢生成丙烷的量太高，烯烃损失量增大，故一氧

化碳分压有一个最适宜的范围。提高氢分压，提高了正/异醛比例，但同时也增加了醛加氢生成醇和烯烃加氢生成烷烃的消耗，故在实际使用时要选用最适宜的氢分压，一般 H_2/CO（摩尔比）为 1∶1 左右。当原料中 $H_2/CO=1$ 时，反应速率与总压无关，但对正/异醛比例和副反应是有影响的。

当使用羰基铑催化剂时，总压力升高，正/异醛比例开始降低较快，但当压力达到 4.5MPa 以后，正构醛降低幅度很缓慢。使用羰基钴催化剂时，总压升高，正构醛比例也提高，但总压力高，高沸点产物也增多，这是不希望的。

（3）溶剂的影响

氢甲酰化反应常常要用溶剂，溶剂的主要作用是：a. 溶解催化剂；b. 当原料是气态烃时，使用溶剂能使反应在液相中进行，对气-液间传质有利；c. 作为稀释剂可以带走反应热。脂肪烃、环烷烃、芳烃、各种醚类、酯、酮和脂肪醇等都可作溶剂。在工业生产中为方便起见，常用产品本身或其高沸点副产物作溶剂或稀释剂。溶剂对反应速率和选择性都有影响，如表 9-10 所示。

表 9-10　溶剂对各种原料氢甲酰化反应速率的影响

溶剂	氢甲酰化反应速率常数 $k/\times10^3\text{min}^{-1}$				
	己烯	2-己烯	环己烯	丙烯酸甲酯	丙烯腈
苯	32	9.2	6.7	41.8	12
丙酮	34	9.1	6.1	59.5	23
甲醇	54	9.2	8.9	157	80
乙醇			8.7	186	128
甲乙酮			5.7	39.1	

注：温度 110℃，压力 28MPa，H_2∶CO=1∶1，催化剂 $Co_2(CO)_8$。

各种原料在极性溶剂中的反应速率大于非极性溶剂中的反应速率。产品醛的选择性与溶剂性质也有关。丙烯氢甲酰化反应使用非极性溶剂能提高正丁醛产量，其结果如表 9-11 所示。

表 9-11　丙烯在各种溶剂中氢甲酰化结果

溶剂	2,2,4-三甲基戊烷	苯	甲苯	乙醚	乙醇	丙酮
正/异醛比	4.6	4.5	4.5	4.4	3.8	3.6

注：温度 108℃，压力 23MPa，催化剂 $Co_2(CO)_8$。

三、丁烯氢甲酰化

正丁烯主要用于制造丁二烯，其次用于制造甲基酮、乙基酮、仲丁醇、环氧丁烷及丁烯聚合物和共聚物。由丁烯氢甲酰化合成的戊醛是近几年发展起来的国内紧缺的精细化学品和药物中间体，由于丁辛醇的下游增塑剂被曝出容易从塑料表面析出，因此由戊醛衍生物 2-丙基庚醇为原料制成的新型增塑剂邻苯二甲酸二（2-丙基庚）酯迅速崛起，有望成为未来增塑剂市场的主导产品。我国戊醛及其衍生物主要依赖于进口，且进口量逐年递增。

1. 主要反应过程

（1） 1-丁烯羰基合成制备正戊醛

烯烃与合成气反应的羰基合成（OXO）工艺或氢甲酰化工艺，是制取 C3～C15 醛（醛再加氢成醇、酸或其他衍生物）的最经济、最直接的工艺路线。主要化学反应式为

$$CH_3CH_2CH{=}CH_2+H_2+CO \longrightarrow CH_3(CH_2)_3CHO \quad (9\text{-}34)$$

（2）戊醛加氢制戊醇

正戊醛或异戊醛在担载金属（Pd、Ni 等）催化剂作用下，与氢气反应生成正戊醇或异戊醇。主要化学反应式为

$$CH_3(CH_2)_3CHO+H_2 \longrightarrow CH_3(CH_2)_3CH_2OH \quad (9\text{-}35)$$

$$C_2H_5CH(CHO)CH_3+H_2 \longrightarrow C_2H_5CH(CH_2OH)CH_3 \quad (9\text{-}36)$$

（3）戊醛缩合加氢制 2-丙基庚醇

在氢氧化钠水溶液中，混合戊醛在 95℃下进行醇醛缩合反应 1h，得到混合癸醛。在镍催化剂存在下，混合癸醛在 120℃加氢 3h，得到粗醇，再经精馏，得到以 2-丙基庚醇为主的混合癸醇，其中 2-丙基庚醇占 82%～98.5%，4-甲基-2-丙基己醇占 1.5%～17%，其他为少量的 5-甲基-2-丙基己醇和 2-异丙基庚醇。

主要化学反应式为

$$2CH_3(CH_2)_3CHO \longrightarrow C_4H_9CH{=}C(C_3H_7)CHO+H_2O \quad (9\text{-}37)$$

$$C_4H_9CH{=}C(C_3H_7)CHO+2H_2 \longrightarrow C_5H_{11}CH(C_3H_7)CH_2OH \quad (9\text{-}38)$$

1-丁烯制戊醛的工艺与丙烯制丁醛的工艺非常类似。

反应机理：Rh(CO)（PPh_3）acac（ROPAC）在过量 PPh_3 存在的氢甲酰化条件下，迅速脱除掉乙酰丙酮基而成为具有催化活性的一组配合物 $RhH(PPh_3)_n(CO)_{4-n}$，PPh_3 和 CO 的分压决定其相对含量。

研究发现，在反应过程中，反应速率与 H_2 分压或浓度成正比，而与 CO 的分压或浓度成反比。提高催化剂或烯烃的浓度，也会使反应速率增大。除了希望得到高的反应速率和转化率以外，还希望尽可能提高产物的正异比。PPh_3 主要起立体化学的调节作用，增加其比例，可以提高正异比，且能抑制双键向分子内异构，但却会降低氢甲酰化的速度；工业生产中通常保持 PPh_3 过量，以保证高的催化活性和高的正异比。另外，由于铑催化剂价格较贵，还要注意催化剂的再生问题。失活铑催化剂溶液的活性为新鲜催化剂活性的 30%以下，经处理再生的催化剂活性约为 75%～90%，铑损失率约 1%。

2. 影响因素

（1）温度

1-丁烯的氢甲酰化反应为放热反应，反应的转化率随着温度的升高先增加后降低，在 100℃左右达到最大值。温度影响反应转化率的主要原因：当反应温度不高时，升高反应温度可以提高反应物分子与催化剂的反应活性，氢甲酰化反应的反应速率增加，反应的转化率也随着温度的升高不断增加；但是，当温度达到 100℃以后，由于 1-丁烯氢甲酰化为放热反

应，进一步提高反应温度不利于反应的进行，同时反应温度的升高使1-丁烯与合成气在液相中的溶解度下降，从而降低了反应速率，因此反应的转化率也随着温度的升高而逐渐下降。

而产物醛的正异比随着温度的升高一直下降。氢甲酰化反应中正异构醛的生成除了与催化体系中的催化物种平衡有关，生成物活化能的高低也是影响产物醛正异比大小的一个关键因素，因此当催化体系中的反应活性物种未发生变化时，产物醛正异比发生变化的主要原因应该是生成异戊醛所需要的活化能要高于生成正戊醛的活化能。随着温度升高，反应的活化能达到了生成异戊醛所需的活化能时，反应有利于异戊醛的生成，使得生成正戊醛的反应速率减小，生成异戊醛的反应速率增大，所以产物醛的正异比随着温度的升高逐渐降低。

（2）反应时间

随着反应时间的逐渐延长，1-丁烯的转化率逐渐提高。反应时间越长，液相中溶解的CO、H_2就越多，催化活性中心与反应的1-丁烯、合成气碰撞频率就越大，从而使得1-丁烯的转化率不断提高。但随着反应时间的延长，1-丁烯参与的副反应逐渐增多，当反应时间超过3h时，反应的转化率增幅不大，而反应体系的转化频率（TOF）快速下降，催化剂的效率降低。

此外，随着反应时间的延长，产物醛的正异比先升高后降低。这是因为反应刚开始时，反应温度为氢甲酰化反应的最佳温度，有利于正戊醛的生成，反应中先生成大量正戊醛和少量异戊醛，导致正异比较大；但随着反应时间的延长，反应过程中放出的热量使温度有所上升，反应达到生成异戊醛所需要的活化能，导致异戊醛的生成量增多，同时部分正戊醛异构化为异戊醛，造成正异比降低。

（3）搅拌速率

为了实现两相更均匀的混合，气液相反应通常会在一定的搅拌速率下进行。一般来讲，提高反应搅拌速率，有利于增加气液传质。根据质量传递原理可以知道，在湍流流体中，既存在分子扩散，也存在涡流扩散。搅拌使得流体中形成湍流流动；搅拌速率越快，产生的涡流扩散越强烈。由于涡流扩散的通量远大于分子扩散的通量，因此搅拌速率的提高有利于原料气向溶液中扩散，提高反应的转化率。同时，该反应为放热反应，增加搅拌速率，利于热量的均衡性，及时将反应热扩散开，从而促进了反应的发生。

（4）反应压力

气液相反应受反应总压的影响通常比较明显，因为总压往往直接影响气相原料的含量或者浓度。在1-丁烯氢甲酰化反应体系中，一方面，由于合成气（H_2∶CO＝1∶1）在溶液中的溶解度很低，增加反应压力有利于增加合成气的溶解度，也可以增加1-丁烯的溶解度。根据亨利定律，在总压不太高的情况下，稀溶液中溶质的摩尔分数与其平衡分压成正比。因此压力的增加，将使合成气在溶液中的溶解度增大，必然将增大合成气与丁烯和催化剂的接触概率，从而提高反应速率。另一方面，由于该反应是压力减小的反应，从化学平衡的角度看，压力的增加将有利于反应的发生。但是，在1-丁烯均相氢甲酰化反应体系中，压力过高，CO的浓度增大，使催化活性物种平衡逐渐向生成异戊醛的方向移动，产物醛的正异比随压力的增大先增大后减小，见式（9-39）。实验发现，在1-丁烯氢甲酰化反应的过程中，总压对反应转化率和正戊醛选择性的影响存在极大值，最佳压力值通常为2.0～3.0MPa。

$$HRh(CO)(PPh_3)_3 \underset{PPh_3}{\overset{CO}{\rightleftharpoons}} HRh(CO)_2(PPh_3)_2 \underset{PPh_3}{\overset{CO}{\rightleftharpoons}} HRh(CO)_3(PPh_3) \tag{9-39}$$

Ⅰ　　　Ⅱ ↓ 生成正戊醛　　　Ⅲ ↓ 生成异戊醛

此外，合成气中CO和H_2的分压对反应也有明显的影响。在CO分压较高的情况下，氢甲酰化反应有可能被阻止。H_2分压稍高于CO时有利于活性物种$HRh(CO)_2P$的形成，因此可以提高反应速率。然而，H_2的过量将会导致加氢反应的发生。另外，加氢条件下，三苯基膦与烯烃容易被Rh配合物催化形成低活性的烷基二苯基膦化合物，向体系中补充CO将使这种情况得到抑制。在H_2分压较低并且铑的浓度较高时，催化剂易聚合形成无活性的桥连二聚体，如—Rh—CO—Rh—。

(5) 膦铑比

在$HRh(CO)(PPh_3)_3$和三苯基膦催化的1-丁烯氢甲酰化反应体系中，反应溶液中P/Rh（膦铑比）的不同会使均相催化剂有不同的存在方式。实验中使用的乙酰丙酮三苯基膦羰基铑（ROPAC）催化剂是氢甲酰化反应的催化活性中心的前体，当体系中存在过量的膦配体时，ROPAC催化剂会先脱去乙酰丙酮基，生成具有催化活性的$HRh(CO)(PPh_3)_3$，形成的催化活性中心在CO和PPh_3的共同作用下存在平衡体系。

当其他条件不变时，改变三苯基膦的加入量，反应体系中的膦铑比发生改变，上述平衡过程会发生改变，从而影响反应结果。一般来说，合适的膦铑比为100～600。反应中三苯基膦的主要作用是为催化剂体系提供膦配体，与催化剂共同作用形成有效的活性中心。随着反应中膦铑比的增大，ROPAC催化剂在三苯基膦的作用下首先脱去乙酰丙酮基，形成配位饱和、无催化活性的$HRh(CO)(PPh_3)_3$（简称"物种Ⅰ"），然后在CO的气氛中形成有利于生成正戊醛的$HRh(CO)_2(PPh_3)_2$（简称"物种Ⅱ"）和少量有利于生成异戊醛的$HRh(CO)_3(PPh_3)$（简称"物种Ⅲ"），反应中1-丁烯的转化率随之增加，同时反应的正异比也逐渐增大。但是当膦铑比超过600时，体系中过量的膦配体不利于催化活性物种的膦配体的解离，使催化体系中的平衡向左移动，反应中的催化活性物种相对减少，所以1-丁烯的转化率又逐渐下降。另一方面，膦铑比的增加将使空间位阻大的催化活性物种Ⅱ相对于空间位阻小的活性物种Ⅲ的比例增加，有利于正戊醛的生成，因而产物的正异比呈增加的趋势。但对于乙酰丙酮二羰基铑和双亚磷酸酯类配体共同催化2-丁烯氢甲酰化反应体系，适宜的膦铑比通常为1～4左右。

(6) 催化剂浓度

催化剂浓度的高低不仅影响配位反应中催化活性中心的形成，同时也决定了反应速率的快慢，是氢甲酰化反应中的一个重要影响因素。适宜的催化剂浓度是确保反应高效进行的关键，同时也是控制生产成本的重要因素。实验室研究结果表明，当催化剂的浓度达到1.5mmol/L时，反应的转化率达到最大值，当催化剂浓度超过1.5mmol/L时，反应的转化率急剧下降。当催化剂浓度较低时，增加催化剂的浓度使反应中的活性物种也随之增加，活性物种的稳定性增强，反应的转化率提高。体系中催化剂达到一定浓度后，由于反应中膦铑比保持不变，当催化剂浓度增加的时候，反应中的三苯基膦的用量也随之增大，催化活性物种间的平衡发生改变。随着反应中三苯基膦用量的增加，反应中催化活性物种的平衡逐渐向左移动，因此产物醛的正异比随着催化剂浓度的增大而逐渐增加。当三苯基膦过量时，体系中的催化物种以配位饱和、无催化活性的 $HRh(CO)(PPh_3)_3$ 为主，因此反应的转化率急剧下降。

随着催化剂浓度的增加，反应体系中催化剂的转化频率逐渐下降，也就是说催化剂的浓度越高，催化剂的效率越低。同时，铑是非常昂贵的稀有贵金属，催化剂浓度的提高会增加成本，因此在保持反应的高转化率和正异比的同时，催化剂的浓度不宜过高。

（7）催化剂的类型

不同催化剂母体的研究结果（见表 9-12）显示，虽然这几种铑配合物反应速率有些不同，但由于在反应过程中有相同的活性物种，所以在相同条件下产物的正异比和选择性没有大的变化。$HRh(CO)(PPh_3)_3$、$Rh(CO)_2(acac)$ 和 $Rh(CO)(acac)(PPh_3)$ 反应速率快，反应 2.5h 后 1-丁烯的转化率可超过 87%。由于乙酰丙酮三苯基膦羰基铑稳定性较好，目前在工业上应用较多。

表 9-12　1-丁烯在不同铑催化剂作用下氢甲酰化的反应结果

催化剂	时间/h	转化率/%	选择性/%	*n/i*
$RhCl(PPh_3)_3$	14.2	86.33	99.00	2.93
$RhCl(CO)(PPh_3)_2$	2.5	17.78	99.53	2.89
$HRh(CO)(PPh_3)_3$	2.5	87.23	99.72	2.67
$Rh(CO)_2(acac)$	2.5	88.57	99.64	2.47
$Rh(CO)(acac)(PPh_3)$	2.5	87.79	99.11	2.58

注：溶剂为甲苯，Rh 浓度为 0.22mmol/L，PPh_3 浓度为 8mmol/L，$p_{H_2}=p_{CO}=1.0MPa$，1-丁烯质量为 25g，100℃。

（8）竞争反应

当温度升高时，1-丁烯的转化速度迅速增加并且 2-丁烯产率以相似的程度增加，这表明较高的温度极大地促进了 1-丁烯向 2-丁烯的异构化。但是，在较高温度下正戊醛的收率略有下降，因为戊醛的形成并没有因高温而加速。尽管随着温度的升高，异戊醛的收率略有提高，但从 2-丁烯收率的趋势来看，2-丁烯的收率先迅速增加，然后略有下降，最后变为稳定值，由此可以得出结论，异戊醛的增加主要是由大量增加的 2-丁烯的氢甲酰化反应引起的。此外，随着时间的推移，不同温度下的 1-丁烯转化率接近于相似的值，2-丁烯的收率也是如此。

第五节　工业化应用情况

一、鲁尔法工艺

鲁尔（Ruhr）集团是世界第一大特种化工集团，是德国第三大化工企业，鲁尔化学公司是最早应用氢甲酰化反应生产化工产品的公司。早在 1940 年，鲁尔化学公司就与法本（Farben）公司合作，对钴催化剂催化的氢甲酰化反应进行了工厂中试研究。从 1944 年在霍尔顿（Holton）建立世界上第一个间歇式操作装置至今，该生产方法经过数十年的实践与创新已经有很多次的改进和升级。鲁尔法的主要特点是用金属钴浆作催化剂，即以金属钴和氢氧化钴的细微粒悬浮在工艺过程产生的重组分中。因钴浆的钴浓度高，反应可在较低温度下进行，从而使产品醛的正异比高，设备的生产能力较高。鲁尔法的工艺流程见图 9-29。

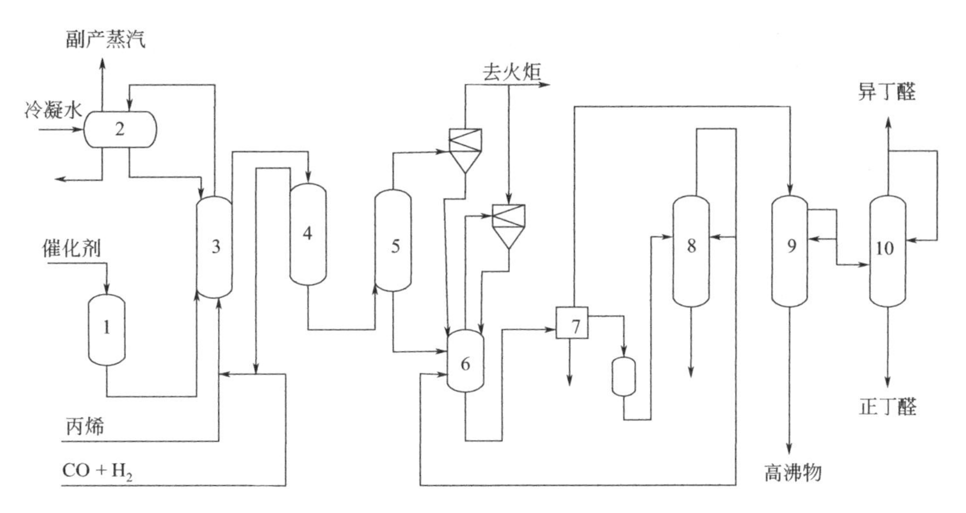

图 9-29　鲁尔法高压羰基合成制丁醛的流程图

1—钴催化剂悬浮液储罐；2—汽包；3—反应器；4—高压分离器；5—脱钴水解塔；6—低压分离器；7—离心机；8—有机物回收塔；9—醇醛分离塔；10—醛醛分离塔

钴浆催化剂悬浮溶液、丙烯和合成气汇合后送入羰基合成反应器，反应热由汽包来的冷凝水带出，可副产部分高压蒸汽。从反应器出来的物料在高压分离器中气液分离，气体回反应器循环利用（循环气约占新鲜原料合成气的 1/3）。分离出的液体进脱钴水解塔。从水解塔底部直接通入压力为 2.5MPa 的蒸汽。由于羰基钴配合物在高温、低一氧化碳分压下不稳定，进入水解塔和通入蒸汽后，羰基钴迅速分解成金属钴沉淀。部分 $HCo(CO)_4$ 水解生成甲酸钴溶于水中。从水解塔顶部流出的主要是合成气和有机轻组分，经冷凝、分离，不凝气送火炬，凝结物回低压分离器。水解塔底部出来的液体送低压分离器，在低压下分出部分轻组分后再送入离心机。离心分离后将物料分成三部分。顶部是油相（羰基合成液），中层是水相（含有甲酸钴），底部是钴浆。钴浆送钴回收系统。水相进有机物回收塔。塔顶蒸出少量羰基合成粗产品，送回低压分离器，塔釜得到浓缩液（甲酸钴），也送钴回收系统。离心后的油送醇醛分离塔，塔釜出醇、酯和高沸物（醛<1%），塔顶出正丁醛和异丁醛，进入醛醛分离塔，塔顶得异丁醛，塔釜得正丁醛。

鲁尔法的主要缺点是工艺流程长、设备多、能耗高，又因催化剂是含钴颗粒的悬浮液，对设备磨损较大，致使设备的清洗和维修的工作量大。

二、 BASF 双釜串联工艺

BASF 公司以醚后 C4 作为氢甲酰化的反应原料，扩大了原料的利用范围，尤其是对 2-丁烯的利用，该公司针对 2-丁烯与 1-丁烯性能的不同提出了采用两种不同的催化剂体系进行丁烯氢甲酰化合成的双釜工艺流程。BASF 公司的两步反应工艺流程如图 9-30 所示。

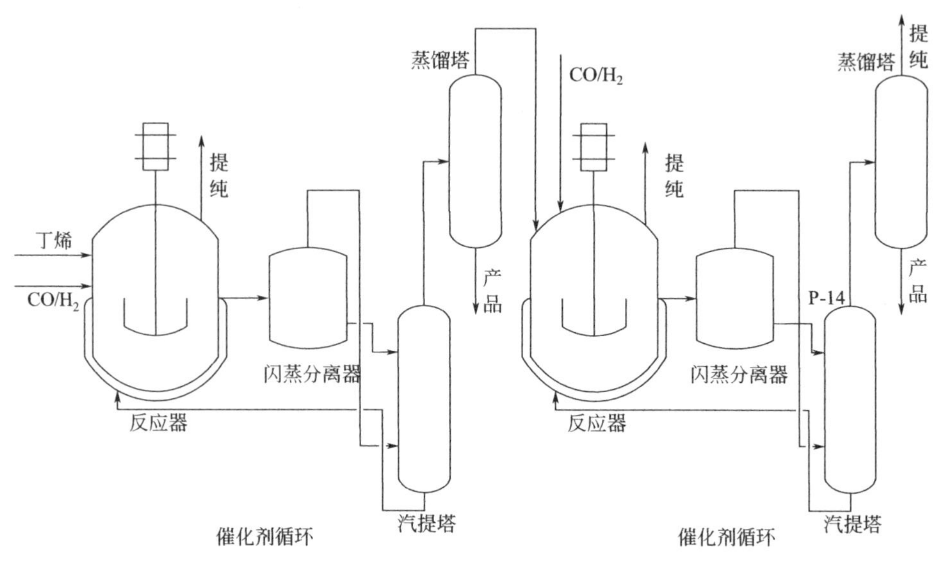

图 9-30　BASF 公司的两步反应工艺流程

该工艺将氢甲酰化反应分为两个反应区并且各自独立进行分离与循环。其中第一反应区主要是进行 1-丁烯的氢甲酰化反应，该反应采用油溶性的铑-三苯基膦作为催化剂体系，在反应温度为 90℃和反应压力为 1MPa 的条件下，1-丁烯的转化率为 85%，正戊醛的选择性为 78%；第二反应区主要使少量未反应的 1-丁烯和 2-丁烯完成反应，该步反应采用油溶性的铑-亚磷酰胺作为催化剂体系，在反应温度为 90℃，反应压力为 1MPa，$CO:H_2=1:2$ 的条件下，2-丁烯的转化率为 65%，正戊醛的选择性为 93.9%。BASF 的两步氢甲酰化工艺中正戊醛的总选择性为 82.5%。

但是 BASF 公司的两步氢甲酰化反应的工艺流程较复杂，工艺中的第二步反应中氢气的分压较高，使部分 2-丁烯加氢转化为丁烷，反应中的副反应较多，产物醛的选择性较差，同时正异比较低。

BASF 公司为了减少第二反应区中 2-丁烯的加氢反应，对两步反应的工艺流程进行了改进，开发了一种双釜串联工艺流程。从该公司公开的专利中可以发现双釜串联工艺流程上设置了一个纯氢气来源与第二反应区相连接，使得第二反应区的氢气分压比第一反应区高得多。BASF 公司的双釜串联工艺流程如图 9-31 所示。

该工艺仍然使用醚后 C4 作为氢甲酰化反应的原料，而两个反应区都以铑-亚磷酰胺作为反应的催化剂体系。第一反应釜反应条件为：反应温度 70℃，反应压力 2.2MPa，$CO:H_2=1:1$；第二反应釜反应条件为：反应温度 90℃，反应压力 2.0MPa，$CO:H_2$ 为 1:25。最终产物正戊醛的收率为 49%，正戊醛的选择性为 96.1%。由于该工艺仅使用了一种催化剂体系，简化了操作流程，同时产物戊醛的正异比较高。

三、气体循环工艺及液体循环工艺

用三苯基膦改性的羰基铑为催化剂由丙烯羰基合成反应生产丁醛的工业技术是由美国 UCC、英国 Davy 及 Johnson Matthey 三家公司于 20 世纪 70 年代中期首先开发成功的。

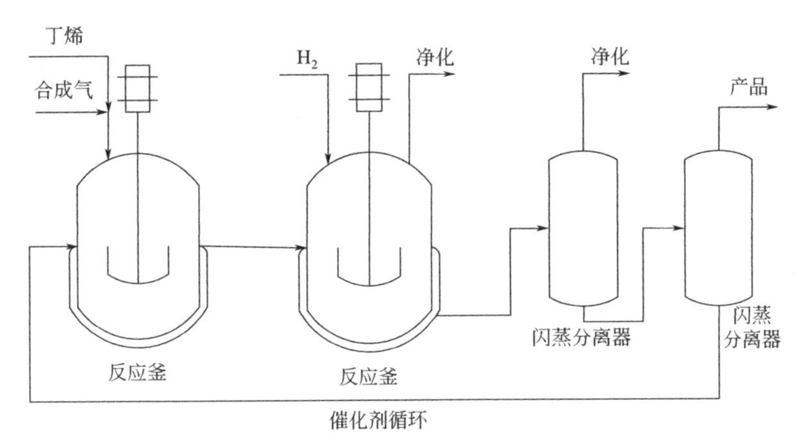

图 9-31 BASF 公司的双釜串联工艺流程

UCC/Davy/JMC 法有两种工艺技术，最初工业化的技术采用气相加料的方式。催化剂保留在反应器中，称为气体循环工艺。工艺流程如图 9-32 所示。

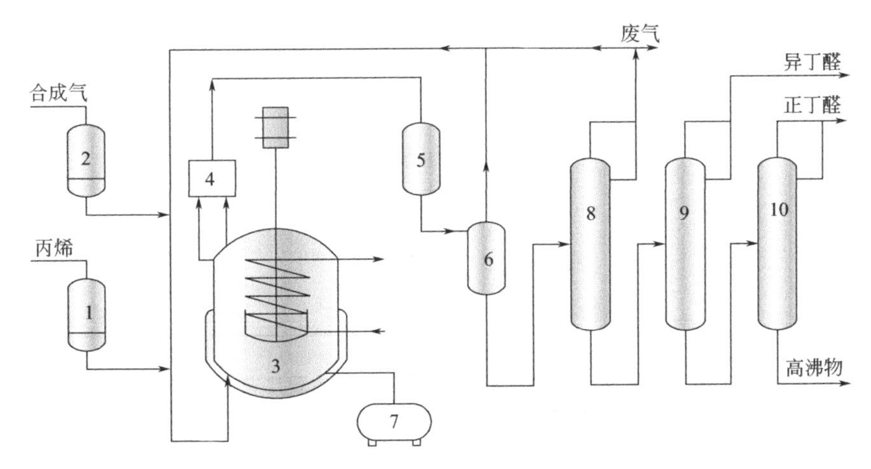

图 9-32 UCC/Davy/JMC 法低压羰基合成制丁醛的流程图

1—丙烯净化器；2—合成气净化器；3—反应器；4—雾沫分离器；5—冷凝器；6—分离器；

7—催化剂处理装置；8—汽提塔；9—异丁醛蒸馏塔；10—正丁醛蒸馏塔

将铑催化剂和三苯基膦的溶液全部加入羰基合成反应器中，溶剂为丁醛的三聚物，也可以正丁醛作溶剂，经一段时间后被副反应所产生的丁醛三聚物所置换。原料丙烯和合成气分别经过净化除去微量毒物，包括硫化物、氯化物、氰化物、氧气、羰基铁等。净化后的气体与循环气混合，由底部进反应器，再经气体分布器以小气泡的形式进入催化剂溶液。反应产物随大量的循环气体带出，经雾沫分离将夹带的铑催化剂溶液分离后进入冷凝器和分离器，分离的气体经循环压缩机循环使用（少量排空），液体进入汽提塔回收丙烯，汽提塔气相并入循环气，液相依次进入异丁醛蒸馏塔和正丁醛蒸馏塔，最后得到异丁醛、正丁醛和少量高沸物。生产过程中根据催化剂的活性变化情况，补加部分新催化剂。最终将全部催化剂溶液排出回收。

UCC/Davy/JMC 法气体循环工艺的原料规格、工艺条件和结果如表 9-13、表 9-14 所示。这种方法的特点是：①催化剂不随产物流出，避免了通常均相催化工艺中较为复杂的催化剂分离循环过程，使流程得到简化。②为确保丁醛汽化，使反应的其他参数调节受到限制，给操作带来不便。反应器中气相空间较大，使单机设备的生产能力受到限制。③催化剂稳定，反应条件缓和，反应压力 1.7～1.8MPa，反应温度 90～110℃；反应的选择性好，表现在高沸点副产物少、产物醛正异比达 10 以上；催化剂寿命长，开工周期达 18 个月；流程简单；催化剂流失少。

表 9-13 UCC/Davy/JMC 法气体循环工艺的原料规格

项目	指标	项目	指标
丙烯		合成气	
纯度	≥93%	NH_3	$<5\times10^{-6}$
硫	$<0.1\times10^{-6}$	羰基铁、羰基镍	$<0.05\times10^{-6}$
氯	$<0.2\times10^{-6}$	三苯基膦	
氧	$<1\times10^{-6}$	纯度(质量)/%	>99.0
其他为惰性组分		三苯氧膦/%	<1.0
合成气		铁	$<10\times10^{-6}$
H_2 : CO	1 : 1	镁	$<5\times10^{-6}$
H_2S、COS	$<0.1\times10^{-6}$	氯化物(总氯)	$<25\times10^{-6}$
HCl	$<0.1\times10^{-6}$	干燥损失/%	<0.5
HCN	$<0.1\times10^{-6}$	熔点/℃	79～82
O_2	$<1.0\times10^{-6}$		

表 9-14 UCC/Davy/JMC 法气体循环工艺主要工艺条件和结果

项目	指标	项目	指标
反应温度/℃	100±10	丁醛选择性/%	>95
反应压力/MPa	1.7～1.8	丙烷选择性/%	2
催化剂铑含量/$\times10^{-6}$	250～400	丁醇选择性	少量
三苯基膦含量/%	0.5～30	高沸物选择性/%	<3
丙烯利用率/%	91～93	丁醛正异比	10～12

20 世纪 80 年代中后期，UCC 和 Davy 又推出一种液体循环工艺，即反应产物和催化剂溶液一起自反应器中排出，经两次蒸发，分离出的催化剂溶液循环使用。液体循环的工艺流程如图 9-33 所示。

据称这种新的液体循环工艺，使相同反应器体积的生产能力提高了 80%，丙烯的总利用率由 92%提高至 97%，操作费用也相应降低，目前已有数套原采用气体循环工艺的装置被改建成液体循环工艺。

另外在 UCC/Davy/JMC 法工业化初期，失活的铑催化剂（活性下降到新催化剂活性的 20%以下）经过浓缩、焚烧回收金属铑，然后再加工成新的催化剂循环使用。后来 UCC 公司和 Davy 公司推出一种失活催化剂的现场再生技术，即将失活催化剂用一种特殊结构的刮板薄膜蒸发器在高真空下浓缩，然后进行氧化和碱洗等处理，能使催化剂活性恢复到初始活

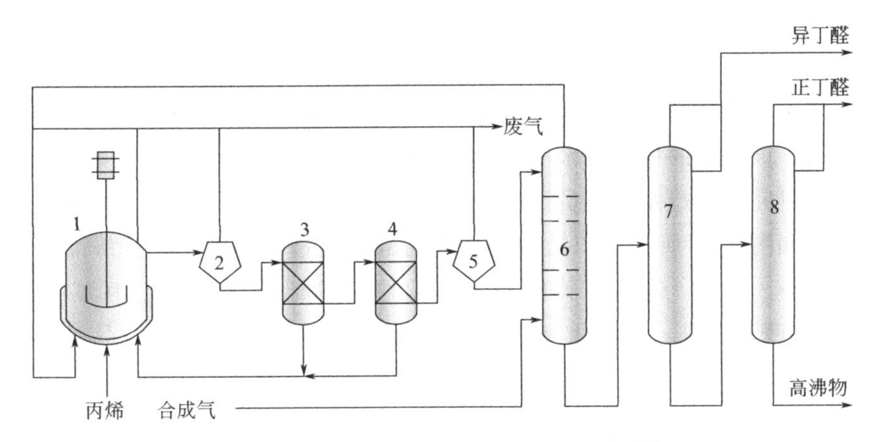

图 9-33 UCC/Davy/JMC 法液体循环工艺流程图

1—反应器；2—分离器；3,4—闪蒸器；5—分离器；6—汽提塔；7—异丁醛塔；8—正丁醛塔

性的 70%，可继续使用，从而延长催化剂的总寿命。目前这种催化剂再生技术已被广泛采用。

四、固定床工艺

针对均相氢甲酰化工业生产过程中的问题，丁云杰研究团队多年来致力于研究氢甲酰化均相催化多相化技术，成功研发了在负载金属纳米晶粒上通过有机配体的修饰来原位生成均相催化活性位点的多相催化技术，但该技术存在贵金属利用率较低的问题。2012 年，丁云杰、严丽研究团队从分子水平上设计并合成出乙烯基官能团化的含磷或氮原子的有机配体单体，制备出以高度裸露的磷或氮原子的骨架为结构单元，具有大比表面积、多级孔结构特点的有机聚合物材料，此类聚合物材料具有载体和配体的双重功能，与氢甲酰化活性金属单原子（铑和钴离子）形成具有多重配位结构和高稳定性的单原子催化剂。2017 年乙烯多相氢甲酰化制丙醛/正丙醇中试技术通过了中国石油和化学工业联合会组织的技术鉴定。2018 年

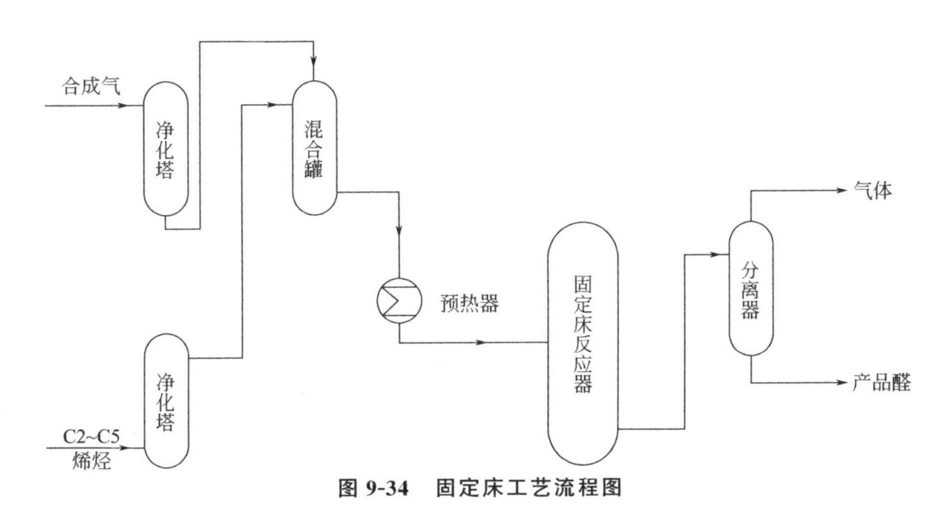

图 9-34 固定床工艺流程图

底，5万吨/年乙烯氢甲酰化制备丙醛/正丙醇工业装置开始建设，2020年8月27日一次投产成功。

乙烯多相氢甲酰化及其加氢技术生产正丙醇工业化装置在宁波巨化新材料有限公司全流程一次投产成功，该装置的核心技术由中国科学院大连化学物理研究所（以下简称“大连化物所”）丁云杰研究员、严丽研究员团队自主研发，创造性地采用了单原子催化的烯烃多相氢甲酰化技术，如图9-34所示。产品丙醛和正丙醇的质量均达到国际优级品标准，正丙醇中酸含量只有2～3μg/g，远低于美国材料实验协会的标准规定（正丙醇中酸含量小于30μg/g）。生产的醛可以进一步转化成为醇、酸和酯等化学品，这些化学品是生产塑料制品和日用化学品中的增塑剂、洗涤剂、表面活性剂或医药和香料等高附加值精细化学品的主要原料。

第六节　氢甲酰化反应的发展趋势

均相催化的迅速发展极大地促进了人们对比较复杂的多相催化的认识，许多均相催化研究的结果被用来解释表面催化反应，目前人们普遍接受的观点是多相催化中反应物分子在表面活性中心上进行配位并催化转化。均相催化剂的活性中心比较均一，选择性较高，副反应较少，易于用光谱、波谱、同位素示踪等方法来研究催化剂的作用，反应动力学一般不复杂。但均相催化剂有难以分离、回收和再生的缺点。而过渡金属原子簇催化剂的发展又在均相催化和多相催化之间架起了一座桥梁。随着工业的需要，集均相催化剂和多相催化剂优点于一身的高活性、高选择性和多功能的新型催化剂将取代某些传统的催化剂。

均相催化剂虽然具有高活性、高选择性和反应条件较缓和等优点，但是反应后催化剂的分离回收仍是困扰其工业应用的重要问题。尤其在大规模的工业生产中，多相催化仍占有绝对优势。为解决均相反应的分离问题，不同的多相催化手段逐渐被研究出来，主要包括水油（液液）两相催化和负载型催化剂。水油两相催化活性组分的流失较少，但是对水溶性较低的长链烯烃不适用。通常用于负载型催化剂的载体有碳材料、分子筛和纳米磁性材料等。碳材料作为氢甲酰化反应的载体价格便宜且具有丰富的孔道结构；分子筛作为载体具有良好的稳定性且可以在表面进行修饰；纳米磁性材料仅通过外部磁铁即可对反应产物和催化剂进行分离，操作简单、方便。

一、水/有机两相催化

油溶性铑膦配合物催化剂尽管在活性、操作条件和催化加氢能力上有其独特的优点，但此种烯烃氢甲酰化制醛反应的溶剂为有机溶剂，产物与催化剂混为一相，造成产物与催化剂分离困难。20世纪80年代德国鲁尔公司与法国Rhone-Poulenc共同研制了水溶性铑膦配合物催化剂［$HRh(CO)(PPhS)_3$］，并成功应用于水-丙烯两相氢甲酰化工艺中。水溶性铑膦配合物催化剂与油溶性铑膦配合物催化剂的比较如表9-15所示。

表 9-15 油溶性铑膦配合物催化剂与水溶性铑膦配合物催化剂的比较

项目	油溶性铑膦配合物催化剂	水溶性铑膦配合物催化剂
溶剂	有机溶剂	水溶剂
选择性	高	更高
原料利用率	一般	高
产物与催化剂	溶为一相，难分离	分为两相，易分离

水溶性铑膦配合物催化剂既保持了油溶性铑膦配合物催化剂具有的活性高、操作条件温和、副产物少和稳定性强等优点，又具有两相催化所具有的产物与催化剂易分离等特点，具有广泛的实用性。

水/有机两相烯烃氢甲酰化制醛反应主要发生在水相或两相界面上。反应前反应物存在于有机相，催化剂存在于水相，在一定的温度、压力下，以一定的搅拌速度进行反应。待反应结束后将釜内溶液静置一段时间，产物进入有机相中，催化剂进入水相中，实现了催化剂与产物自动分离，铑催化剂基本上没有流失，实现多次使用的效果。两相氢甲酰化反应大大简化了工艺过程，节约了成本。

二、非水液/液两相催化

非水液/液两相催化是指一类由两种或多种液态有机物组成的催化体系，它既解决了催化剂分离回收问题，又避免了水/有机两相催化应用范围的局限性。始于 20 世纪 90 年代的非水液/液两相催化的研究，迄今已有引人注目的进展，先后有氟两相、室温离子液体、超临界流体和温控相分离催化等非水液/液两相体系问世。

氟两相体系的核心是构思并使用在两相中有很高分配系数且与过渡金属中心原子能形成配合物催化剂的含氟配体。首例用于氟两相的配体是三氟烃基膦 $P[CH_2CH_2(CF_2)_nCF_3]_3$ ($n=3\sim5$)。研究表明，P 和“氟尾” $(CF_2)_nCF_3$ 之间存在 2～3 个亚甲基是重要的，它能有效减少“氟尾”对 P 的推电子作用，使配体的配位能力不受影响。氟两相体系对均相催化剂分离回收的有效性已被催化界所公认。然而其工业应用前景还难以肯定，因为所用氟溶剂和含氟膦配体成本昂贵，也有人担心氟烃有破坏臭氧层的潜在危险。

离子液体是指在＜100℃时呈液态的熔盐，通常由烷基吡啶或双烷基咪唑季铵阳离子与氯铝酸根、氟硼酸根及氟磷酸根等阴离子组成。离子液体具有优异的化学和热稳定性，蒸气压低，能溶解许多有机、无机化合物及金属配合物等。近年以离子液体为溶剂的“离子液体两相体系”取得了很大的进展。虽然离子液体具有熔点低、无挥发性等优点，但其价格较高，特别是高纯度离子液体的提纯复杂、生产成本高，使其工业应用受到一定的限制。近年来随着离子液体合成和提纯技术的改进、需求量的增大，价格有所下降，已有首例工业应用的报道。

超临界介质可以溶解大部分的极性有机物质和永久性气体，如果催化剂也可以溶于其中，则可以实现真正意义上的超临界流体中的均相催化反应。由于 CO_2 具有无毒、廉价易得等特点而成为一种最常用的超临界介质（$scCO_2$），然而其不足之处是大多数过渡金属催

化剂在 $scCO_2$ 介质中难溶或不溶，从而大大制约了 $scCO_2$ 介质中过渡金属催化反应的进一步发展和工业化应用。为了提高金属配合物催化剂在 $scCO_2$ 介质中的溶解度，研究者对所用的配体进行了改性，用含芳烃取代配体代替原来的含烷烃取代配体，并用全氟烃基对芳基改进，从而大大提高了催化剂的溶解度。

温控相分离催化过程的特点是由温控配体与 Rh 等形成的黏稠液状催化剂，在低于临界溶解温度时不溶于有机溶剂而自成一相，当反应温度升至临界溶解温度以上时，催化剂溶于有机相而呈一均相体系；当反应结束冷却至低于临界溶解温度时，催化剂又从产物相析出，体系恢复两相，可以通过倾析方便地将产物与催化剂相分离。

三、均相催化剂固载化

1. 活性炭固载铑催化剂

活性炭（AC）是一种黑色多孔的固体炭质，因其具有大的比表面积和高的稳定性，在多相催化反应中，多被用作催化剂载体。以芒果种子外壳制备的微孔-介孔复合的碳材料（MMCb）为载体，负载 $HRh(CO)(PPh_3)_3$ 和 $Rh(acac)(CO)_2$ 制备催化剂，在较低的负载量下，催化 1-己烯的氢甲酰化反应得到了 100%转化率和 100%化学选择性。这归因于 MMCb 高达 $2500m^2/g$ 的比表面积和 $2.35cm^3/g$ 的孔体积。

（1）浸渍法

采用传统的浸渍法将 Co 和 Rh 催化剂固载在活性炭上，在温和的反应条件和合适的溶剂中显示出一定的催化活性，但是在使用一次后固载催化剂活性组分流失达到 20%。通过浸渍法把铑配合物固载到活性炭上，在合适的反应条件下，将该催化剂用于 1-辛烯氢甲酰化反应中，结果发现正辛烯的转化率达到 94%左右，产物醛的选择性接近 100%，但是铑流失大（接近 50%）。原因是铑催化剂与载体活性炭之间相互作用力较弱，铑与活性炭键合不牢固致使活性组分流失严重。

（2）表面改性

碳材料往往具有很高的表面积和化学稳定性，也易于引入表面官能团对表面性质进行调变。早年 Noritatsu Tsubaki 采用 MFI 类型的硅沸石膜封装活性炭（AC）负载的铑催化剂，形成了一种核壳结构。这种催化剂经过 TEOS 改性后可以降低晶间间隙以产生空间位阻效应，提高正构醛的选择性。后来又通过在不同温度下用 HNO_3 处理，在 Rh/AC 表面引入含氧官能团以调变载体的表面性质。随着预处理温度升高，孔体积略有下降，但含氧官能团数量增多，而转化率降低是因为铑的负载量随着处理温度升高而降低，并且载体亲水性的提高降低了 1-己烯的孔内扩散速率。对于正异比的提高，羰基会与 1-己烯的 C═C 共轭，引入的含氧官能团也可能与 1-己烯的 α-C 共轭，这样就间接左右了金属中心对反应速率和选择性的影响，同时 H 原子转移至 β-C 上使烯烃向反 Wilkinson 机理的方向进行以生成正构醛。

这几年迅猛发展的石墨烯氧化物（GO）在非均相催化领域也受到关注。因为 GO 特殊的二维纳米片结构和表面大量的含氧官能团，Rh 纳米颗粒可以均匀地负载于表面，同时粒径更小，因而暴露出的 Rh 表面积更大。但是 GO 表面过多的极性官能团会极大阻碍烯烃向活性中心的传递，因而需要对 GO 进行一定的还原。通过表面甲基化和引入甲氧基来调变 GO 的表面性质，这样还原后的 GO 催化性能大大增强。

2. 分子筛固载铑催化剂

分子筛具有规整的孔道结构、大的比表面积和丰富的硅羟基等优良性质，特别是介孔分子筛孔道较大，能使较大分子自由进出，这些都有利于以分子筛作为固载催化剂的载体。

有研究以 NaY、MCM-41 和 MCM-48 分子筛为载体，将 $HRh(CO)(PPh_3)_3$ 催化剂锚定于分子筛孔道内，用该固载催化剂来催化苯乙烯氢甲酰化反应，在重复使用六次后，该催化体系活性和选择性依然很稳定。但缺点在于反应时间过长，TOF 较低，正构醛选择性较差。而用磷钨酸改性的分子筛固载铑催化剂，是一类稳定性、活性和重复性都较好的负载催化剂。在一定的反应条件下，磷钨酸改性 NaY 负载 $HRh(CO)(PPh_3)_3$ 催化剂催化烯烃的转化率高达 98%，在六次再生循环使用后铑含量并没有减少。

3. 磁性纳米粒子固载铑催化剂

四氧化三铁磁性纳米粒子是一种环境友好型材料，可以作为固载催化剂的载体，使得固载催化剂能均匀稳定分散在水或有机溶液中来催化相关反应，待反应结束后，简单通过磁场就可以将催化剂与产物分离开来，从而重新利用催化剂，这就给催化剂的回收再利用提供了一个便捷的途径。众所周知，当载体的粒径降低至纳米级别时，其比表面积会显著增加，甚至能分散在溶剂中，反应物向活性中心的传质阻力降到最小。然而，纳米颗粒若不进行稳定处理以抑制颗粒团聚，那么上述优势也就不存在了，并且 Fe_3O_4 颗粒表面很难官能化，必须经过预处理才能将膦配体嫁接到 MNP 表面。措施主要分两种，一是采用有机表面活性剂包裹 MNP 表面，比如多巴胺；二是利用无机氧化物涂层包裹 MNP 形成核-壳结构，比如 SiO_2。

实际上，用 SiO_2 包裹的 MNP 可以避免活性中心与磁性中心不必要的接触，以抑制副反应和颗粒烧结，存在于表面的硅烷醇基团使其更容易官能化，并且 SiO_2 涂层的厚度可以通过调节硅酸乙酯的加入量而变化。基于聚酰胺型树枝状高分子（PAMAM）的 Fe_3O_4@SiO_2，这种载体更加稳定，并且在有机溶剂中溶解度更高。在此基础上，通过氨基官能化和 PPh_2 官能化合成了 Fe_3O_4@SiO_2-N（CH_2PPh_2）$_2$ 树枝状的载体（如图 9-35 所示）。在 1-辛烯的反应测试中，催化剂实现了 96%的转化率、82%的化学选择性和 2.28 的正异构醛比，并且催化剂循环六次之后催化活性基本不变。

4. 多孔有机聚合物固载铑催化剂

有机聚合物表面存在大量的官能团，有助于活性组分的负载及性质调控，成为了氢甲酰化负载型催化剂可选择的载体，但是，以往的有机聚合物因为扩散阻力较大导致活性位点容易快速流失，这造成以该有机聚合物为载体的负载型催化剂的催化性能和化学选择性大大低于相对应的金属配合物催化剂。为了解决上述弊端，多孔有机聚合物（即 POP）引起了科学家们越来越多的关注。与非多孔有机聚合物载体相比，该载体具有高比表面积，能够负载

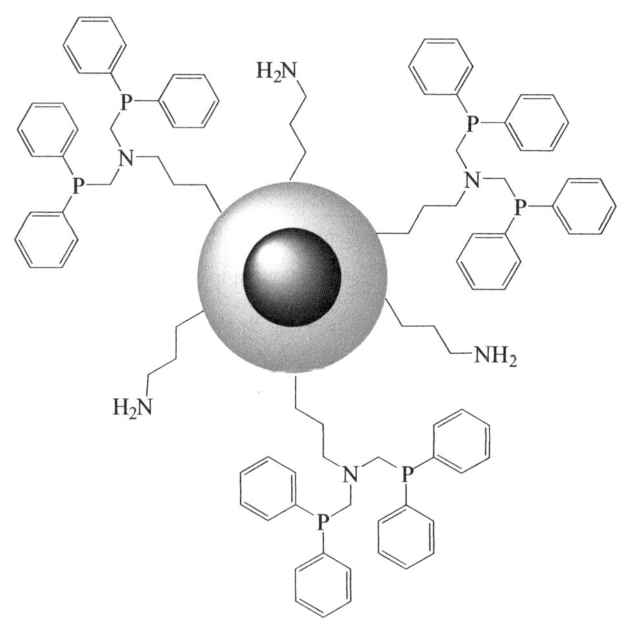

图 9-35　Fe_3O_4@SiO_2-N（CH_2PPh_2）$_2$ 树枝状载体的结构图

大量的活性组分，与更多的膦配体键合生成铑膦配合物，这对于提高负载型催化剂的催化活性是十分有效的举措。POP 还具有表面易于修饰、优良的活性与稳定性、易于调节的孔结构等优点，成为负载型催化剂中有研究前景的载体材料。

在此领域最突出的是丁云杰课题组。他们合成了大量具有高比表面积的含膦多孔有机聚合物（如图 9-36 所示），负载 $Rh(CO)_2$(acac) 后应用于催化烯烃氢甲酰化反应。在不添加自由膦配体的前提下，保持了氢甲酰化反应的高活性和稳定性。

5. 新型单原子催化剂

单原子催化剂（SAC），即孤立的金属原子单个地分散在载体上，这是金属颗粒小到极限的情况。在 SAC 中金属原子的利用效率最大化，并且金属原子的分散度一致，因而 SAC 有潜力成为高活性和高选择性的非均相催化剂。

其实 SAC 的想法很早就有人提出，只是碍于当时的技术条件，在很长一段时间里 SAC 被质疑只是一种概念性的产物。突破性的成果出现在 2016 年丁云杰等人成功合成了单原子分散的 Rh/CPOL-BP&PPh_3 催化剂，应用于固定床丙烯氢甲酰化反应。一系列表征结果揭示了无论是新鲜的催化剂还是反应后的催化剂中只存在 Rh—O 键和 Rh—P 键，没有 Rh—Rh 键，这意味着 Rh 高度分散为单个原子，并且一个 Rh 原子大约与一个双齿膦配体和一个 PPh_3 配位。反应后的催化剂中一个 Rh 原子与三个磷原子、一个 CO 和一个 H 配位，这说明反应过程中形成了想要的活性位点。实验结果也佐证了催化剂前体与两种 P 原子可能配位成功。值得注意的是，从 TOF 和 n/i 随反应时间（0～1000h）的变化趋势可以看出，TOF 稳定在 $800h^{-1}$，n/i 稳定在 23，并且反应后的催化剂中 Rh 的含量没有任何变化，这要归因于 Rh 与 P 原子之间的多配位和强配位。

另一个代表性的突出成果是在 ZnO 纳米管上负载铑的单原子催化剂 Rh/ZnO。结果表

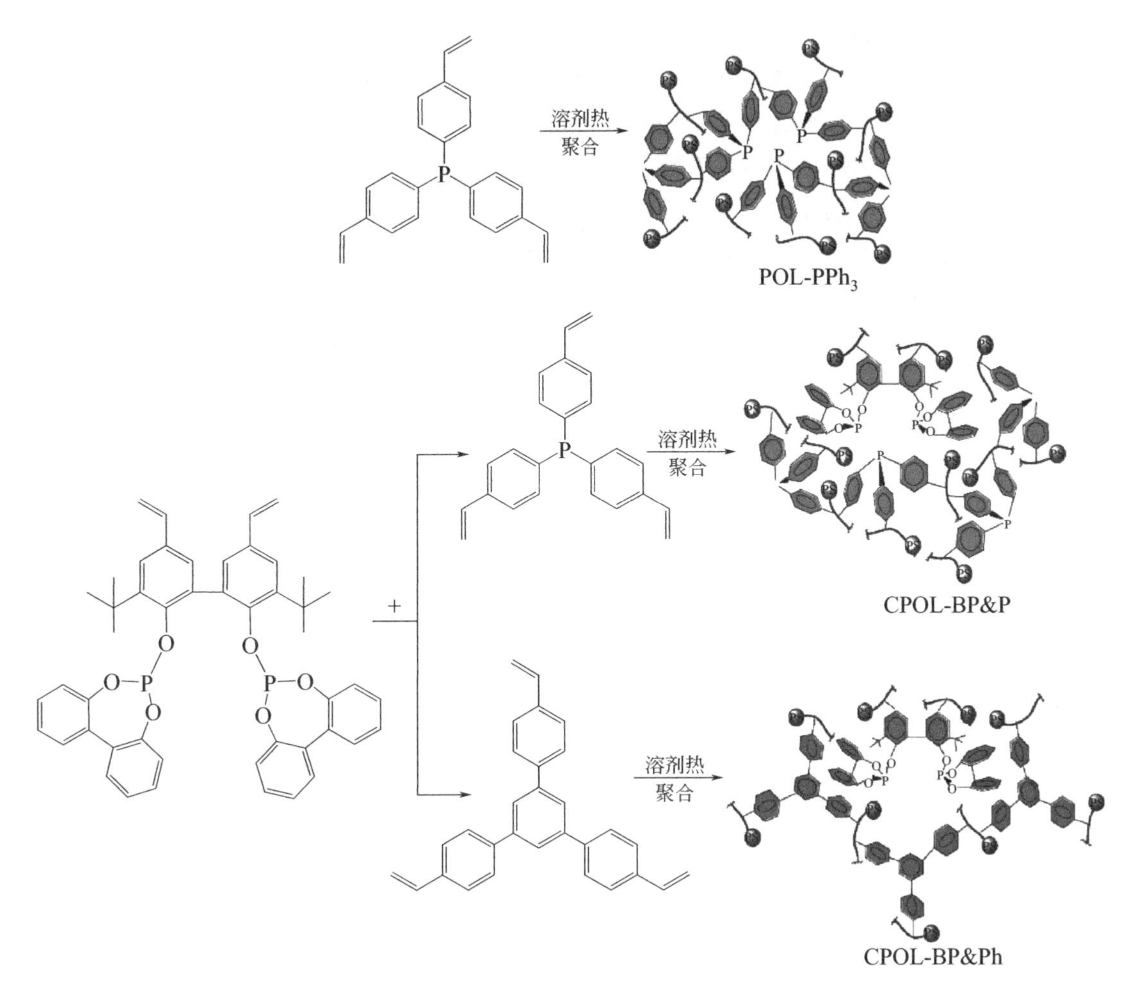

图 9-36 丁云杰课题组合成的部分含膦多孔有机聚合物

明，该催化剂具有比均相催化剂更好的催化活性及选择性，原因可能是单原子催化剂处于不饱和配位环境，导致其催化性能比纳米粒子和纳米团簇催化剂更好。同时该催化剂可通过离心回收，且循环反应了 4 次以后其催化活性和化学选择性没有明显降低，具有良好的循环性能，原因可能是单原子铑与 ZnO 载体通过强电子作用或共价作用紧密结合，催化剂的活性组分比较稳定。

以金属氧化物作为载体的单原子催化剂具有良好的催化性能，此类催化剂与 MNP 载体的结合或许是一条可行的道路。

思考题

1. 简述均相催化反应的特点，并解释活化能的物理意义。
2. 简述氢甲酰化反应工业化催化剂经历的四个阶段的变革。
3. 简述氢甲酰化反应中催化剂所用的载体。
4. 判断以下说法是否正确，并简述理由。

(1) 配合物中配体的数目称为配位数；

(2) 配合物的中心原子的氧化态不可能等于零，更不可能为负值；

(3) 羰基化合物中的配体 CO 是用氧原子和中心原子结合的，因为氧的电负性比碳大；

(4) 同一种金属元素配合物的磁性取决于该元素的氧化态，氧化态越高，磁矩就越大。

5. 过渡金属配合物的催化特性有哪些？

6. 水溶性铑系催化剂相比于油溶性铑系催化剂的优点有哪些？

7. 为什么过渡金属中的第Ⅷ族元素常常用作烯烃氢甲酰化反应的催化剂中心原子？

8. 为什么羰基钴膦配合物催化剂相比于羰基钴催化剂的稳定性更强？

9. 既然钴基催化剂的活性较低，且还需要高压条件，为什么在工业上仍有应用？

10. 既然低温对于乙烯氢甲酰化反应更为有利，在实际反应中为什么还要加热？

11. 在丁烯氢甲酰化反应中，加入膦配体可以有效促进反应，为什么还要将加入的膦配体控制在一定范围内？

12. 1-丁烯氢甲酰化反应中为什么会有异戊醛的生成？

13. 油溶性铑膦配合物催化剂尽管在活性、操作条件和催化加氢能力上有其独特的优点，为什么还要进行改进，选择水溶性催化剂？

参考文献

[1] 吴指南. 基本有机化工工艺学 [M]. 北京：化学工业出版社，2019.

[2] 吴群英. 炼油厂轻烃资源利用现状与加工趋势分析 [J]. 炼油技术与工程，2019，49 (10)：1-8.

[3] 刘剑，孙淑坤，张永军，等. 石脑油催化裂解制低碳烯烃技术进展及其技术经济分析 [J]. 化学工业，2011，29 (11)：33-36.

[4] 谢克昌，房鼎业. 甲醇工艺学 [M]. 北京：化学工业出版社，2010.

[5] 张志，唐涛，陆光达. 甲烷催化裂解制氢技术研究进展 [J]. 化学研究与应用，2007 (1)：1-9.

[6] 黄格省，师晓玉，张彦，等. 国内外乙烷裂解制乙烯发展现状及思考 [J]. 现代化工，2018，38 (10)：1-5.

[7] 李吉春，林泰明，叶明汤，等. 抽余 C_4 烃中异丁烯催化逆流水合制叔丁醇 [J]. 石油化工，2007 (8)：825-828.

[8] 赵振国. 吸附作用应用原理 [M]. 北京：化学工业出版社，2005.

[9] 徐如人，庞文琴，霍启升，等. 分子筛与多孔材料化学 [M]. 2 版. 北京：科学出版社，2015.

[10] 陈诵英，王琴. 固体催化剂制备原理与技术 [M]. 北京：化学工业出版社，2012.

[11] 谢在库，等. 低碳烯烃催化技术基础 [M]. 北京：中国石化出版社，2013.

[12] Wang J，Guo X. Adsorption isotherm models：classification，physical meaning，application and solving method [J]. Chemosphere，2020，258：127279.

[13] Al-Ghouti M A，Da'ana D A. Guidelines for the use and interpretation of adsorption isotherm models：a review [J]. Journal of Hazardous Materials，2020，393：122383.

[14] Ma Y，Meng X J，Xiao F S，et al. Recent advances in organotemplate-free synthesis of zeolites [J]. Current Opinion in Green and Sustainable Chemistry，2020，25：100363.

[15] 田海锋，何环环，廖建康，等. 不同分子筛催化丙烷与 CO_2 耦合制丙烯的性能 [J]. 燃料化学学报，2021，49 (4)：496-503.

[16] Wang Y，Liu Y M，Wu P，et al. Intermolecular condensation of ethylenediamine to 1, 4-diazabicyclo (2, 2, 2) octane over H-ZSM-5 catalysts：effects of Si/Al ratio and crystal size [J]. Applied Catalysis A：General，2010，379 (1-2)：45-53.

[17] De S，Dutta S，Saha B. Critical design of heterogeneous catalysts for biomass valorization：current thrust and emerging prospects [J]. Catalysis Science & Technology，2016，6 (20)：7364-7385.

[18] Shi J J，Zhou Y M，Zhang Y W，et al. Synthesis of magnesium-modified mesoporous Al_2O_3 with enhanced catalytic performance for propane dehydrogenation [J]. Journal of Materials Science，2014，49 (16)：5772-5781.

[19] Wang C H，Tan X D，Bi Y Y，et al. Cross-sectional study of the ophthalmological effects of carbon disulfide in Chinese viscose workers [J]. International Journal of Hygiene & Environmental Health，2002，205 (5)：367-372.

[20] Li C，Jiang Z X，Gao J B，et al. Ultra-deep desulfurization of diesel：oxidation with a recoverable catalyst assembled in emulsion [J]. Chemistry-A European Journal，2010，10 (9)：2277-2280.

[21] Shiraishi Y，Tachibana K，Hirai T，et al. Desulfurization and denitrogenation process for light oils based on chemical oxidation followed by liquid-liquid extraction [J]. Industrial & Engineering Chemistry Research，2002，41 (17)：4362-4375.

[22] Saleh T A，Islam A，et al. Synthesis of polyamide grafted carbon microspheres for removal of rhodamine B dye and heavy metals [J]. Journal of Environmental Chemical Engineering，2018，6 (4)：5361-5368.

[23] 刘丽，郭蓉，唐天地，等. 含介孔 ZSM-5 分子筛的柴油加氢脱硫催化剂的性能研究 [J]. 石油炼制与化工，2018，49 (9)：54-58.

[24] Ma X L，Sun L，Song C S. A new approach to deep desulfurization of gasoline，diesel fuel and jet fuel by selective adsorption for ultra-clean fuels and for fuel cell applications [J] . Catalysis Today，2002，77 (1)：107-116.

[25] Tian F P，Wu W C，Jiang Z X，et al. The study of thiophene adsorption onto La (III) -exchanged zeolite NaY by FT-IR spectroscopy [J] . Journal of Colloid & Interface Science，2006，301 (2)：395-401.

[26] 赵亚伟，沈本贤，孙辉，等. 过渡金属改性 Y 型分子筛吸附脱除低碳烃中二甲基二硫醚 [J] . 化工进展，2017，36 (6)：2190-2196.

[27] Chen X，Shen B X，Sun H，et al. Adsorption and its mechanism of CS_2 on ion-exchange zeolites Y [J] . Industrial & Engineering Chemistry Research，2017，56 (22)：6499-6507.

[28] Wang F，Wang X Q，Ning P，et al. Adsorption of carbon disulfide on activated carbon modified by Cu and cobalt sulfonated phthalocyanine [J] . Environmental Science & Technology，2012，35 (1)：122-128.

[29] Pearson R G. Hard and soft acids and bases [J] . Journal of the American Chemical Society，1963，85 (22)：3533-3539.

[30] 齐国祯，谢在库，钟思青. 甲醇制烯烃反应副产物的生成规律 [J] . 石油与天然气化工，2006，35 (1)：5-9.

[31] Cowley M. Skeletal isomerization of Fischer-Tropsch-derived pentenes：the effect of oxygenates [J] . Energy & Fuels，2006，20 (5)：1771-1776.

[32] 姜伟丽，豆丙乾，李沛东，等. 烯烃歧化反应中的负载氧化钨催化剂 [J] . 化工进展，2012，31 (12)：2686-2693，2719.

[33] 王为然，张文慧，李坚，等. 吸附法脱除丁烯中仲丁醇 [J] . 现代化工，2005，25 (9)：54-56.

[34] 周广林，周红军，孔海燕. 吸附法脱除甲乙酮装置尾气中甲乙酮和仲丁醇 [J] . 天然气化工，2004，29 (1)：53-56.

[35] 周广林，吴全贵，扈文青. SQ112 异丁烯脱含氧化合物剂工业侧线试验 [J] . 化工进展，2011，30 (9)：2087-2090.

[36] 马魁堂，冯续. 脱氯剂的选型及工业应用 [J] . 工业催化，2002 (5)：20-22.

[37] 于海涛，董玉环，康汝洪. 卤代芳烃催化氢转移脱卤研究的进展 [J] . 河北师范大学学报，1996 (S1)：137-140.

[38] 康汝洪，马江华，何书美，等. 高聚物负载型双金属催化剂催化氢转移有机卤化物脱卤 [J] . 催化学报，2000 (2)：105-108.

[39] Laredo G C，Vega M P M，Pérez R，et al. Adsorption of nitrogen compounds from diesel fuels over alumina-based adsorbent towards ULSD production [J] . Petroleum Science and Technology，2017，35 (4)：392-398.

[40] Pujado P R，Vora B V. Production of LPG olefins by catalytic dehydrogenation [C] . American Institute of Chemical Engineers Summer National Meeting，1983：28-31.

[41] Laesson M，Hulten M，Blekkan E，et al. The effect of reaction conditions and time on stream on the coke formed during propane dehydrogenation [J] . Journal of Catalysis，1996，164 (1)：44-53.

[42] Duan Y Z，Zhou Y M，Zhang Y W，et al. Effect of sodium addition to PtSn/Al SBA-15 on the catalytic properties in propane dehydrogenation [J] . Catal Lett，2011，141 (1)：120-127.

[43] Zhu J，Yang M L，Yu Y D，et al. Size-dependent reaction mechanism and kinetics for propane dehydrogenation over Pt catalysts [J] . ACS Catal，2015，5 (11)：6310-6319.

[44] Zhang Y，Zhou Y，Wan L，et al. Effect of magnesium addition on catalytic performance of PtSnK/γ-Al_2O_3 catalyst for isobutane dehydrogenation [J] . Fuel and Energy Abstracts，2011，92 (8)：1632-1638.

[45] Zangeneh F T，Taeb A，Gholivand K，et al. Kinetic study of propane dehydrogenation and catalyst deactivation over Pt-Sn/Al_2O_3 catalyst [J] . Journal of Energy Chemistry，2013，22 (5)：726-732.

[46] 冯静，张明森，杨元一. 助剂对 PtSn/SBA-15 催化剂丙烷脱氢性能的影响 [J] . 石油化工，2014，43 (12)：1370-1375.

[47] Sattler J J，Ruiz M，Santillan J E，et al. Catalytic dehydrogenation of light alkanes on metals and metal oxides [J] . Chemical Reviews，2014，114 (20)：10613-10653.

[48] Saerens S，Sabbe M K，Galvita V V，et al. The positive role of hydrogen on the dehydrogenation of propane on Pt

(111)[J]. ACS Catalysis, 2017, 7: 7495-7508.

[49] Shi L, Deng G M, Li W C, et al. Al_2O_3 nanosheets rich in pentacoordinate Al^{3+} ions stabilize Pt-Sn clusters for propane dehydrogenation [J]. Angewandte Chemie International Edition, 2015, 54: 13994-13998.

[50] 王秀玲. 分子筛载体对 Pt-Sn-Na 三组分丙烷脱氢催化剂性能的影响 [J]. 石油化工, 2012, 41(12): 1346-1350.

[51] Li J, Li J, Zhao Z, et al. Size effect of TS-1 supports on the catalytic performance of PtSn/TS-1 catalysts for propane dehydrogenation [J]. Journal of Catalysis, 2017, 352: 361-370.

[52] Xiong H, Lin S, Goetze J, et al. Thermally stable and regenerable platinum-tin clusters for propane dehydrogenation prepared by atom trapping on ceria [J]. Angewandte Chemie International Edition, 2017, 56: 8986-8991.

[53] Zhou S, Zhou Y, Shi J, et al. Synthesis of Ce-doped mesoporous γ-alumina with enhanced catalytic performance for propane dehydrogenation [J]. Journal of Materials Science, 2015, 50: 3984-3993.

[54] Wang T, Jiang F, Liu G, et al. Effects of Ga doping on Pt/CeO_2-Al_2O_3 catalysts for propane dehydrogenation [J]. AIChE Journal, 2016, 62(12): 4365-4376.

[55] Liu J, Yue Y, Liu H, et al. Origin of the robust catalytic performance of nanodiamond-graphene-supported Pt nanoparticles used in the propane dehydrogenation reaction [J]. ACS Catalysis, 2017, 7: 3349-3355.

[56] 何松波, 赖玉龙, 毕文君, 等. K 助剂对 Pt-Sn-K/γ-Al_2O_3 催化剂上 C16 正构烷烃脱氢反应的影响 [J]. 催化学报, 2010, 31(4): 435-440.

[57] Liu S, Li X, Xin W, et al. Cross metathesis of butene-2 and ethene to propene over Mo/MCM-22-Al_2O_3 catalysts with different Al_2O_3 contents [J]. Journal of Natural Gas Chemistry, 2010(19): 482-486.

[58] 赵秦峰, 陈胜利, 高金森, 等. WO_3/SiO_2 催化剂上 2-丁烯与乙烯歧化制丙烯 [J]. 燃料化学学报, 2009, 37(5): 565-572.

[59] 黄声骏, 辛文杰, 白杰, 等. 钼负载型催化剂上乙烯与 2-丁烯歧化制丙烯 [J]. 石油化工, 2003, 32(3): 191-194.

[60] Yoshio O, Hideshi H. 固体碱催化 [M]. 上海: 复旦大学出版社, 2013.

[61] Bailey G C, Banks R L. Olefin disproportionation a new catalytic process [J]. Industrial & Engineering Chemistry Process Design and Development, 1964, 3(3): 169-172.

[62] Li L, Gao J, Xu C, et al. Reaction behaviors and mechanisms of catalytic pyrolysis of C4 hydrocarbons [J]. Chemical Engineering Science, 2006, 116(3): 155-161.

[63] Comra A, Wojciechowski B W. The chemistry catalytic cracking [J]. Catalysis Reviews-Science and Engineering, 1985, 27(1): 29-150.

[64] Scott M A, Kathleen A C, Prabir K D. Handbook of Zeolite Science and Technology [M]. Marcel Dekker, 2003: 80-112.

[65] 朱向学, 刘盛林, 牛雄雷, 等. ZSM-5 分子筛上 C4 烯烃催化裂解制丙烯和乙烯 [J]. 石油化工, 2004, 33(4): 320-324.

[66] 朱向学, 宋月芹, 刘盛林, 等. 丁烯催化裂解制丙烯乙烯反应的热力学研究 [J]. 催化学报, 2005(26): 111-117.

[67] 商永臣, 张文祥, 李彤, 等. MCM-49 分子筛催化剂上 1-丁烯的骨架异构化反应 [J]. 催化学报, 2004, 25(2): 158-162.

[68] Lin L F, Qiu C F, Zhuo Z X, et al. Acid strength controlled reaction pathways for the catalytic cracking of 1-butene to propene over ZSM-5 [J]. Journal of Catalysis, 2014, 309: 136-145.

[69] Zhang R, Wang Z. Catalytic cracking of 1-butene to propylene by Ag modified HZSM-5 [J]. Chinese Journal of Chemical Engineering, 2015, 23(7): 1131-1137.

[70] Qiu Y, Zhao G, Liu G, et al. Catalytic cracking of supercritical dodecane over wall-coated nano-Ag HZSM-5 zeolites [J]. Industrial & Engineering Chemistry Research, 2014, 53(47): 18104-18111.

[71] Zhang L, Xu C, Ma T, et al. Synthesis of La-modified ZSM-5 zeolite and performance for catalytic cracking reaction [J]. CIESC Journal, 2016, 67(8): 3408-3414.

[72] Armin B，Robert F. 氢甲酰化反应的原理、过程和工业应用［M］. 祁昕欣，张宝昕，郑兴，译. 上海：华东理工大学出版社，2018.
[73] 李贤均，陈华，付海燕. 均相催化原理及应用［M］. 北京：化学工业出版社，2011.
[74] 皮特·范·洛文，约翰·C·查德威克. 均相催化剂：活化-稳定-失活［M］. 中国石化催化剂有限公司，译. 北京：中国石化出版社，2019.
[75] 王锦惠，王蕴林，刘光宏，等. 羰基合成［M］. 北京：化学工业出版社，1987.
[76] J·法尔贝. 一氧化碳化学［M］. 王杰，译. 北京：化学工业出版社，1985.
[77] 应卫勇，曹发海，房鼎业. 碳一化工主要产品生产技术［M］. 北京：化学工业出版社，2004.
[78] 殷元骐. 羰基合成化学［M］. 北京：化学工业出版社，1996.
[79] 于超英，赵培庆，陈革新，等. 铑配合物催化丁烯氢甲酰化性能的研究［J］. 分子催化，2007，21（2）：8-12.
[80] Robert F，Detlef S，Armin B. Applied hydroformylation［J］. Chemical Reviews，2012，112（11）：5675-5732.
[81] 杨波，左焕培，金子林. 水溶性膦配体络合金属催化剂的进展［J］. 分子催化，1993，7（1）：73-80.
[82] 刘雯静，袁茂林，付海燕，等. 铑/双膦配体催化均相内烯烃氢甲酰化反应的研究进展［J］. 催化学报，2009，30（6）：577-586.
[83] 韩非，唐忠，周玉成，等. 醛缩合制备异癸烯醛的研究［J］. 精细石油化工进展，2001，2：9-12.